für Katharina

Inhaltsverzeichnis

Vorwort

Man könnte glauben, dass über Evolution bereits fast alles gesagt worden ist. Tatsächlich ist vielleicht nicht alles, jedoch sehr sehr vieles gesagt worden – nur war es womöglich nicht immer fundiert genug begründet oder gar wissenschaftlich motiviert. Oft sind persönliche Belange der Weltanschauung ursächlich für viele Aussagen zur Evolution, nicht so sehr nüchterne Überlegungen oder Beobachtungen. Jeden Interessiert Evolution, jeder hat etwas dazu zu sagen, so wie es Millionen Bundestrainer vor einem Länderspiel gibt. Zudem ist es oft nicht leicht nüchterne Aussagen zur Evolution von solchen zu unterscheiden, welche eher Befindlichkeiten entspringen. Daher hat es jede neue Publikation auf diesem Gebiet äußerst schwer.

Es gibt jedoch noch eine Disziplin, welche sich in jener Kategorie noch deutlich vor der Evolutionstheorie befindet, nämlich die Psychologie. Wenn man sich als Laie ein wenig in diese Wissenschaft einliest, so spiegelt dieser Umstand tatsächlich die Struktur dieser Wissenschaft wieder: Es gibt ein Sammelsurium an Einzeltheorien, es gibt viele (teils kuriose) Hypothesen, welche sich oft widersprechen, jedoch keine einheitliche Theorie – falls man überhaupt von „Theorie“ sprechen kann.

Das vorliegende Buch hat nun das unsagbare Pech, dass es sich – allerdings ursprünglich ungewollt – mit eben diesen beiden genannten Themengebieten beschäftigt. Natürlich will ein jeder sein Buch bewerben, nur fühlt sich ein Autor beim Bewerben eines Buches solchen Inhalts ein wenig wie jemand, der lediglich altbackene Werbesprüche rezitiert. So ungefähr wie eine Bank, die damit wirbt , dass bei ihr „der Mensch im Vordergrund steht“, oder wie eine Automarke, die uns nahelegen will, dass sie technologisch anderen Automarken voraus sei. Ich bin sicher nicht der einzige, der bei solchen verdächtigen Ansprachen instinktiv weghört. Und nun soll der Leser also glauben, dass dieses Buch, welches er liest sich tatsächlich im Informationsgehalt von bisherigen Büchern über dieses Thema unterscheidet. Nichts schwieriger als das. Was soll denn auf dem Gebiet der Evolution noch Neues gesagt werden? Ob Darwin, Lamarck, die katholische Kirche oder die moderne „molekulare Evolution“, die Standpunkte scheinen wohlbekannt zu sein. Darüber hinaus glaube ich kaum, dass es ausreicht einfach nur “etwas Neues” zu sagen. Wenn man tatsächlich einen ernsthaften Beitrag zu diesen Themen liefern will, so kann dies nur darin bestehen, dass man nicht nur neue und vielleicht provozierende Aussagen macht, sondern diese auch nüchtern und fundiert begründen kann, vielleicht sogar mit einer für diese Wissenschaften eher unkonventionellen Vorgehensweise. Und tatsächlich unterscheidet sich die hier angewendete Vorgehensweise doch ein wenig von den üblicherweise Gebräuchlichen Methoden, vor allem in der Psychologie, welche nicht selten folgende Vorgehensweise benutzt um zu “neuen Erkenntnissen” zu gelangen: Es werden Probanden eingeladen, welche Fragebögen ausfüllen müssen nachdem sie mit speziellen Situationen konfrontiert wurden. Das Ergebnis dieser Fragebögen wird dann oft durch ein Statistik-Programm verarbeitet und fertig ist die nächste Publikation. In einer naturwissenschaftlich-physikalisch Ausbildung lernt man jedoch eine andere Vorgehensweise: Man beobachtet die Natur, überlegt sich ein Modell – also eine Theorie – deren Vorhersagen man dann mit weiteren Beobachtungen vergleicht.

Stimmen die Vorhersagen dieser Theorie mit den Beobachtungen überein, spricht das für die Theorie. Falls nicht, muss sie abgeändert oder gar verworfen werden. Diese Vorgehensweise soll hier angewendet werden und das Ergebnis wird diese Vorgehensweise rechtfertigen, denn wir werden damit einiges erklären können: Wieso und wann wir lachen, warum und wo genau wir kitzlig sind, wir können belegen, dass wir früher auf den Bäumen lebten, wir können den Grund des aufrechten Ganges angeben, ja wir können sogar Freuds Strukturmodell der Psyche aus biologischen Prinzipien herleiten. Darauf aufbauend können wir grundlegende Aussagen über die Struktur menschlicher Triebe machen, speziell die Triebe, die Sex und Gewalt betreffen, welche wir modellieren können und damit Aussagen über deren Charakteristik treffen und ebenso einiges über deren zeitliche Entwicklung sprich sowohl etwas über deren Vergangenheit, als auch deren Zukunft sagen. Nebenbei werden wir bemerken, dass wir zwar nicht vorhatten das Wesen des menschlichen (und tierischen) Bewusstseins zu ergründen, jedoch nicht umhinkommen festzustellen, dass eben genau dies quasi von alleine passiert ist. Abschließend verwenden wir unser Modell um in die ganz ferne Vergangenheit und Zukunft zu schauen: Wo begann unsere Evolution und wohin begibt sie sich.

Der Schwerpunkt dieses Buches soll keinesfalls darin bestehen möglichst neue und vielleicht kuriose Aussagen zu altbekannten Themenfeldern wie Psychologie oder Evolution zu treffen, sondern eher in der Darstellung der Art und Weise, wie man überhaupt zu sachlichen Aussagen kommt. Vielleicht ist dieses nicht bei jedem Aspekt gelungen denn es kann durchaus vorkommen, dass man sich hier und da zu sehr von dem doch teilweise ungewöhnlichen Inhalt der Schlussfolgerungen ablenken lässt. Tatsächlich werden Aussagen – zumindest was die "weichen" Naturwissenschaften wie Biologie betrifft – nur sehr selten klar hergeleitet und gerechtfertigt. Die allermeisten aktuellen Erkenntnisse sind oft nicht auf Anhieb nachvollziehbar, denn sie verweisen meist in letzter Konsequenz auf eine sogenannte "Studie". Viele, vor allem populärwissenschaftliche Publikationen enthalten Sätze wie "es gibt eine Studie, die besagt…". Solche Verweise wird es in diesem Buch nicht geben. In der Physik existieren grundsätzlich keine Studien und der Inhalt eines Physik-Buches ist zum allergrößten Teil selbsterklärend. So soll auch hier verfahren werden.

Dieses Buch ist kein „schönes“ Buch. Es ist vermutlich nicht dazu geeignet vor dem Kaminfeuer gelesen zu werden und darüber einzuschlafen. Es enthält nüchtern-physikalische Überlegungen eines besserwisserischen Autors. Allerdings, wenn ich vor meinem geistigen Auge den Inhalt Revue passieren lasse, so kann ich mir auf der anderen Seite kaum vorstellen, dass der Inhalt, wenn man ihn denn ernst nimmt als „nüchtern“ bezeichnet werden kann. Aber das muss der Leser entscheiden.

Das Buch war zudem nie geplant. Zumindest nicht in dem Sinne, dass erst ein Entschluss gefasst wurde ein Buch zu schreiben und anschließend über den Inhalt nachgedacht wurde, so wie man es oft bei anderen Autoren vermutet. Es entstand eher nebenbei auf Überlegungen hin, die sich in Situationen ergaben, in denen man feststellt, dass das Humor-Verständnis eines 5-jährigen Kindes doch deutlich vom eigenen Verständnis abweicht. Das damals gesetzte Ziel war es lediglich herauszufinden woher das eigentlich kommt, was jedoch unweigerlich zu der Frage führt wieso Menschen überhaupt lachen. Dabei war es oberste Prämisse sich nicht mit oberflächlichen Theorien zufriedenzugeben (die es zuhauf gibt), sondern eine Erklärung finden, welche dem Wissensstand und den Methoden des 21. Jahrhunderts gerecht wird. Die Erkenntnisse waren irgendwann so weit gereift, dass die Entscheidung fiel dieses Wissen schlussendlich auszuformulieren und in ein kleines Buch zu gießen, welches nun vorliegt. Im Nachhinein kann man feststellen, dass es keineswegs eine große Menge an Wissen ist, welches diesem Buch innewohnt sondern eher die stets vorhandene Schwierigkeit die abstrakten Strukturen der Evolution darzulegen, auszuformulieren und vor allem zu rechtfertigen.

Es war zudem nie ein erklärtes Ziel dieses Buches festzustellen, dass die Regeln der Evolution gänzlich andere sind als bislang angenommen. Tatsächlich kann man jedoch bei der Erklärung des Humors nicht einfach stehenbleiben. Denn wenn man dem roten Faden – den man mit der Entschlüsselung des Humors in der Hand hält – folgt, so erschließt sich einem eine fast neue Welt. Diese Welt, die wir kennenlernen werden wird sich zwar vom Standpunkt der reinen Beobachtung aus bewertet kaum von der bisher bekannten unterscheiden. Die darunterliegende Theorie jedoch wird eine fast gänzlich andere sein. Diesem roten Faden wollen wir denn im 2. Teil dieses Buches soweit es geht folgen. Das heißt keineswegs, dass alles, was bislang über Evolution und Psyche gesagt wurde gänzlich falsch ist. Eher kann man im Nachhinein feststellen, dass es (Zufall oder nicht?) gerade die beiden großen Namen jener Gebiete sind, deren Aussagen hier bestätigt werden können: Sigmund Freud und Charles Darwin. Allerdings muss man bei letzterem etwas genauer hinsehen: das heutige, landläufige Bild von Darwins Evolutionstheorie wird ihr kaum gerecht, denn es blendet einen großen Teil ihrer Originalaussagen aus, so wie sie von Darwin niedergeschrieben wurden. Und genau dieser Teil ist es, den wir in diesem Buch mit Freuds Theorie verheiraten werden.

Dieses Buch enthält keine Referenzen. Sicherlich hat Referenzieren seinen Sinn, denn wenn jemand eine Dissertation schreibt, dann möchte der Prüfer ja wissen was denn genau an dieser Arbeit neu ist und was bereits „Stand der Technik“ ist. Dieses kann man einem Prüfer deutlich erleichtern indem man angibt welche Information man woher hat, also für jede noch so kleine Erkenntnis eine Referenz angibt.

Das muss man bei Büchern ein Glück nicht und ich genieße die Freiheit dieses nicht tun zu müssen. Dass nicht klar dargestellt ist, welche Informationen in diesem Buch neu sind und welche aus anderen Quellen gewonnen wurden, damit kann ich gut leben, denn mir kommt es in erster Linie auf den Erkenntnisgewinn an, nicht auf die Darstellung der eigenen Leistung. Zudem ist es kaum vorstellbar, dass es zu einer Streitfrage führt ob hier neue Aussagen zu finden sind. Falls ich mich doch darin täuschen sollte, falls also dieses Buch keine neuen Erkenntnisse vorweisen kann, dann bin ich eben ein ungebildeter Esel und bitte um Entschuldigung.

Dieses nahezu endlose Referenzieren in wissenschaftlicher Literatur ist ein zweischneidiges Schwert: Auf der einen Seite macht es dem Autor vieles leichter, denn anstatt einen Sachverhalt selbst zu erklären und auszuführen gibt er einfach eine Referenz an. Für den Leser (der meist ein weiterer wissenschaftlicher Autor ist, der auf der Arbeit aufbaut, sie also wiederum referenziert) heißt es nun entweder glauben oder nachlesen und versuchen zu verstehen. Ich glaube man liegt nicht sehr falsch in der Annahme, dass die meisten sich für das erstere entscheiden, auch schon wenn das erste mal ein Sachverhalt referenziert wird. Wenn die referenzierende Arbeit wiederum referenziert wird, so macht sich erst recht niemand mehr die Mühe. Und so passiert es – wie wir später an einigen Beispielen speziell in der Biologie zeigen werden – dass teilweise jahrhundertelang referenziert wurde ohne zu prüfen. In diesem Buch wird natürlich auch auf andere Arbeiten Bezug genommen, jedoch nie ohne die daraus gezogenen Aussagen zu erklären bzw. vor allem zu rechtfertigen. Eine Referenz entlastet meiner Meinung nach nicht davon sich die referenzierte Arbeit zu eigen zu machen und sie dem Leser mit eigenen Worten nachvollziehbar zu erläutern. Je mehr man Manager ist und je weniger Wissenschaftler, desto mehr verlässt man sich auf Referenzen. Die richtigen "Cracks", zumindest die, welche ich kennengelernt habe, haben das nie gemacht und so versuche ich es auch zu halten. Dieses Buch soll wie bereits erwähnt zum allergrößten Teil selbsterklärend sein.

Wie bereits oben erwähnt reichen neue Aussagen alleine jedoch nicht aus – sie sollten auch einen gewissen Wahrheitsgehalt haben. Es soll uns hier nicht ergehen wie dem Hobby-Mathematiker, der einem bekannten Wissenschaftler einen Beweis darüber zuschickte, dass die Anzahl der Primzahlen unendlich sei. Jener Wissenschaftler antwortete ihm, dass es oft nur zwei Kategorien von solchen Zusendungen gäbe, nämlich welche, die falsch sind, und solche, die richtig sind jedoch nicht neu. Der zugeschickte Beweis, so sagte dieser, sei richtig, jedoch nicht neu: Er stammt von Euklid, ist also über 2000 Jahre alt.

Wer schon einmal eine längere wissenschaftliche Arbeit geschrieben hat wie z.B. eine Doktorarbeit, der wird wissen, dass es sehr auf die obigen Kriterien ankommt: Am Inhalt muss zumindest ein Teil neu sein und die neuen Behauptungen müssen einer eingehenden Prüfung standhalten. Wenn man beide Kriterien erfüllt hat so staunt man oft nicht schlecht über die Konsequenz, nämlich wie dünn der verbleibende Inhalt wird. Das ist hier jedoch nicht der Fall. Läge hier die selbe Konsequenz vor, so hätte ich mir sicherlich nicht die Mühe gemacht dieses Buch zu schreiben.

Wieso sollte man nun ein Buch über solche (fast schon) Allerweltsthemen wie Humor und Evolution lesen? Gerade in diesen Zeiten, wo das geschriebene Wort angesichts der Möglichkeiten des elektronischen Publizierens deutlich an Wert verloren hat bedarf jede neue Publikation einer gewissen Rechtfertigung. Diese Rechtfertigung, zumindest was Sachbücher wie dieses hier betrifft, könnte in zweierlei Dingen liegen: Erstens, das Sachbuch liefert einen umfassenden und aktuellen Überblick über ein gewisses Themengebiet oder zweitens es liefert tatsächlich eine neue Erkenntnis d.h. in der Regel es beantwortet eine oder mehrere Fragestellungen in einem gewissen Fachgebiet. Genau das will dieses Buch tun, denn die Frage nach dem Sinn und der Entstehung des Lachens und des Humors soll hier vollständig beantwortet werden. Jedoch, selbst wenn eine Publikation eine gegebene Fragestellung erschöpfend beantwortet, so darf man auch fragen, ob nicht nur irgendeine beliebige Fragestellung erörtert wurde.

Sind also die Fragestellungen, auf welche in diesem Buch eingegangen wird irgendwelche beliebigen Fragestellungen? Im Gegenteil: die in diesem Buch behandelten Fragen gehören viel eher zu der Klasse der sogenannten Menschheitsfragen. Charakteristisch für jene Menschheitsfragen ist z.B. die lange Zeitspanne über die versucht wurde derartige Fragestellungen zu beantworten, welche beim Humor besonders lang ist, denn schon seit der Antike versucht man den Sinn und Ursprung herauszufinden. Als Folgerung aus den Antworten zu den Feststellungen zum Wesen des Lachens und des Humors werden wir darüber hinaus in der Lage sein weitere Schlussfolgerungen über die Evolution als Ganzes zu ziehen und z.B. die Entstehung des aufrechten Ganges zu begründen. Ganz so lang ist die Zeitspanne bei der Frage nach dem Grunde des aufrechten Gehens nicht, ist diese Fragestellung doch erst Mitte des 19. Jahrhunderts geboren worden. Dennoch sind auch 150 Jahre keine kleine Zeitspanne. Ein zweites Charakteristikum dieser sogenannten

Menschheitsfragen ist die nicht kleine Zahl von Personen, die sich mehr oder weniger mit diesen Fragestellungen befass(t)en. Das gilt vor allem für das Lachen, aber eben auch für den aufrechten Gang und als Folge entstanden viele Theorien über diese Dinge, sodass man oft das Gefühl hat, dass jeder noch so kleine Aspekt dieser Themen gleich in den Rang einer eigenständigen Theorie gehoben wird: Stellt man z.B. fest, dass es nicht vorteilhaft ist „auf allen Vieren“ durch brusttiefes Wasser zu laufen, sondern es irgendwie besser sei aufrecht durch das Wasser zu waten, so wird sofort eine eigene Theorie daraus „entwickelt“: die „Wat-Theorie“ des aufrechten Ganges. Von diesen Theorien gibt es ein ganzes Sammelsurium, von daher liegt die Vermutung nahe, dass die Frage nach dem Grund des aufrechten Ganges keine beliebige ist, sondern von allgemeinem Menschheitsinteresse. Man kann vorwegnehmen, dass wenn man denn die Umstände des aufrechten Ganges herausgefunden hat, man durchaus nachvollziehen kann, wieso der Grund für den aufrechten Gang so viele Menschen bereits beschäftigt hat und immer noch beschäftigt.

Vermutlich erhebt nahezu jeder Autor Anspruch darauf, dass seine Theorie die „richtige“ sei und dass es für diese oder jene Theorie des aufrechten Ganges besonders gute Argumente gäbe. Ich kann mich insofern davon freisprechen als dass ich behaupten kann, dass mich die Gründe für den aufrechten Gang nie wirklich Gegenstand meines Interesses war und ich auch tatsächlich nie darüber nachdachte. Das einzige, was mich zu all diesen Überlegungen, die in diesem Buch angestellt werden antrieb war die bereits erwähnte Fragestellung wieso mein Kind über Dinge lacht, die ein Erwachsener nicht komisch findet. Wenn man jedoch das Rätsel des Humors gelöst hat, so macht man unweigerlich eine Reise in die Vergangenheit und kann sozusagen hautnah die Umstände der Entstehung des aufrechten Ganges miterleben.

Diese „Reisen in die Vergangenheit“ haben schon sehr viele Autoren vor mir unternommen und dabei benutzten sie unterschiedliche Methoden. Die üblichen (zumindest was die Biologie betrifft) sind die Analyse von Fossilien (inklusive deren physikalischen Altersbestimmung bzw. um genau zu sein ist es meist „nur“ die Altersbestimmung der umliegenden Gesteinsschicht, nicht der Fossilien selbst), der Vergleich der DNA (soweit möglich) dieser Fossilien mit der DNA von derzeit lebenden Lebewesen und die Analyse bzw. Altersbestimmung von weiteren Indizien (z.B. Höhlenmalerei, Werkzeuge etc.). Die aller üblichste Methode jedoch ist – wenn man ganz ehrlich ist – die Spekulation. Auch in diesem Buch sind wir von letzterem sicherlich nicht ganz frei (denn man darf nicht vergessen: Beweise gibt es nur in der Mathematik – und wie wir seit Gödel wissen manchmal noch nicht einmal da). Dennoch soll es in diesem Buch keinesfalls um bloße Ideen oder Spekulationen gehen, sondern nur um Aussagen für die es eine schwerwiegende Rechtfertigung gibt und die in das Gesamtgefüge einer Theorie und der Beobachtungen passen.

Hypothesen sind in diesem Buch als solche benannt, Schlussfolgerungen sollten nachvollziehbar sein und Beobachtungen nachprüfbar. Keine Aussage fällt in diesem Buch vom Himmel, sondern ist stets aus Beobachtungen oder (gekennzeichneten) Hypothesen abgeleitet. Überhaupt soll keine der hier beschriebenen Theorien dogmatisch vertreten werden, sondern einzig Ihre Rechtfertigung aus der Eigenschaft ziehen die Natur möglichst gut zu beschreiben. Dennoch wurde dieses Buch in zwei Teile aufgeteilt, nämlich den eigentlichen (ersten) Teil, bei dem es um die Beantwortung der Frage geht warum wir lachen (und warum wir aufrecht gehen) und einen zweiten Teil, in welchem weitergehende Folgerungen erörtert werden. Dies ist dem Umstand geschuldet, dass der spekulative Anteil im zweiten Teil höher ist als im ersten, jedoch heißt dies keinesfalls, dass jene Aussagen bloße Hypothesen sind: Im Gegenteil, für jede dieser Aussagen – auch im zweiten Teil – gibt es auch dort eine belastbare Rechtfertigung.

Eine Rechtfertigung dieses Buches liegt vielleicht allein in der Tatsache, dass hier zwei Methoden zur Reise in die Vergangenheit verwendet werden, die (soweit man das überschauen kann) tatsächlich auf diesem Gebiet (der Biologie) sehr selten angewendet werden. Diese Methoden wollen wir im Folgenden erläutern.

Die erste Methode ist aus der Physik bekannt. Dort sieht die Situation ja recht ähnlich aus, denn wir wollen ja auch Aussagen z.B über die Anfänge des Universums treffen ohne dass wir eine Zeitmaschine zur Verfügung haben. Diese Aussagen zu treffen gelingt in der Physik recht gut. Nun, was heißt „recht gut" bzw. was heißt „gelingen", man kann ja doch nichts nachprüfen. Doch, kann man, und wie das geht möchte ich im Folgenden an einem Beispiel erläutern.

Was die Reise in die ganz weite Vergangenheit, also den Urknall betrifft, so gehen wir heute in etwa von folgendem Szenario aus: Kurz nach dem Urknall bestand das Universum aus einer Menge extrem dichter und heißer Materie. Diese extrem dichte und heiße Materie dehnte sich sehr schnell aus, so dass sie immer kühler wurde und ihre die Dichte schnell abnahm. Aus diesem Materieballen entstanden später (ohne in weitere Details zu gehen) die Sterne, Planeten, Galaxien usw. Diese Aussagen, so wird wohl jeder Leser nun denken, sind bis jetzt ja nichts als Behauptungen. Denn wenn jemand behauptete, das Universum sei eine große Käseglocke mit aufgemalten Sternen, so hätte man zunächst wenig Argumente dagegen. Aussage gegen Aussage. Um zu einer Entscheidung zu kommen, welche Theorie denn die „bessere" sein, macht man üblicherweise jedoch folgendes: Man untersucht die Konsequenzen beider Theorien. Wie macht man das? Nun, in diesem Falle, also im Falle der Aussagen über die Anfänge des Universums ist dies (im Nachhinein gesehen) gar nicht so schwer, denn man unterstellt einfach, dass die gleichen physikalischen Gesetze am Anfang des Universums galten wie heute. Zugegeben, wenn das nicht stimmt, dann haben wir wirklich schlechte Karten. Nehmen wir aber einmal an, dass es stimmt: Die heute bekannten physikalischen Gesetze galten schon immer. Dann wäre die erste Konsequenz aus der Urknall-Theorie, dass sich das Universum heute vielleicht immer noch ausdehnt. Das würde es nicht zwingend tun, denn es kann ja aus irgendwelchen Gründen abgebremst worden sein, aber angenommen wir stellen fest, dass es sich tatsächlich heute noch ausdehnt (was es auch tut) dann ist das ein starkes Indiz für die Urknall-Theorie (und gutes Argument gegen die Käseglocken-Theorie). Ein noch viel stärkeres Indiz ist jedoch Folgendes. Der russische Physiker Gamow hatte in den 30er Jahren des 20.ten Jahrhunderts folgenden Gedanken: Wenn sich das Universum denn tatsächlich wie oben beschrieben ausgedehnt hat und heute noch ausdehnt, also aus einem extrem dichten und damit undurchsichtigen Materieklumpen unser heutiges (durchsichtiges) Universum geworden ist, dann muss es ja einen Zeitpunkt gegeben haben, wo dieser Materieklumpen plötzlich durchsichtig wurde (also Licht durchließ). Diesen Punkt nannte er den Zeitpunkt des Aufklarens. Mit dieser Annahme und den ihm bekannten Gesetzen der Physik rechnete er aus, dass es ein „Überbleibsel" dieses Aufklarens geben muss, welches bis in die heutige Zeit sichtbar (also messbar) sein müsste. Dieses „Überbleibsel", so schloss er, ist eine kosmische Strahlung, deren Charakteristik er recht genau ausrechnen konnte (eine Strahlung der Temperatur von 3 Kelvin). Erst etwa 16 Jahre später gelang es, diese Strahlung zu messen und es ergaben sich nahezu exakt seine Vorhersagen (eine Strahlung der Temperatur von 2,7 Kelvin, Nobelpreis für die Entdeckung 1978); diese Strahlung nennt man die kosmische

Hintergrundstrahlung, oder kurz den kosmischen Hintergrund. Man muss sich vorstellen, dass vor der Entdeckung des kosmischen Hintergrundes die Urknall-Theorie nur eine von vielen war, oder sagen wir dass sie zumindest durchaus Konkurrenz hatte (z.B die sog. Steady-State Theorie). Nach der Entdeckung des kosmischen Hintergrundes nicht mehr. Die Käseglocken-Theorie macht ja auch Vorhersagen, z.B. dass alle Sterne annähernd gleich weit entfernt sind, aber seit der Erfindung des Fernrohres hat sich herausgestellt, dass dies eben nicht annähernd der Fall ist (es sollen sich angeblich Menschen damals das Leben genommen haben ob dieser Erkenntnis). Die einzig verbleibende Konsequenz der Käseglockentheorie ist einfach die Aussage, dass man in alle Richtungen Sterne sieht - mehr nicht. Ihre einzige Vorhersage steckt bereits in ihrer Grundannahme, ihr weiterer Anwendungsbereich ist quasi Null. Solche Theorien kann man getrost verwerfen. Da aber die Urknall-Theorie durch die Entdeckung des kosmischen Hintergrundes bestätigt wurde halten wir an ihr fest, denn andererseits gibt es weit und breit keine andere Erklärung für den kosmischen Hintergrund, den wir ja seit über vierzig Jahren messen (und schon gar keine so genaue, die bis auf Kommastellen die Messungen erklärt).

Man kann also wie man sieht Annahmen, die man für längst vergangene Zeiten trifft tatsächlich nachprüfen, und das relativ genau.

Nun könnte man ja in der Biologie analog vorgehen, d.h. man könnte z.B. Annahmen treffen für irgendwelche Dinge, die weit in der Vergangenheit liegen und dann die Konsequenzen für die heutige Zeit prüfen. Das Problem bei der Übertragung dieses Prinzips auf die Biologie bzw. die Evolution ist aber die Frage woher wir denn die Gesetze nehmen, die uns die Fortentwicklung eines Ereignisses im Laufe der Jahrmillionen beschreiben? In der Physik enthalten ja die meisten Gesetze die Zeit als Größe. In der Biologie nicht. Welche "Überbleibsel" von Evolutionsbiologischen Ereignissen wie dem Aufkommen des aufrechten Ganges oder dem Abstieg von den Bäumen soll es denn geben? Und wenn ja, welche Theorie ermöglicht mir deren Berechnung? Und überhaupt, was heißt in diesem Zusammenhang Berechnung? Das Wort Berechnung mag übertrieben klingen, tatsächlich werden wir später zeigen, wie man aus prähistorischen Annahmen herleiten kann, welche Stellen unserer Haut kitzlig sind – was im Grunde das Ergebnis einer Berechnung ist. Wir werden also sehen, dass man mit ein wenig Geschick und solider Argumentation auch in der Biologie in der Lage ist so vorzugehen wie Gamow und dadurch erstaunlich konkrete Aussagen über längst vergangene Zeiten treffen kann.

Einige Leser werden nun einwerfen, dass doch genau dieses Verfahren von der sogenannten "evolutionären Psychologie" angewendet wird, nämlich dass z.B. aus steinzeitliche Annahmen über unsere Verhaltensweisen unser heutiges Wesen erklärt wird. Prinzipiell vielleicht, nur bin ich der Meinung, dass fast immer in Wirklichkeit aus heutigen Verhältnissen auf steinzeitliche Verhältnisse geschlossen wird und im zweiten Schritt so getan wird, als sei die Implikationsrichtung genau die umgekehrte. Das kann man immer dann tun, wenn diese Schlussfolgerung ihren Namen eigentlich gar nicht verdient, sondern eher das gleiche mit anderen Worten beschreibt, beispielsweise wenn man sagt, dass Männer heute kräftiger sind als Frauen weil sie in der Steinzeit auf die Jagd gingen oder ähnliches. Das ist zu einfach. Wenn wir jedoch sagen, dass Erwachsene beim Rennen im Gegensatz zu kleinen Kindern nicht lachen weil wir früher auf den Bäumen lebten dann glaube ich kaum, dass jemand unter den Lesern ist, der diesen Zusammenhang bereits an dieser Stelle erkennt (abgesehen davon, dass vermutlich nur wenige Leser diese Beobachtung bei kleinen Kindern bzw.

Erwachsenen gemacht haben). Auch soll es hier um Voraussagen für die heutige Zeit gehen, die zu ihrer Überprüfung keiner Studie bedürfen, wie z.B. dass wir an den Fußsohlen kitzlig sind, dass Männer einen stärkeren Sexualtrieb als Frauen haben, dass wir bei einer stolpernden Person lachen und vieles mehr. Um Aussagen über frühere Zeiten treffen zu können qualifizieren sich also nur Eigenschaften der heutigen Zeit, welche weitestgehend unstrittig sind. Das wichtigste jedoch ist eine konkrete Angabe einer Gesetzmäßigkeit wie sich Eigenschaften im Laufe der Zeit evolvieren. Diese Gesetzmäßigkeit werden wir uns im Laufe dieses Buches hart erarbeiten. Fehlt diese Regel, dann hat man eine Gleichung mit drei unbekannten: Man weiß nicht wie es früher war, man kennt kein Gesetz der Fortentwicklung einer evolutionsbiologischen Eigenschaft und schließlich muss man Studien bemühen um zu zeigen ob eine gewisse Eigenschaft heute nachweisbar vorhanden ist oder nicht. Vor diesem Hintergrund sind bisherige Aussagen, welche darauf zielen unserer heutigen Eigenschaften aus steinzeitlichen Verhältnissen heraus erklären zu wollen in keiner Weise als belastbar anzusehen.

Die zweite Methode, die wir benutzen wollen um in die Vergangenheit zu schauen ist die folgende: Wir benutzen unser Gefühl. Ich meine das gar nicht so unwissenschaftlich wie es sich vermutlich anhört. Der Ansatz ist aber leider nicht sehr einfach zu erklären. Er soll folgendermaßen funktionieren: Ähnlich den obigen Annahmen kann man freilich unterstellen, dass das Gefühl, welches wir alle heute beim Lachen haben mehr oder weniger dasselbe ist, wie das unserer Vorfahren in grauer Vorzeit als das Lachen entstanden ist. Wenn ich also heute über jemanden lache der stolpert, dann stelle ich fest, dass ich das einfach „irgendwie amüsant“ finde, ohne es näher spezifizieren zu können. Ich kann aber doch ausschließen, dass ich mich nicht über den evtl. Tod des Stolpernden freue, oder ihm den Tod oder eine böse Verletzung wünsche, oder einen sonstigen materiellen Vorteil daraus ziehe. Wenn man jetzt unterstellt, dass unsere Vorfahren dasselbe Gefühl beim Lachen hatten wie wir es heute haben, so lassen sich auf diese Weise nicht nur neue (sachliche) Erkenntnisse über die damalige Zeit gewinnen. Auf eine tatsächlich irgendwie zauberhafte Weise erhalten wir dadurch ein Abbild des Gefühlslebens unserer Vorfahren und deren sozialer Struktur und Lebensweise, und das vor vermutlich vielen Millionen Jahren(!). Und wir ernten noch viel mehr: Aus der Aussage, dass unsere Vorfahren sozusagen das gleiche beim Lachen fühlten wie wir heute folgen weitreichende Konsequenzen für die Evolution und unser Bewusstsein.

Und so sieht denn der Fahrplan dieses Buches aus: Zunächst werden wir klären, was Humor eigentlich genau ist. Darunter wollen wir sämtliche Situationen verstehen in denen wir sozusagen durch einen geistigen Akt zum Lachen angeregt werden. Die andere Klasse, nämlich die, bei der wir durch körperliche Aktionen zum Lachen angeregt werden, lassen wir zunächst beiseite (mehr Unterscheidungen treffen wir nicht) und bemühen uns erst einmal nur um eine Erklärung wie die Struktur der Situationen aussieht, bei denen wir durch rein mentale Reize lachen, also z.B. einen gesprochenen Witz oder einer komischen Situation. Allein dazu müssen wir leider weit ausholen. Die große Aufgabe also besteht darin eine allgemeingültige Definition zu liefern, die angibt wann wir genau lachen. Das haben schon viele vor uns versucht, jedoch konnte keine Definition bislang das ganze Spektrum treffend und zufriedenstellend abdecken. Die Existenz dieses Buches inklusive der weitreichenden Schlussfolgerungen über Evolution und Bewusstsein beruht im Wesentlichen auf dem Umstand, dass wir tatsächlich in der Lage sind eine allgemeingültige Definition anzugeben. Die Angabe der notwendigen und hinreichenden Bedingung, die vorliegen muss, damit wir Menschen lachen ist eine zentrale Aussage dieses Buches. Nachdem wir geklärt haben welche Definition dem eigentlichen Humor zugrunde liegt wenden wir uns den anderen Lach-Arten zu – eben solche, die durch körperliche Reize (wie z.B. Kitzeln) hervorgerufen werden. Der Zusammenhang dieser beiden Situationen wird sich quasi von allein ergeben, so dass wir schlussendlich eine allumfassende Theorie des Lachens und Humors ernten können. Die Umstände des aufrechten Ganges ergeben sich daraus ebenfalls von selbst, und selbst die Evolutionstheorie erscheint danach in einem anderem Licht.

Um dieses Programm zu stemmen, ist es leider notwendig einige Grundbegriffe der Evolution zu rekapitulieren. Dabei hatten wir eigentlich nicht vor die Evolution neu zu erfinden, aber wir müssen zunächst einige Strukturen der Evolution aufdecken und sozusagen dingfest machen. Diese Struktur, von der in den nächsten Kapiteln die Rede sein wird, ist nicht wirklich etwas Neues, viele Naturforscher haben diese Struktur längst erkannt. Wir benutzen absichtlich das antiquierte Wort „Naturforscher“, denn in der Tat hat man das Gefühl, dass sich Darwin & Co dieser Struktur bewusst waren, während ein „moderner“ Forscher, der molekulare Evolution betreibt sie nicht (mehr?) kennt, oder vielleicht auch kennen will. Wie kann das sein? Die Gründe dazu sind etwas unklar, dazu werden wir an späterer Stelle noch etwas sagen; eine Theorie des Humors ist jedoch ohne die Ausformulierung dieser Struktur nicht möglich, daher werden wir eine Art Orientierungsprinzip der Evolution in diesem Buch erklären und vom bekannten Linnéschen Axiom ableiten. Von diesem Prinzip wird das meiste ausgehen.

Danach – im zweiten Teil – werden wir einige interessante Schlussfolgerungen aus dem Gesagten ziehen. Diese Betreffen in erster Linie die Evolutionstheorie selbst, wo wir Gesetzmäßigkeiten herleiten können, die aus Sicht der heutigen molekularen Genetik vermutlich nie abgeleitet werden könnten. Wir werden unsere Ergebnisse benutzen um Freuds Strukturmodell der Psyche deutlich zu verallgemeinern. Wir werden, im Gegensatz zu Freud klare Strukturen mit klaren Gesetzmäßigkeiten aufdecken. Diese Gesetzmäßigkeit erlaubt es uns recht genaue Aussagen sowohl zur inneren Struktur als auch zur zeitlichen Entwicklung von menschlichen (und tierischen) Trieben zu machen, was wir am Beispiel unserer beiden Triebe, die uns am meisten beschäftigen tun werden: Sex und Gewalt. Abschließen werden wir das Buch mit Folgerungen zum Anfang und Ende der Evolution.

Teil 1: Die Entschlüsselung des Humors und warum wir aufrecht gehen

Einleitung

Recherchiert man ein wenig im Internet, muss man feststellen, dass die Frage nach dem Sinn und Ursprung des Lachens zwar seit Menschengedenken gestellt wurde jedoch findet man – wenn man streng urteilt – kaum Ansätze, die über eine bloße Beschreibung hinausgehen (Ausnahme: Sigmund Freud). Selbst in heutiger Zeit sieht es nicht unbedingt besser aus: Es gibt zwar Lehrstühle, an denen Professoren Humorforschung betreiben, es gibt wissenschaftliche Artikel über Humorforschung, ja sogar Fachzeitschriften, Tagungen und alles was zu so einem „wissenschaftlichen Betrieb" dazugehört. Die Fachrichtungen der beteiligten Forscher sind bunt gemischt. Da gibt es natürlich Psychologen, Biologen, aber auch Sprachforscher und sogar Informatiker. Was jedoch die Erkenntnislage angeht, so hat diese (teilweise nach eigenem Bekunden der beteiligten Forscher) sich nicht deutlich seit Sigmund Freud verändert, also seit fast hundert Jahren.

Diese Einleitung ist zweigeteilt. Zuerst rekapitulieren wir die geschichtliche Entwicklung und die verschiedenen Ansätze, die man bislang bemüht hat um dem Wesen des Humors beizukommen. Danach beschäftigen wir uns mit den Theorien des aufrechten Ganges. Was dieser mit dem Lachen zu tun hat wird noch nicht verraten aber es macht durchaus Sinn sich auch hier einen kurzen Überblick zu verschaffen, denn einerseits ist es schon recht amüsant was es da an Hypothesen gibt und andererseits wollen wir uns nicht die Blöße geben unsere Theorie als neu darzustellen, denn tatsächlich wird sich herausstellen, dass die Theorie des aufrechten Ganges, welche wir in diesem Buch darlegen wollen in ihrer Kernaussage bereits existiert. Es soll hier jedoch keinesfalls um neue und kuriose Theorien gehen, sondern darum zu zeigen welche Aussagen aus den Beobachtungen so streng es eben geht abgeleitet werden können. Und die Aussage zu den Gründen des aufrechten Ganges ist so eine.

Lachen und Humor

Über die Frage nach dem Humor ist bereits in der Antike von fast allen großen Denkern reflektiert worden, sei es Platon, Aristoteles oder Cicero. Man kann fast zu jedem Zeitalter mindestens einen großen Denker aufzählen der sich dieser Fragestellung widmete (Aristoteles, Cicero, Hobbes, Descartes, Darwin, Freud u.v.a.). Wie es in der Philosophie oft der Fall ist, entstanden dabei nicht eine, sondern gleich mehrere, meist konkurrierende Theorien (das ist im Übrigen recht typisch für die Philosophie und ich glaube es war Bertrand Russell der den Satz prägte „wir Mathematiker versuchen wenigstens uns nicht zu widersprechen). Im Falle des Humors ist es jedoch seltsamerweise so, dass sich diese Theorien inhaltlich kaum überschneiden (und sich daher auch keine Konkurrenz machen) da sich jede von denen auf einen anderen Aspekt des Humors konzentrierte. Von einigen Rand-Theorien abgesehen sind es im Wesentlichen drei, die bis zum heutigen Tage mehr oder weniger gleichberechtigt nebeneinanderher existieren.

Diese Ausgangslage ist natürlich aus erkenntnistheoretischer und nicht zuletzt wissenschaftlicher Sicht extrem unbefriedigend. Man möchte ja eine Theorie dafür haben, nicht mehrere. Aber das ist nicht der einzige Schwachpunkt der heutigen Situation. Es kommt hinzu, dass jene Theorien genau genommen einen rein deskriptiven Charakter haben. Im Grunde werden lediglich die Situationen in denen wir Menschen lachen anhand eines Gesichtspunktes beschrieben und damit muss man sich dann auch schon begnügen (wenn man ehrlich ist). Von einer Theorie darf man aber durchaus mehr verlangen. Es ist nämlich eine ganz bestimmte Eigenschaft, die die Qualität einer Theorie ausmacht und darauf möchte ich kurz im Folgenden eingehen.

Der Vergleich hat sicherlich seine Grenzen, zu dieser Situation passt er jedoch recht gut: Eine Theorie ähnelt ein wenig einem Computer-Programm. Ein Computer-Programm braucht in der Regel eine Informationseingabe (Input). Dieser Input wird mittels bestimmter Regeln und Algorithmen verarbeitet und liefert im Anschluss dann eine Ausgabe, quasi als Resultat (Output). Genauso verhält sich eine wissenschaftliche Theorie: Jede Theorie hat ihre Postulate (Axiome, Annahmen), man denke z.B. an die Newtonschen Axiome. Diese muss man nicht begründen, sie sind eben Annahmen. Sie stellen in der Analogie zum Computer-Programm den Input dar. Die meisten Theorien (nicht alle) haben in der weiteren Analogie Regeln und Gesetze nach denen sich bestimmte Dinge (die Elemente der Theorie) verhalten und das Ergebnis dieser Regeln und Gesetze sind Aussagen der Theorie, die man schließlich mit dem Output des Computer-Programms gleichsetzen kann. Soweit so gut. Was bestimmt nun die Qualität einer Theorie? Es ist nicht die Tatsache wie kompliziert das Regelwerk der Theorie ist, sondern einzig und allein das Verhältnis aus Input zu Output, also die Frage wie viel Information steckt man in die Theorie hinein und wie viel Information liefert sie. Wichtig dabei ist, dass sich der Informationsgehalt vom Output möglichst weit vom Input abhebt, also nicht dasselbe mit anderen Worten beschreibt.

Wenn man diesen Qualitätsmaßstab ansetzt, so sieht es bei fast allen bisherigen Humortheorien recht dünn aus. Man ist fast geneigt zu sagen dass nahezu alle Humortheorien zwar einen Input besitzen, also eine oder mehrere Axiome postulieren, jedoch weder ein Regelwerk noch einen Output. Zumindest keinen Output, der vom Informationsumfang her über den Input hinausgeht. Die meisten Humortheorien verdienen kaum den Namen Theorie. Wenn jemand z.B. sagt „wir lachen weil wir damit böse Geister loswerden wollen" so kann man das natürlich sagen und glauben, nur führt es zu keiner weiteren brauchbaren Aussage, geschweige denn zu einer Vorhersage. Diese Humortheorie mit den bösen Geistern ist zwar nur ausgedacht, was jedoch unseren angelegten Qualitätsmaßstab angeht heben sich die meisten von den im nächsten Kapitel vorgestellten Theorien nicht allzu weit von dieser ab. Meist geht es dann im Folgenden darum alle Aspekte des Lachens und des Humors irgendwie in die Eingangs-Postulate zu pressen. Oft wird das auch noch mit den Fällen gemacht bei dem unser Lachen nicht durch mentale Vorgänge (also z.B. Lachen durch Witze, sprich Humor im engeren Sinne) sondern auch durch physische Vorgänge wie Kitzeln ausgelöst wird. Das würde bei dem obigen Beispiel zu Aussagen führen wie „Kinder lassen sich gern kitzeln weil die Eltern deren böse Geister vertreiben müssen/wollen oder was auch immer". Wie gesagt, das kann man alles behaupten oder sogar glauben, eine befriedigende Theorie sieht aber anders aus.

Das Übertragen einer Humortheorie auf ein Lachen, welches durch einen physischen Trigger ausgelöst wird ist ein weiterer Schwachpunkt von eigentlich allen bisherigen Humortheorien. Nehmen wir z.B. die vermutlich modernste Humortheorie, die sogenannte Benign-Violation-Theory, die verkürzt besagt dass wir immer dann lachen wenn eine gewisse Norm verletzt wird und diese Verletzung „gutartig" (benign) ist. Wir werden im den nächsten Kapitel sehen, dass diese Beschreibung gar nicht so schlecht ist, beschreibt sie doch was die allgemeine Struktur einer witzigen Situation schon relativ gut. Leider wird von den Vertretern dieser Theorie dann z.B. auch Kitzeln als „gutartige Verletzung einer Norm" angesehen. Hier gilt wieder das gleiche wie im letzten Absatz: Man kann meinetwegen glauben dass Kitzeln als so etwas angesehen werden kann, zu weiteren Erkenntnissen führt es jedoch nicht (ist Achterbahn fahren dann auch eine gutartige Verletzung einer Norm?). Dennoch scheint die "Gutartigkeit" ein charakteristischer Punkt zu sein: Man "amüsiert" sich stets beim Lachen, es geht nie um Leben oder Tod.

Nachdem wir nun an allen anderen Theorien kein gutes Haar gelassen haben wird sich der Leser berechtigterweise fragen was dieses Buch nun Besseres zu bieten hat. Dies soll im Folgenden dargestellt werden, ist aber nach dem bereits gesagtem leicht zu formulieren. Ziel ist es also möglichst wenig Postulate zu formulieren und gleichzeitig einen Informations-Output zu generieren der möglichst das gesamte Feld von Lachen und Humor umfasst. Was die Postulate betrifft, so soll natürlich in erster Linie vermieden werden eine Information hineinzustecken die im Grunde schon heute bekannte Tatsachen über Humor und über das Lachen versteckt beinhalten. Am besten ist es natürlich Postulate zu verwenden die a) nichts direkt mit Humor oder Lachen zu tun haben und b) bereits aus anderen Gebieten bekannt sind, sodass es eigentlich gar keine neuen Postulate sind (und so wird es sich auch ergeben). Weiterhin – und das ist dann der mit Abstand größte Anspruch – sollen natürlich alle bekannten heutigen Aspekte des Humors und Lachens ableitbar und auch erklärbar sein. Das ist allein deshalb der größte Anspruch weil – wie wir alle wissen – kaum eine andere Erscheinung so unüberschaubar viele verschiedene Varianten und Facetten besitzt wie der Humor bzw. das Lachen.

Wenn dieser Anspruch erfüllt wird, dann könnte man tatsächlich behaupten ein altes Menschheitsrätsel gelöst zu haben, und wir haben guten Grund anzunehmen, dass dem so ist. Der Weg dazu sieht folgendermaßen aus: Wir werden im nächsten Abschnitt beginnen möglichst viele Aspekte und Situationen aufzuzeigen bzw. aufzuzählen in denen Menschen lachen. Hier beginnt allerdings schon das erste Problem: Es lachen nicht alle Menschen über das gleiche. Sicherlich wird also der Sachverhalt berücksichtigt werden müssen dass es immer wieder zu evolutionsbiologischen Variationen kommt und sich daher jedes Individuum ein wenig anders entwickelt. Die Hoffnung besteht jedoch – und so wird es sich auch herausstellen – dass es genau einen Grund gibt weshalb das Lachen in die Welt kam. Weiter wird sich herausstellen dass es wiederum genau einen Grund gab weshalb der Humor in die Welt kam (erst entstand das Lachen, dann der Humor). Daraus kann man folgern, dass diese beiden Geburten in der evolutionären Vergangenheit aller Menschen vorkommen. Dennoch lachen ja nicht alle Menschen über das gleiche. Das heißt aber nicht, dass jeder einen anderen Humor an sich hat, vielmehr werden wir sehen, dass der Humor eher eine Konstante in der Evolution darstellt, es also eine Definition gibt, die für alle Menschen gilt (und vermutlich auch für alle Tiere) aber das können wir mit den an dieser Stelle zur Verfügung stehenden Werkzeugen noch nicht darlegen.

Lachen und Humor: schier endlose Varianten

Welche Eigenarten hat der Humor also, welche aus einer passenden Theorie entspringen sollen? Im Folgenden wollen wir versuchen eine ungeordnete Aufzählung anzuführen welche Eigenschaften der Humor hat bzw. in welchen Situationen wir lachen.

Wann lachen wir also? Um die folgende Aufzählung etwas übersichtlicher zu gestalten erlauben wir uns wie bereits angekündigt eine Einteilung vorwegzunehmen. Wir werden unterscheiden zwischen physisch ausgelöstem Lachen und rein mental ausgelöstem (also z.B. durch einen gesprochenen Witz oder dem Erleben einer komischen Situation) und ebenso werden wir eine Einteilung in Kinder und Erwachsene vornehmen. Bevor wir jedoch anfangen aufzuzählen unterstellen wir dass der eigentliche Lachvorgang beim z.B. Kitzeln und bei einem Witz derselbe zu sein scheint. Das ist natürlich nicht bewiesen aber wenn wir in einem Gedankenexperiment die Augen schließen und raten müssten ob ein Gelächter welches wir hören durch Kitzeln entstanden ist oder durch einen Witz so würden die meisten Menschen (wenn nicht alle) die Waffen strecken. Es scheint also gerechtfertigt beide Lach-Arten (mental bzw. physisch getriggert) abgesehen vom Auslöser gleich zu behandeln. Dies scheint trivial, sollte aber zumindest einmal ausgesprochen werden.

Fangen wir also nach obigem Schema mit dem physisch ausgelöstem Lachen an und zwar bei Kindern. Wenn man (wie ich) einige Jahre seines Lebens auf Spielplätzen verbracht hat so fällt es eigentlich nicht schwer alle Situationen aufzuzählen. Z.B. das Schaukeln: wer Kinder hat und daher auf Spielplätzen oft (meist von seinen eigenen Kindern) zum „Anschaukeln“ aufgefordert wird der stellt folgendes fest: Wenn das Anschaukeln relativ stark geschieht, man also die Schaukel recht weit auslenkt und dann sein Kind sozusagen frei fallen lässt, der wird in einem bestimmten Kindesalter bemerken dass dabei stets gekichert wird. Vielleicht nicht im weiteren Verlauf wenn sich das Kind so einigermaßen eingeschaukelt hat und auch muss man feststellen dass es nur die ersten Male beim Anschaukeln so ist. Das Lachen wird dann meist zu einem sagen wir Grinsen und irgendwann verschwindet es ganz.

Nach der Schaukel würde man das Karussell nennen, welches vermutlich in dieselbe Klasse fällt wie die Schaukel. Hier meint man wird das Lachen um so stärker je stärker sich das Karussell dreht. Die Rutsche sorgt meist auch für ein Lachen, jedoch deutlich schwächer als die vorher genannten Dinge. Manchmal beobachtet man lediglich ein „müdes Lächeln“ aber noch nie habe ich ein Kind gesehen welches mit ernster Miene eine Rutsche herunterrutschte. Des Weiteren beobachtet man folgendes: Kinder (ich rede von Kindern so um die vier bis sechs Jahre) lachen fast immer beim Rennen. Nimmt man sie an die Hand und rennt mit so wird das Lachen umso stärker. In heutiger Zeit sind solche Aussagen übrigens sehr leicht überprüfbar: Wer in einer Internet-Bildersuche die Stichworte „Kind“ oder „Kinder“ und „rennen“ eingibt (meinetwegen auch auf Englisch) der wird das Gesagte schnell bestätigt finden. Interessanterweise (darauf kommen wir später zurück) findet man auf dieselbe Weise die Aussage, dass das Lachen beim Rennen bei Erwachsenen offensichtlich fehlt. Ein weiteres Beispiel, und das ist vermutlich das letzte (zumindest welches mir einfällt) welches in jene Klasse fällt ist ein Lachen wenn man mit einem Kind „kämpfen“ spielt, man also so tut als würde man sich boxen oder ähnliches. Charakteristisch hierbei sind schnelle Bewegungen und Reaktionen die das Lachen auszulösen scheinen.

Die bislang genannten Situationen haben alle gemeinsam dass mit dem (Kinder-) Körper jeweils eine Bewegung mit einhergeht. Dies unterscheidet sich doch ein wenig von der nächsten Erscheinung welche Kinder zum Lachen bringt nämlich das Kitzeln. Beim Erwachsenen scheint Kitzeln unangenehm zu sein und im Allgemeinen wehrt man sich dagegen, beim Kind jedoch erleben wir es oft, dass es – je nach Alter – eigentlich gerne gekitzelt wird. Wenn man sich einmal anschaut welche Körperstellen kitzlig sind so sind es beim Kind eigentlich fast alle Körperbereiche, manche mehr manche weniger (sogar an Stellen wie Oberschenkel, Rücken, Brust etc. sind Kinder – im Gegensatz zu uns Erwachsenen kitzlig).

Was nun diese erste Klasse betrifft, nämlich das Lachen welches durch physikalische/physische Vorgänge beim Kind ausgelöst wird, so meine ich dass die Aufzählung hiermit bereits endet. Dennoch scheint schon hier die Aufgabe recht schwierig zu sein allein diesen Umfang unter einen Hut zu bringen, sprich eine Theorie zu entwickeln die diese Varianten vorhersagt bzw. erklärt. Was jedoch das gesamte Spektrum aller Situationen umfasst bei denen wir Menschen lachen so haben wir gefühlt nur einige wenige Prozent aufgezählt. Lassen wir uns davon jedoch nicht entmutigen und zählen weiter auf.

Es folgt also nun diejenige Klasse von Gelächter die ebenfalls durch körperliche Vorgänge ausgelöst wird, jedoch diesmal beim Erwachsenen. Der Plan wäre an dieser Stelle die bis jetzt entstandene Liste noch einmal zu prüfen und zu schauen ob für den erwachsenen Menschen das gleiche gilt. Fangen wir also an mit dem ersten Beispiel, dem Schaukeln. Ich kenne keinen Erwachsenen der schaukelt, allenfalls Erwachsene die hin und wieder auf einer Schaukel (oder sagen wir besser Hängematte oder Schaukelstuhl) dezent hin- und her-wippen. Nur das Lachen beobachtet man nicht. Wenn wir jedoch einen Schritt weiter gehen und das Wort „Schaukeln“ ersetzen durch sagen wir „körperliche Beschleunigung erfahren“ so sieht das Bild wieder anders aus. Neulich überredete uns meine Tochter (d.h. meine Frau und mich) auf eine Achterbahn-Fahrt mitzukommen. Wir waren nicht gerade begeistert, vorher nicht, und als die Fahrt zu Ende war hatten wir auf eine zweite Fahrt erst recht keine Lust.

Dennoch war ich sehr erstaunt wie laut ich und vor allem meine Frau während der Fahrt gelacht haben. Es scheint also immer noch sehr tief in uns zu stecken obwohl wir es eigentlich nicht (mehr) mit etwas positivem verbinden. Wenn man sich auf dem Rummel umschaut bzw. umhört so stellt man fest, dass wirklich ausnahmslos alle in solchen Situationen lachen, sowohl Kinder als auch Erwachsene. Wir können also festhalten dass auch Erwachsene den Trieb haben bei Beschleunigungen des eigenen Körpers zu lachen. Offensichtlich liegt hier nur ein gradueller Unterschied vor, der Erwachsene muss zu diesen Handlungen etwas mehr „überredet" werden.

Folgen wir der obigen Aufzählung (Lachen bei Kindern, ausgelöst durch rein körperliche Vorgänge) so stoßen wir nun auf einen Unterschied: Erwachsene lachen beim Rennen nicht, auch nicht ein bisschen. Auch nicht wenn sie ganz schnell rennen. Genauso verhält es sich beim z.B. Boxen, beim echten Boxen oder auch wenn man so tut (oder spielt) als würde man kämpfen. Bei einem Boxkampf oder einem Karate-Turnier oder ähnlichem beobachtet man nie dass die Kontrahenten lachen. Zur Erinnerung: bei Kindern in einem bestimmten Alter beobachtet man es immer. Das trifft sowohl für das Rennen zu als auch für die eben diskutierte Kategorie des Kampfes. Ich bin mir hierbei nicht ganz sicher welches das entscheidende Element ist, das bei Kindern das Lachen hierbei auslöst, ich tendiere aber sehr stark dazu dass es nichts mit Kämpfen im eigentlichen Sinne zu tun hat, auch nicht mit Spielen, sondern dass es einzig und allein darauf ankommt schnelle Körperbewegungen zu vollführen. Dieses verleitet natürlich ein wenig dazu das Rennen und das Kampf-Spiel unter einer Kategorie zu subsumieren. Ob das ein wirklicher Gewinn einer noch zu bauenden Theorie wäre muss sich jedoch noch zeigen. Wichtiger als das jedoch ist die Tatsache dass wir zwei (oder meinetwegen eine) Situation gefunden haben bei denen zwar Kinder lachen Erwachsene jedoch nicht. Wir werden später sehen dass das Fehlen dieses Verhaltens im Erwachsenenalter aus der dazugehörigen Theorie gefolgert werden kann.

Die fehlende Lach-Reaktion von Erwachsenen auf Situationen bei denen Kinder lachen (wir reden nach wie vor vom Lachen welches durch körperliche Vorgänge ausgelöst wird) ist also mindestens ein genauso wichtiger Aspekt wie die bloße Aufzählung aller Situationen in denen Erwachsene eben Lachen. Das zeigt sich noch deutlicher an dem letzten noch fehlenden Beispiel nämlich dem Kitzeln. Wir hatten in obiger Aufzählung festgehalten dass Kinder nicht nur unterm Arm oder an der Fußsohle kitzlig sind sondern eigentlich mehr oder weniger am ganzen Körper. Jeder, der Kinder hat kann das „ausprobieren": selbst am Bein oder an der Schulter oder an einem fast beliebigen anderen Körperteil ist es möglich ein Kind so zu kitzeln, so dass es laut lacht. Versuchen wir dasselbe bei einem Erwachsenen müssen wir feststellen, dass die Körperregionen jenseits der Achselhöhlen oder Fußsohlen zwar (je nach Stärke und Art der Kitzel-Technik) noch ein wenig kitzelig sind jedoch im Vergleich zum Kind deutlich stumpfer reagieren. Sicher gibt es unter Erwachsenen viele Variationen welche Körperstellen mehr oder weniger kitzlig sind aber man darf sicher feststellen dass (Klein-) Kinder im Allgemeinen deutlich kitzliger sind als Erwachsene. Für Körperregionen wie Achselhöhle oder Fußsohle jedoch scheint dies nicht zu gelten. Ob diese genauso kitzlig sind wie beim Kind vermag ich nicht zu sagen. Wohl aber können wir behaupten, dass wir hier das gleiche Phänomen beobachten wie im Falle der Achterbahn: Wir lachen zwar wenn wir gekitzelt werden, wir mögen es aber nicht sonderlich. Der Reflex ist also noch vorhanden aber aus irgendeinem Grunde möchten wir vermeiden dass es zu solchen Situationen kommt.

Nachdem wir diese Situationen durchgesprochen haben stellt sich nunmehr die Frage ob es vielleicht beim Erwachsenen Situationen gibt bei denen das Lachen durch physische Vorgänge ausgelöst wird, die bei Kindern nicht vorkommen: Man darf feststellen, dass es ebenfalls eine bemerkenswerte Tatsache darstellt, dass es diese Situation nicht gibt. Auch das sollte eine Theorie, wie auch immer diese aussehen mag berücksichtigen bzw. vorhersagen.

Nachdem wir nun die Kategorie „Lachen erzeugt durch körperliche Aktionen" abgehandelt haben, zumindest was die Beobachtungen angeht, soll im Folgenden die Kategorie angegangen werden bei denen das Lachen mental ausgelöst wird, also den Humor im eigentlichen Sinne. Allerdings scheint das Sammelsurium der physisch-getriggerten Situationen schon derart unübersichtlich dass man sich wirklich fragen kann ob es denn möglich sei eine Theorie zu entwickeln die all diese Varianten erklärt? Klare Antwort: Ja, es ist möglich.

Bevor wir nun zu der Kategorie des eigentlichen Humors kommen möchte ich noch ein Beispiel einstreuen bei dem ich gestehen muss dass es schwer ist zu entscheiden ist zu welcher Kategorie es denn gehört. Genauer gesagt sind es mehrere Beispiele, die jedoch allesamt eine charakteristische Eigenart haben wie sich zeigen wird. Ich meine das Gelächter, welches ausgelöst wird wenn eine Person stolpert bzw. fällt. Ich kann mich gut erinnern dass ich als Kind sehr gelacht habe als ein anderes Kind etwas locker über ein neu angelegtes Beet hüpfen wolle und dabei übersah, dass ein Draht in etwa 20cm Höhe davor gespannt war. Ja, es haben alle Kinder herzhaft gelacht. Mittlerweile beobachte ich das bei mir nicht mehr so stark aber ich kenne andere Erwachsene die dafür immer noch sehr anfällig sind. Dabei geht es nicht nur ums Stolpern. Im Zirkus rutscht der Clown gerne auf einer Bananenschale aus, auch hier lachen die meisten Kinder, Erwachsene aber auch. Lustig finde ich es heute noch wenn jemand abgelenkt ist und dabei gegen ein Hindernis läuft (klassisches Beispiel: jemand schaut einer Frau oder meinetwegen einem Mann hinterher und läuft dabei gegen eine Laterne oder ein anderes Hindernis). Man könnte diese Situationen auf eine Art Ungeschicklichkeit zurückführen. Allerdings gibt es dutzende Arten von ungeschicktem Verhalten bei dem niemand lacht. Wenn sich jemand in den Finger schneidet weil er oder sie abgelenkt ist, so lacht niemand (habe ich zumindest nie erlebt). Ein Autounfall bietet ebenfalls kein Grund zum Lachen, eigentlich kaum keine Art von Ungeschick bis auf diese eine Kategorie: Probleme beim Gehen. Das scheint für mich die plausibelste Art zu sein diese Situationen unter einen Hut zu bringen. Diese Lacher sind also stark verbunden mit der Fähigkeit „normal zu gehen". Es hat also einen physischen Aspekt, allerdings lachen wir ja nie über unser eigenes Stolpern, sondern stets über das einer anderen Person, es sind also überdies mentale Aspekte involviert. Es lohnt sich jedoch noch ein wenig bei den Ungeschicklichkeiten zu verweilen, denn hin und wieder lacht man hier schon. Viele (eher schlechte) Filme versuchen Lacher zu erheischen mit Szenen wie dieser: Eine Spritzflasche voll Ketchup (oder auch Senf o.ä.) scheint ihre Dienste zu versagen weil sie verstopft ist. Bei weiterem Probieren löst sich die Verklumpung und eine in der Nähe stehende Person wird unversehens mit dem Inhalt bespritzt. Das ist für viele (auch für mich) eher mäßig komisch und ich kann mich auch gut an ganz ähnliche Szenen im eigenen Leben erinnern, welche tatsächlich nur Grund zum Ärgernis waren als ein Grund zum Lachen. Ein Missgeschick ist also per se nicht komisch, nur wieso lacht man dann doch hin und wieder? Welche Bedingung muss noch herrschen, damit so eine Szene komisch wird? Ich glaube es ist nicht schwer es zu analysieren: Es kommt eben darauf an, in welcher sagen wir Gemütsverfassung derjenige ist, der soeben bespritzt wurde. Hat derjenige sich gerade sehr aufgeregt, war sein Blut in Wallung, hat er eventuell eine aufgeblasene Tischrede gehalten — und überhaupt, hält er oder sie sich gerade für etwas Besseres, dann lachen wir in einer solchen Szene. Einfach nur mit Ketchup bespritzen oder sagen wir eine Torte ins Gesicht werfen reicht nicht. Es muss zwingend denjenigen treffen, der irgendwie gerade geistig in höheren Gefilden schwebt. Dieser wird dann durch die besagte Torte sozusagen auf den Boden der Tatsachen zurückgeholt. Dann lachen wir.

Man könnte es also zusammenfassend so beschreiben: Ein "Missgeschick" an sich ist kein Anlass zum Lachen, es sei denn es trifft Personen, welche in dem Augenblick irgendwelche geistige Höhenflüge hatten. Für alle Probleme rund ums "normale gehen" scheint dies nicht zu gelten: hier lachen wir fast immer, egal in welcher Gemütssituation sich der Stolpernde befindet (oder gerade gegen eine Laterne läuft, oder sich einfach nur den Kopf stößt). Einzig eine Bedingung bleibt: Derjenige muss abgelenkt sein, also den Stolperstein oder den Ast gegen den er läuft nicht bemerken. Dann lachen wir.

War es bis hierher nur schwer möglich eine gewisse Struktur zu erkennen bzw. vorwegzunehmen so muss man wohl gestehen dass es jetzt in diesem Bereich (nämlich im Bereich des mental ausgelöstem Lachens, also dem eigentlichem Humor) tatsächlich – zumindest auf den ersten Blick – hoffnungslos erscheint eine Struktur irgendeiner Art hineinzubringen. Von daher werden wir hier keine Einteilungen mehr vornehmen sondern tatsächlich eine Auswahl an witzigen Situationen aufzählen die wir heute als lustig/witzig/humorvoll ansehen, wir also lachen. Die Schwierigkeit an dieser Stelle besteht kaum darin viele Witze oder lustige Situationen aufzuzählen. Sie besteht eher darin, dass sich der Autor nicht dem Vorwurf aussetzen darf bestimmte Situationen zu unterschlagen (weil sie evtl. nicht in seine Theorie passen). Die Aufgabe besteht also im Folgenden darin so viele verschiedene witzige Situationen aufzuzählen, sodass keine Gefahr einer bewussten oder unbewussten Filterung besteht. Tatsächlich bleibt es jedoch nicht nur bei den Witzen. Es gibt noch deutlich mehr Situationen, in denen wir lachen und welche nicht wirklich mit einem Witz zu tun haben. Auch diese sollen nicht unterschlagen werden.

Dennoch wollen wir die Aufzählung nicht allzu streng handhaben, daher beginne ich mit einer aktuell erlebten Begebenheit: Das letzte mal dass ich (relativ leise aber doch hörbar) lachen musste war gestern Abend in der Berliner S-Bahn. Typischerweise steigen da viele Leute mit Fahrrad ein, meist sind das eher so die sportlichen Typen. Die meisten Fahrräder haben am Rahmen zwischen Sattel und Pedale einen Trinkflaschenhalter, so auch das Fahrrad welches gestern Abend mit in die S-Bahn genommen wurde. Der Besitzer machte jedoch keineswegs einen sportlichen Eindruck (eher das Gegenteil) und als ich an die Stelle des Trinkflaschenhalters schaute steckt dort eine Bierflasche. Wieso lache ich hier? Ein anders Beispiel aus dem Zug: Der ICE fährt gerade in den Hauptbahnhof ein. Ein sehr heruntergekommen aussehender Mann (inklusive Geruchsbelästigung) belästigt die Fahrgäste mit der Frage wie er in Berlin zu einer gewissen Adresse käme. Als er eine sehr elegant gekleidete junge Frau fragte, so war diese zwar sehr hilfsbereit, aber auch recht schüchtern und ihr war die Situation auch sehr unangenehm. Sie stammelte daher unverständliche Worte welche jedoch zum Schluss in die für alle hörbare, aber ernsthaft gemeinte Frage mündete warum er nicht einfach ein Taxi nehme. Ich werde bis heute nicht vergessen wie fast der gesamte Großraumwagen lachte (offensichtlich hörte auch jeder zu). Wieso lacht man hier? Die nächste persönlich erlebte Situation, die ich mir noch erlaube aufzuzählen spielt ebenfalls im Zug: Es regnete so stark dass man nicht mehr aus den Fenstern sehen konnte, so viel Wasser prasselte und floss über die Außenfenster. Ein Fahrgast sagte still: „gleich kommen die Bürsten“. Auch hier lachte fast der ganz Großraumwagen.

Wieso eigentlich? Natürlich meinte der Fahrgast die Bürsten in der Auto-Waschanlage, jedoch bleibt die Frage worüber wir hier genau lachen. Dieses Beispiel klingt relativ schwierig, jedoch, wenn man das Muster des Humors verstanden hat, so kann man sagen, dass dieses Beispiel eher ein typisches ist.

Einmal hörte ich in einer Radiosendung einen Arzt reden, der sich darüber beschwerte, dass seine Fachkollegen zu viele Medikamente verschreiben. "Er zückt sein Rezept-Block schneller als sein Schatten" war da zu hören. Natürlich ist dies eine Anspielung auf Lucky Luke, der ja bekannterweise seinen Revolver schneller als sein Schatten zieht. Aber zur Erklärung reicht das eben nicht, nur die wenigsten Anspielungen sind wirklich lustig.

Wie gesagt, die Varianten des Humors sind zahllos und wir wollen uns bei der Aufzählung eher zurückhalten. Dennoch wollen wir dieses Einführungs-Kapitel nicht beenden ohne das Gefühl zu haben die „klassischen" Fälle abzudecken. Dabei versuchen wir möglichst die Fälle herauszusuchen welche (scheinbar) eine unterschiedliche Struktur zugrunde liegen haben. Jeder kennt z.B. den folgenden Witz: Ein Mann sitzt beim Arzt und wird mit der Aussage konfrontiert dass er übergewichtig sei. Der Patient erwidert dass er hierzu noch eine zweite Meinung hören will, worauf der Arzt ihm mitteilt dass er zudem hässlich sei. Wieso lachen wir hier? Natürlich ist uns klar dass der Arzt den Begriff „zweite Meinung einholen" verwechselt hat, aber nicht jede Verwechslung ist lustig.

Eine der größten Gebiete auf dem Witze gemacht werden ist die Sexualität. Wieso ist dem so? Ein Beispiel: Ein Paar beim Sex. Sie sagt: „Sag mir schmutzige Sachen". Er: „Küche, Bad, Wohnzimmer…". Wieso lachen wir hier? Wieder nur wegen der Verwechslung? Eine weitere klassische Witz-Art besteht aus den Witzen mit Wortspielen: „Was machen Ostfriesen beim Stromausfall? Sie holen sich ein paar Kilo Watt". Was ist hier denn genau das lachhafte? Das Wortspiel? Vielleicht, nur wie passt das ins Gesamtbild? Es gibt ja auch Wortspiele über die man nicht lacht. Und wieso gibt es eigentlich „Ostfriesen-Witze"? Wie ist denn so etwas zu erklären? Ich meine weniger die Ostfriesen selbst, sondern die Tatsache dass Witze oft über gewisse Menschengruppen gemacht werden. Man beachte im Übrigen das Wort „über" im letzten Satz. Im Grunde könnte man bei den letzten Beispielen behaupten, dass wir immer dann lachen wenn etwas eine unerwartete Wendung nimmt, oder eine unerwartete Interpretation. Allerdings gibt es durchaus Situationen – und das verrät das Wort „über" – bei denen schlicht und einfach über die Dummheit oder das Missgeschick eines anderen gelacht wird. Wie passt das in eine Theorie? Es wird jedoch noch unübersichtlicher wenn wir die Welt der Witze (schon?) verlassen und schauen worüber wir sonst noch lachen. Es gibt z.B. Momente in denen sich Menschen in einer großen Anspannung befinden oder evtl. sogar eine große Angst haben. Wenn diese Menschen feststellen, dass die Situation gar nicht so schlimm ist, da sie z.B. auf Fehlinformationen beruhte oder derjenige die Situation schlicht falsch eingeschätzt hat, so wissen wir dass es zuweilen auch zu einem Lachen kommt, als eine Art Erleichterung. Auch hier könnte man der Meinung sein das Element des „Unerwarteten" zu finden, und so abwegig ist das nicht. Aber es gibt einfach zu viele weitere Beispiele von Situationen in denen Menschen lachen, die sich scheinbar einem soeben gefundenem Schema sofort entziehen. Als Beispiel möchte ich folgende Situation anführen (nicht dass ich persönlich jemals bei so etwas dabei war, aber ich meine dass Schilderungen aus dem Fernsehen in diesem Falle glaubhaft sind): Eine Gruppe Bankräuber erbeutet eine hohe Summe Geld. Im Fluchtauto werden dann die Geldtaschen bei anschließendem lautem Gelächter geöffnet. Wie passt das zu den anderen Beispielen? Genauso benehmen sich (vermutlich, ich war leider auch nie dabei) Gewinner von Millionen-Jack-Pots. Warum lachen diese Menschen? Glauben sie dass das alles nur ein Witz sei? Keineswegs, nur wie passt das in eine Gesamterklärung?

Zungenbrecher. Wieso fordern wir hin und wieder andere Menschen auf Sätze wie „Ein plappernder Kaplan klebt plappernd klappernde Papp-Plakate“ dreimal hintereinander aufzusagen? Nicht etwa, weil wir sehen wollen, dass derjenige es fehlerfrei schafft. Nein, wir wollen ja hören wie sich derjenige buchstäblich verplappert und lachen uns dann schief. Charakteristisch hierbei scheint zu sein, dass derjenige den Satz zwar korrekt aussprechen will, es jedoch nicht schafft. Wieso ist das komisch?

Wenn wir den Bogen wieder zu den Kindern schlagen bemerken wir, dass diese oft „Unsinnswörter“ erfinden, indem sie einige Buchstaben verdrehen und dieses zum Lachen finden. Aber es wird noch unerklärlicher: Gerade heute hatte ich mit meiner Tochter (5 Jahre alt) eine „Konversation“ über ihre schmutzigen Hände. Als ich sagte dass diese nicht nur schmutzig seien sondern auch schlecht riechen, verfiel sie in großes Gelächter. Auch wenn ich mich an diesen Stellen wiederhole: In welches Gesamtkonzept soll das denn passen? Warum lacht nur ein Kind darüber, nicht ein Erwachsener? Es gibt wie jeder weiß noch unzählige Beispiele und vermutlich ist der Komplexität des Themas fast schon genüge getan. Nur eine Kategorie noch: Kinder lachen über fast alle Dinge (das kann man glaube ich vorgreifend so zusammenfassen), welchen wir gerade durch Erziehung entgegenwirken wollen, wie z.B. fehlende Tischmanieren. Kein Erwachsener lacht hier. Wieso tun es Kinder? Was um alles in der Welt ist daran komisch???

Man sagte Darwin nach dass er sich alle Beobachtungen, die gegen seine Theorie sprachen sofort schriftlich notierte. Ihm war offensichtlich klar dass der Mensch stark dazu neigt die Dinge welche ihm nicht passen umgehend zu verdrängen. So gewissenhaft war ich zwar nicht, es ist aber tatsächlich der Fall dass gerade die kuriosen Fälle am besten dazu geeignet sind über das Wohl und Wehe einer Theorie zu entscheiden. Wer diese Beispiele verdrängt der wird es schwer haben zu einer allgemeingültigen Theorie zu kommen.

Natürlich gibt es noch viele weitere Situationen die von den bereits aufgezählten in ihrer Struktur abweichen oder sind zumindest vorstellbar, wie das Lachen eines Dschingis Kahn der eben gerade seine Feinde zersäbelt. Auch das sollte nicht unter den Tisch fallen. Als (wirklich...) letztes Beispiel möchte ich noch die Parodie anführen. Wieso lachen wir wenn z.B. die Stimme oder der Dialekt eines anderen nachgemacht wird? Hier möchte ich die Aufzählung dann doch abschließen, denn ich meine zwar dass weitere Beispiele eventuell den ein oder anderen (vermeintlich) neuen Aspekt von Humor/Lachen aufzeigen würden, allerdings wird an dieser Stelle sicherlich niemand bestreiten dass die Menge an Situationen die hier aufgezeigt wurden schon komplex und unübersichtlich genug ist. Doch ja, es ist möglich eine Erklärung zu finden die all dieses umfasst. Bevor wir uns jedoch damit befassen will ich im nächsten Kapitel einen Überblick darüber geben welche Versuche es bislang gab den Humor in eine Theorie zu gießen.

Historie des Humors und seiner Theorien

Wer kennt nicht Umberto Ecos "Der Name der Rose". Jeder hat vermutlich eine eigene Rezeption dieses Werkes, manche sehen darin einen spannenden Krimi, manche einen Einblick in Lebens- und Herrschaftsverhältnisse des Mittelalters und andere tauchen wiederum einfach gerne in die Atmosphäre eines Mittelalterlichen Klosters. Die "philosophische" Frage, um die es in "Name der Rose" geht, scheint oft eher Beiwerk (so habe ich das eigentlich auch immer gesehen). Der alte Jorge von Burgos vergiftet die Seiten eines Buches, welches eigentlich als verschollen oder gar als nicht existent angesehen wird, nämlich Aristoteles' Buch über die Komik. Er tut dies, weil in jenem Buch seiner Meinung nach viel zu freizügig über das Lachen geschrieben wird, was Jorge für gefährlich hält, denn es könnte dazu verleiten, dass man in letzter Konsequenz auch über Gott lachen könnte. Das Ende ist bekannt: Das Buch verbrennt mitsamt der Bibliothek.

Tatsächlich hatte die Kirche so ihre Probleme mit dem Lachen. Es hieß wohl nicht umsonst "Heidenspaß", denn das Lachen war eher den Ungläubigen vorbehalten. Gott hat im Alten Testament an der ein oder anderen Stelle gelacht, Jesus allerdings nie (im neuen Testament natürlich). Ist das jedoch die einzige Erklärung für das Benehmen der Kirche? Diese humorfeindliche Haltung soll die Kirche erst mit dem 2. Vatikanischen Konzil (1962!) aufgegeben haben. Wie dem auch sei, ich vermute stark, dass die Kirche und deren Vertreter instinktiv das "Richtige" getan haben wenn sie das Lachen verteufelten, denn im Lachen, so werden wir sehen, steckt sehr viel Evolution. Viel mehr als selbst der liberalste Geistliche des Mittelalters hätte vertreten können.

Es ist nicht leicht etwas über den heutigen Standpunkt der Kirche über Dinge wie Evolution usw. zu sagen. Ich hörte vor einigen Jahren einen hochrangigen Vatikan-Vertreter sagen, dass die Kirche sich darauf zurückzieht, dass Gott das Universum und den Menschen erschaffen hat. Wie er es gemacht haben soll, das überlasse die Kirche der Wissenschaft. Für mein Dafürhalten ist das ein sehr intelligenter Schachzug, ein Satz den ich auch unterschreiben könnte. Nur bleibt die Frage wie viel dieser Standpunkt denn noch beinhaltet. Nicht sehr viel vermutlich.

Was nun Aristoteles betrifft, so könnte man meinen, dass es kaum einen Aspekt der Welt gibt, den er nicht kommentiert hat. Vom rein inhaltlichen Standpunkt aus gesehen waren seine Ausführungen aus heutiger Sicht oft in hohem Maße lächerlich. Aber er lebte nun einmal vor zweieinhalbtausend Jahren, war der Lehrer Alexanders, der Schüler Platons und – das ist vermutlich das entscheidendste – seine Texte sind überliefert. Ich frage mich oft, ob der gebildete Durchschnittsgrieche zu Aristoteles' Zeiten im Prinzip das selbe über die Welt dachte wie er, nur dass es eben nur bei ihm überliefert wurde. Wie dem auch sei, über das Lachen bzw. genauer gesagt über die Komödie hat er sich auch seine Gedanken gemacht und schrieb in seiner "Poetik", dass die Komödie die Nachahmung schlechter Menschen sei. Das Wort "schlecht" grenzte er allerdings im Nachgang ein wenig ein und führte es in letzter Konsequenz dann auf das Wort "lächerlich" zurück und dieses sei so etwas wie "Hässlichkeit ohne Schmerz". Übersetzt heißt dies ja: "Du bist zwar irgendwie blöd, aber es ist nicht schlimm" (Dieses "nicht-schlimm-sein" ist ein wichtiger Aspekt, auf den wir noch öfter zurückkommen werden). Aber dennoch, große inhaltliche Offenbarungen sind dies nicht, aber es hat eben Aristoteles geschrieben. Man kann sich heute vielleicht kaum vorstellen welche Macht Aristoteles' Wort über eine lange Zeit hatte. Galileo Galilei schilderte einmal in einem seiner Briefe einen florentiner Arzt, der sich mit jemandem darüber stritt, ob alle Nervenbahnen des Menschen vom Herz ausgingen (wie Aristoteles es sagte) oder vom Gehirn aus. Als schließlich bei einem Leichnam der Tatbestand festgestellt wurde, sagte der Arzt sinngemäß: "Wenn Aristoteles es nicht gesagt hätte, würde ich es jetzt glauben". Zumindest können wir von Glück sagen, dass seine Ausführungen über die Komödie ja nicht falsch sind, decken sie doch zumindest einen Teil dessen ab, worüber wir heute lachen. Wir lachen ja tatsächlich über jemanden. Vielleicht nicht immer, aber Fälle gibt es genug. Zu meinen Kindeszeiten waren es die Ostfriesen (kann mir jemand eigentlich sagen warum gerade die?). In heutiger Zeit, so nehme ich das zumindest wahr, wird zum großen Teil über fiktive Personen gelacht wobei der Bezug zu realen Personen oder Personengruppen meist nur nahegelegt aber nicht ausgesprochen wird.

Dieser Aspekt des Humors, der von Aristoteles beschrieben wird, wird "Überlegenheits-Theorie" des Humors genannt. Das Wort Theorie ist an dieser Stelle wirklich maßlos übertrieben, handelt es sich doch lediglich um die einfache Beschreibung eines Aspekts des Humors. Vergleichen wir das mit den Ausführungen in unserer Einleitung, so stellen wir fest, dass dieser Aspekt kaum einen Unter-Aspekt eines Teil des Spektrums des Humors abdeckt. Allein die große Klasse von Wortspiel-geprägten Witzen passt nicht so recht. Allerdings muss man ein wenig aufpassen, denn Wortspiel-Witze haben sehr oft einen Bezug zu Personen. Bestes Beispiel ist der bereits erwähnte "Was machen die Ostfriesen bei Stromausfall? Sie holen sich ein paar Kilo Watt". Der Witz besteht eindeutig im Wortspiel, nur eigentümlicherweise kommen die viel-belachten Ostfriesen darin vor, was streng genommen eigentlich unnötig wäre. Ein anderer Witz aus alten Tagen: "Wohin fliegt ein schwuler Adler? Zu seinem Horst". Hier stellt ebenfalls ein Wortspiel den Kern des Witzes dar und der Handelnde ist noch nicht einmal ein Mensch. Aber dennoch, warum ging der Witz nie so: "Wohin fliegt ein weiblicher Adler? Zu ihrem Horst" wäre nicht halb so witzig. Ich glaube, dass tatsächlich eine Art Diffamierung eines Menschen oder einer Menschengruppe Bestandteil eines solchen Witzes sein muss, zumindest andeutungsweise (hier eben Homosexuelle). Es gibt jedoch auch Witze, die komplett ohne Menschenbezug auskommen, mir fällt hierzu der folgende ein: "What did the ocean say to the beach? Nothing, it just waved". Das ist zwar kein Schenkelklopfer, aber man schmunzelt immerhin. Dennoch scheint das Lachen umso schwächer zu werden, je mehr man sich vom Überlegenheits-Aspekt entfernt. Insofern hat Aristoteles vielleicht sogar die Ursprungsform des Witzes ausgemacht, und wie wir später sehen werden, hat er das tatsächlich (natürlich ohne es zu wissen – es war nicht unmöglich aber doch sehr schwer mit dem Wissen der damaligen Zeit die Ursachen des Humors tatsächlich zu erforschen, so wie wir es heute können).

Der nächste große Denker unserer Kulturgeschichte, nämlich Cicero, widmete dem Witz ebenfalls fast ein ganzes Buch, welches vom Titel her gesehen vielleicht nicht als solches zu erkennen ist: "Über den Redner – De Oratore". Das Buch will die Fragestellung erörtern was denn eine "gute" Rede sein soll und kommt relativ schnell zu dem Aspekt, dass eine gute Rede eben auch die ein oder andere humorvolle Schilderung enthalten sollte, was dann schließlich den überwiegenden Teil des Buches ausmacht. Der Schwerpunkt liegt bei ihm allerdings nicht auf dem Aspekt der Überlegenheit sondern eher darauf, was man mit dem schönen Wort „Inkongruenz“ belegt. Das meint eine Art überraschende Wendung und zwar in der Hinsicht, dass unterschiedliche Wahrnehmungen einer Situation schon eine ganze Weile nebeneinanderher laufen, jedoch erst zu einem gegebenen Zeitpunkt sozusagen als Überraschung offenbart werden. Da würden ja die Wortspiel-Witze am besten hineinpassen, leben sie doch alle davon, dass ein und dasselbe Wort oder auch Wortsequenz in unterschiedlicher Weise interpretiert werden kann. Tatsächlich scheint dies etwas ganz anderes zu sein als Witze, in denen über andere Menschen (auch Tiere?) gelacht wird. Wie jedoch oben erwähnt, muss unbedingt irgendwo ein Zusammenhang sein, denn solche Inkongruenz-Witze gehen oft, aber nicht immer, mit der oben beschriebenen Kategorie des Überlegenheits-Humors einher. Eine brauchbare Theorie des Humors hat also zur Aufgabe ein Prinzip zu finden, unter welches man ebenso die Überlegenheit als auch die Inkongruenz subsumieren kann.

Sowohl zu der Überlegenheits-Theorie also auch zu der Inkongruenz-Theorie lässt sich gleichermaßen sagen, dass eben nicht alle Situationen humorvoll sind, in denen jemand überlegen ist, oder in denen sich eine Inkongruenz auflöst. Wenn jemand z.B. ein Mehr an Können und Wissen in einem bestimmten Fach besitzt (z.B. Sprachen oder Mathematik usw.) dann ist er oder sie anderen klarerweise überlegen, nur gelacht wird hierbei kaum. Bei den Inkongruenzen verhält es sich genauso, nicht jede Inkongruenz führt zu Gelächter. Unterschiedliche Interpretationen von Straßenverkehrsregeln offenbaren sich meist in einem Unfall und nach Ciceros Theorie müsste dabei gelacht werden. Um diese (und andere) Theorien dann noch zu retten wird oft die zusätzliche Bedingung eingeführt, dass das Auflösen einer solchen Inkongruenz stets "gutartig" sein muss (also kein schlimmer Verkehrsunfall oder dergleichen). Das stimmt zwar, man lacht nie über den Tod oder eine schwere Verletzung eines anderen, aber auch dieser Zusatz rettet diese Theorie nicht, sondern schränkt sie meines Erachtens künstlich ein. Es gibt allerdings tatsächlich Fälle, in denen gelacht wird und welche nicht gutartig sind, denken wir an den Irren, der beim Morden lacht, oder einfach nur an die böse Königin bei Schneewittchen, welche beim Giftmischen hämisch vor sich hin lacht. Entweder es stimmt also nicht, dass das Lachen immer einen gutartigen Charakter hat oder diese Fälle verdienen eine Sonderbetrachtung oder (und so wird es sich ergeben) diese Fälle sind tatsächlich gutartig, man erkennt es jedoch nicht auf Anhieb.

Außerdem gibt es durchaus Inkongruenzen, die sowohl gutartig sind und bei dessen Auflösung man nicht lacht. Wenn ich ein Kreuzworträtsel falsch ausfülle, so geht das eine Weile gut bis ich an einen Punkt komme wo ich es bemerke, die Inkongruenz sich also auflöst. Ist nicht wirklich komisch. Generell gibt es Situationen, in denen man sich wie man sagt "im Falschen Film" befindet, man es jedoch zunächst nicht merkt. Meist ist eher Ärger als Gelächter die Konsequenz einer Auflösung so einer Inkongruenz.

Alle Witze wird diese Theorie halt nicht einfangen, aber das haben wir ja auch nicht erwartet. Vielmehr sollten wir uns darauf konzentrieren herauszufinden welche Art Inkongruenz denn genau gemeint sein kann und wie sie mit einer Überlegenheit zusammenhängen kann. Für diese zwei genannten Theorien gibt es einige berühmte Anhänger, z.B. spricht sich Descartes ebenfalls für die Inkongruenz aus, genauso Kant oder auch Schopenhauer, während Thomas Hobbes eher zu den Anhängern der Überlegenheits-Fraktion zählt.

Aber auch mit diesen beiden Beschreibungen zusammen kommen wir nicht sehr weit, zumindest nicht, wenn wir die Situationen, in denen wir lachen nicht deutlich einschränken. Was ist mit dem Irren, der lacht, was ist mit Kindern, die über ihre schmutzigen Füße lachen und überhaupt, was ist mit all den körperlich ausgelösten Lachern? Aber es geht ja noch weiter in der Geschichte der Humor- und Lach-Theorien.

Folgt man typischen Aufsätzen über Humor-Theorien, so liest man , dass der prominenteste Vertreter der folgenden Theorie Sigmund Freud heißt. Mit Inkongruenz oder auch Überlegenheit hat sein Ansatz fast gar nicht zu tun. Vielmehr spricht er von einem Lustgewinn durch das Gelächter – typisch Freud. Aber ganz von der Hand zu weisen ist das auch nicht. Freud sagt, dass durch das Lachen Hemmungen bzw. Spannungen abgebaut werden. Ob die Worte richtig gewählt sind – Hemmungen, Spannungen, Lustgewinn – sei dahingestellt, aber jeder wird instinktiv eingestehen, dass ein Lachen eine Situation tatsächlich in einem Gewissen Sinne entspannt. Dementsprechend spricht man von der Entspannungs- oder auch Entladungs-Theorie (engl. relief-theory).

Erstaunlicherweise wird der Ausdruck „Entladen" (bzw. „relief") bei Freud lediglich einmal gestreift und das dann auch nur mit einem Verweis auf einen anderen Autor (Dugas), demnach ist es recht unverständlich ihn in so engem Zusammenhang mit dieser Theorie zu bringen. Nur begibt es sich hier wie so oft: Freud ist eben deutlich berühmter als die anderen Autoren, welche er zitiert, daher wird ihm doch zumindest gefühlt mehr zugeschrieben als fairerweise erlaubt.

Eigentlich sagt Freud etwas anderes. Zunächst unterscheidet er, wie viele andere Autoren (das machen wir hier nicht) zwischen, Komik und Witz. Wenn man ehrlich ist, dann liegt es daran, dass er für den Witz eine gute Theorie hat und für Komik nicht. Er gibt selbst zu, dass seine Theorie der Komik deutlich schwächer ist als seine Theorie des Witzes. Unter Witz versteht er den eigentlichen Wortwitz, unter Komik im Grunde alle anderen Situationen in denen wir lachen, z.B. auch ein behäbig laufender Clown. Natürlich ist es in hohem Maße unfair solche Dinge definitorisch zu unterscheiden, nur weil man das eine verstanden hat und das andere nicht. Vom reinen Gefühl her wird kein Mensch zugeben, dass das Lachen über einen stolpernden Clown etwas gänzlich anderes sei als das Lachen über einen Witz.

Nun soll die Kritik jedoch enden, denn Freud hat mit der Erklärung des Witzes – dieses nehmen wir vorweg – tatsächlich den Kern getroffen. Er sagt: „Ein vorbewusster Gedanke wird für einen Augenblick der unbewussten Bearbeitung überlassen, und deren Ergebnis wird alsbald von der bewussten Wahrnehmung erfasst". Wählt man andere oder besser definierte Begriffe so wird man feststellen, dass dieser Satz sich auf alle Situationen applizieren lässt, in denen wir lachen (außer die körperlich ausgelösten). Das war Freud noch nicht klar weil er zu sehr mit seiner Topik beschäftigt war und versuchte sämtliche Phänomene dieser Welt mit den Begriffen seines Strukturmodells der Psyche zu erklären. Nun ist aber das Lachen sehr eng verbunden mit Prinzipien der Evolution, welche klarerweise als die höheren Prinzipien angesehen werden müssen. Da wir nun einmal das Produkt unserer Evolution sind muss diese das Strukturmodell der Psyche erklären, nicht umgekehrt. Und so wird es sich auch ergeben.

Wir werden also zeigen, dass mit gewissen begrifflichen Substitutionen Freuds Satz auf die gesamte Komik (wie er sagt) ausgedehnt werden kann. Wie oben bereits angedeutet müssen wir jedoch auch zumindest eine Unterscheidung treffen, nämlich körperlich ausgelöstes Lachen und geistig ausgelöstes, denn es sind tatsächlich (zunächst) zwei unterschiedliche Phänomene. Um uns nicht dem Vorwurf auszusetzen, dass wir eine solche Definition treffen nur weil wir keine allgemeingültige Theorie vorweisen können werden wir den Zusammenhang zwischen diesen beiden Lach-Arten klar darstellen. Dazu wird aber noch viel Vorarbeit notwendig sein.

Obiges Zitat bezieht Freud bloß auf das, was er Witz nennt. Bei der Komik spricht er von „Lustgewinn durch ersparten psychischen Aufwand". Ein brillianter Satz, wenn man ehrlich ist (und denn versteht was dahinter steckt). Allerdings merkt man beim Lesen seiner Texte, dass er selbst nicht 100%ig zufrieden mit dieser Definition ist, zumal die Begriffe sehr undefiniert sind. Man würde bei diesem Zitat durch eine sagen wir Klarstellung der Begrifflichkeiten bzw. eventuellen begrifflichen Substitutionen auf die richtige Spur kommen.

Kommen wir zurück zu der Theorie die wir eigentlich besprechen wollten, nämlich der sog. Relief-Theory. Der übliche Einwand, dass diese „Theorie" lediglich einen Teil des Humors abdeckt, kann hier eigentlich nicht angebracht werden, denn ich sehe kein Argument warum man nicht behaupten könnte, dass man sich bei jedem Lachen in einem noch zu präzisierenden Sinne entspannt , zumindest nicht, wenn man die Körperlichen Lacher (Kitzeln, Karussell fahren usw.) ausschließt. Ob Dschingis Kahn sich beim Meucheln seiner Feinde entspannt hat ist schwer zu sagen. Vielleicht, so abwegig ist das nicht. Tatsächlich wird sich zeigen, dass das Lachen über einen Witz immer eine Art Entspannung enthält, nur muss man tief in die Mechanismen der Evolution eintauchen um zu sehen, welche Art „Entspannung" hier denn gemeint sein könnte. Das gilt aber wie gesagt nur für die mental getriggerten Lacher, nicht für die körperlich ausgelösten, denn kein Erwachsener wird behaupten, dass er oder sie sich beim gekitzelt werden entspannt, sondern eher, dass er oder sie gefoltert wird.

Und damit sind eigentlich schon die „bedeutendsten" Theorien aufgezeigt. Es gibt noch eine ganze Menge anderer Theorien, z.B. (die meisten davon haben englische Namen) die Benign Violation Theory, die General Theory of Verbal Humor, die Computational-Neural-Theory of Humor usw. Fast alle haben die Inkongruenz als Basis. Nehmen wir z.B. die Benign Violation Theory, was zu deutsch so viel heißt wie Theorie der gutartigen Verletzung. Gemeint ist stets die gutartige Verletzung einer Norm oder einer Konvention. Wortspiel-Witze sind einfach in dieses Schema zu packen, die Konventionen (oder Normen) sind dann die unterschiedlichen Interpretationen eines Wortes. Nun versucht diese Theorie auch das körperlich ausgelöste Lachen mit einzubeziehen. Dafür wird dann, ein wenig listig, nicht mehr von gutartigen Verletzungen sondern gutartigen Bedrohungen gesprochen. Wenn ich also gekitzelt werde, so sehe ich das zunächst als Bedrohung an, in dem Augenblick jedoch, wo ich erkenne, dass es sich um etwas „gutartiges" handelt (man will mich ja nur kitzeln), fange ich an zu lachen. Durch diese Formulierung schafft die Theorie es durchaus einen sehr großen Bereich abzudecken, allerdings ausschließlich auf Kosten der Abdeckungs-Dicke (so wie ein Teig, den man über eine große Fläche ausrollt, der dann aber immer dünner wird), denn eine „gutartige Bedrohung" ist eine so unspezifische Bezeichnung, dass die halbe Welt sich darin wiederfinden kann. Daher hat diese Theorie eher das Problem, dass viele Dinge in dieses Schema passen welche nicht komisch sind. Wenn ich z.B. jemanden erschrecke, so fällt das ja in diese Kategorie. Aber es lacht halt niemand. Wenn ich ein paar km/h zu schnell fahre ist das ebenfalls eine „gutartige Verletzung einer Norm", nur lachen wird hierbei auch niemand. Man könnte noch viele weitere Beispiele nennen (weil eben die Kategorie so unspezifisch ist). Über den Ursprung des Humors sagt uns das nichts, allerdings ist das auch nicht das Ziel dieser Theorie.

Es fällt auf (aber wir sind weit davon entfernt es numerisch beweisen zu können), dass in der Antike, aber auch z.B. im Alten Testament viel mehr über jemanden gelacht wird, und erst im Verlauf unserer dreitausend Jahre langen dokumentierten Kulturgeschichte sich der Witz irgendwie in Richtung einer höheren Betonung der Inkongruenz entwickelt hat. Es kann eigentlich kaum täuschen: Kaum ein Mensch, der heute im öffentlichen Leben steht würde einen Witz über andere Personen oder Personengruppen machen. Ausnahmen gibt es hier natürlich (z.B. Berufskomiker oder auch Politiker, die über die jeweils andere Partei reden). Tatsächlich scheint sich der Witz aus seinem (ursprünglichen?) Überlegenheits-Aspekt zu dem Aspekt der Inkongruenz zu entwickeln. Die meisten solcher Witze betreffen ja sogenannte Randgruppen und über diese Witze zu machen ist ja politisch hoch inkorrekt, an dieser Entwicklung besteht kein Zweifel. Genauso besteht kein Zweifel an der Tatsache, dass evolutionsgeschichtlich das Lachen durch kitzeln usw. als erstes in die Welt kam, der eigentliche Humor erst später. Dann muss es einen Übergang gegeben haben zum Humor, erst zu so einer Art Überlegenheits-Ur-Witz, der aber gleichzeitig eine Art Inkongruenz beinhaltete. Und genau so hat es sich auch zugetragen.

Nicht nur über den Humor, auch über das Lachen beim Kitzeln wurde über die Jahrtausende gern philosophiert und darunter finden sich auch einige illustre Namen. Und selbstverständlich ist auch Kitzligkeit Gegenstand "heutiger Forschung". Unsere heutige Zeit ist stark dadurch gekennzeichnet, dass die meisten Menschen glauben, dass die Wissenschaft bereits für alles eine Erklärung hätte. Je wissenschaftlich ungebildeter derjenige ist, desto mehr glaubt er es. Das hat zur Folge, das es zu fast jeder Fragestellung dann tatsächlich eine "Standard"-Antwort geben muss. Im Falle der Frage wieso wir kitzlig sind ist es diese: "Kitzligkeit ist ein Schutzreflex, denn wir sind gerade an unseren verwundbaren Stellen kitzlig". Jetzt wissen wir also, warum seit jeher im Zweikampf stets nur auf die Fußsohlen und Achselhöhlen gezielt wird, ob mit Schwert, Speer oder sonstiger Waffe. Auch ein angeheuerter Killer tötet heute nicht durch einen Kopfschuss, nein er zielt stets auf Fußsohlen und Achselhöhlen. Endlich wissen wir Bescheid.

Und dabei ist das Rätsel doch so einfach zu lösen, zumindest was die körperlichen Auslöse-Gründe des Lachens betrifft. Wenn man sich die Mühe macht alle körperlich angeregten Lachsituationen einfach nur aufzuzählen, in eine Tabelle einzutragen und vielleicht noch zwischen Kindern und Erwachsenen zu unterscheiden – so wie wir es in einem späteren Kapitel machen werden – dann steht die Lösung fast schon da.

Theorien des aufrechten Ganges

Wie bereits in der Einleitung erwähnt liegt die gegenwärtige Theorie-Lage beim aufrechten Gang noch „schlimmer“ als beim Lachen: es gibt tausend-und-eine Theorie. Und wenn man ganz ehrlich zu sich sein will, bestehen fast alle davon lediglich aus reiner Spekulation. Wenn man es als gegeben ansieht, dass wir irgendwann von den Bäumen herabstiegen dann wird es sicherlich eine Phase der Menschheitsentwicklung gegeben haben in der wir den aufrechten Gang erlernten. So viel kann man sagen. Sicherlich hat man alte Skelette, oder Teile davon, gefunden, aber Rückschlüsse auf das Wann und Wie (und vor allem das Warum, falls diese Frage überhaupt Sinn macht) sind daraus schwer zu ziehen. Mehr Aussagen sind kaum als belastbar anzusehen. Es lohnt sich an dieser Stelle im Internet nach Videos von Tieren zu suchen, welche aufrecht gehen (am besten auf englisch). Es gibt Vierbeiner, die virtuos auf zwei Beinen laufen können (nicht nur Hunde und Katzen – auch Hamster und sogar Ziegen). Es scheint kaum möglich einem Tier anzusehen, ob es gut auf zwei Beinen laufen kann, selbst wenn es lebend vor einem steht. Die Aussage aus einem fossilen Skelett zu ziehen (nämlich ob das dazugehörige Lebewesen vor Jahrmillionen eher aufrecht ging oder nicht) scheint daher extrem fraglich. Wenn man die Bewertungen zu den berühmten Funden wie Ardi oder Lucy usw. liest, so erkennt man durchaus, dass die Interpretationen tatsächlich mit vielen Fragezeichen behaftet sind und keineswegs eine in Stein gemeißelte Menschheitsgeschichte propagiert wird – zumindest von den Forschern selbst. Was in populären Schriften daraus gemacht wird ist natürlich etwas anderes.

Die folgenden Abschnitte sollen kurz einen Querschnitt aus der Vielzahl an Theorien zum aufrechten Gang darlegen. Es ist eher als Einstimmung in das Thema gedacht. Wer sich damit schon einmal beschäftigt hat, den werden die folgenden Abschnitte eher langweilen.

Aufrechter Gang auf den Bäumen

Diese Theorie ist ein relativ klassisches Beispiel für die Art und Weise wie meist zu solchen Themen Theorien entstehen. Eine Forschergruppe hat wohl vor einiger Zeit Orang Utans beobachtet und festgestellt, dass diese zum Teil bereits auf den Bäumen zweibeinig laufen (um evtl. an höher hängende Äste oder Früchte oder dergleichen zu kommen) und es wir also wird behauptet, dass der Mensch (oder eben seine Vorfahren) bereits auf den Bäumen aufrecht gehen konnte. Wie der Schluss vom Orang Utan zum Menschen jedoch zustande kommen soll ist unklar. Belastbar wäre so eine Aussage vielleicht wenn wir wüssten, dass wir in direkter Linie von den Orangs abstammen. Dafür gibt es jedoch keinerlei Anhaltspunkte und somit führt allein die Beobachtung das Orang Utans manchmal auch auf zwei Beinen auf einem Ast stehen zu keiner weiteren Schlussfolgerung für die Entstehung des aufrechten Ganges beim Menschen, außer, dass es eben nicht ausgeschlossen werden kann, dass der Mensch es damals genauso tat. Ausschließen kann man jedoch auch zig andere Gründe nicht, z.B. dass die Luft in 1,5m Höhe frischer ist als in 0,5m Höhe (doch, diese „Theorie“ gibt es tatsächlich, siehe „Kühlerhypothese“).

Savannen-Hypothese

Die Savannen-Hypothese ist recht bekannt, und sie ist eher mäßig einleuchtend. Sie besagt grob, dass das zweibeinige Verhalten darauf zurückzuführen ist, dass entweder unsere Vorfahren ihren Lebensraum in savannenartige Gebiete verlegten oder auch dass ihr Lebensraum durch äußere Einflüsse zu einer Savanne wurde. Einleuchtend deshalb, weil in einem solchen Szenario klar ist, dass sich die Lebensweise unserer Vorfahren, die ja quasi ausschließlich in Bäumen lebten, irgendwie anpassen musste (man kann davon ausgehen, dass es Zeiten gab, in denen man teilweise hunderte Kilometer weit durch Bäume zurücklegen konnte, ohne seinen Fuß auf den Boden zu setzen). Allerdings schließt diese Änderung der Lebensweise den aufrechten Gang eben nicht zwingend ein und man ist schnell dabei sekundär-Gründe anzugeben, warum man in der Savanne aufrecht gehen sollte, z.B. um „einen besseren Überblick" zu haben, daher finde ich sie wie gesagt eher „mäßig einleuchtend". Zudem kommen Zweifel auf, wenn man sich die Details versucht vorzustellen: Die Sträucher dieser Savanne müssten also kleiner sein als der damalige Mensch beim aufrechten Gang und größer als der damalige Mensch beim Gang auf vier Beinen, was eine sehr starke Einschränkung bzw. Bedingung für die Savanne darstellt.

Wir werden in späteren Kapiteln herleiten, dass der aufrechte Gang teilweise in dichten Wäldern, teilweise aber auch schon in gelichteten Wäldern stattfand. Und wir werden eine ganz einfache Methode angeben, wie ein jeder feststellen kann, ob seine Vorfahren den aufrechten Gang in dichten Wäldern erlernten oder bereits in gelichteten.

Energie-Effizienz-Hypothese

Diese besagt (wie man sich das auch denken kann), dass der zweibeinige Lauf einfach energieeffizienter ist und man somit weitere Strecken zurücklegen konnte. Ich will gar nicht weiter ausführen wie viel gegen diese Hypothese spricht und wie wenig daraus folgt. Sie sei hier nur der Vollständigkeit halber erwähnt.

Kühlerhypothese

Nun kommen wir zu dem bereits oben erwähnten Kandidaten: Wir gehen heute aufrecht weil die Luft „oben" frischer ist als weiter unten. So wenig sich der Normalbürger mit gesundem Menschenverstand vorstellen kann, dass das wirklich ein plausibler Grund für den aufrechten Gang sein soll, so sehr gebe ich zu, dass ich die Texte zu dieser Hypothese dreimal lesen musste um sicherzugehen, dass ich die Kernaussage richtig verstehe. Abgesehen von der „frischeren", also kühleren Luft wird hier noch gesagt, dass die Sonne einen aufrecht Gehenden nicht so stark bestrahlt wie einen auf allen Vieren gehenden (Das gilt allerdings lediglich wenn die Sonne im Zenit steht und das passiert nur in der Nähe des Äquators und dann auch nur Mittags; morgens und abends gilt ja dann das Gegenteil). Auch diese Hypothese sei lediglich der Vollständigkeit halber erwähnt.

Nahrungstransport-Hypothese

Von allen bisherigen Hypothesen scheint diese am plausibelsten und auch mit gesundem Menschenverstand nachvollziehbar. Wenn ich weite Strecken zurückzulegen habe und dabei auch etwas transportieren will oder muss, so scheint der aufrechte Gang unausweichlich. Dabei müssen zwar nicht unbedingt Nahrungsmittel transportiert worden sein, auch andere Dinge sind denkbar, z.B. Werkzeuge. Darwin ging davon aus, dass man evtl. manche Werkzeuge, wie. z.B. Waffen, insbesondere Speere, auch oder vor allem im Laufen oder Gehen benutzen musste, oder es eben ein großer Vorteil war dies zu tun. Das ist zwar nachvollziehbar, allerdings ist eines der ältesten Werkzeuge/Waffen, die wir kennen der Faustkeil. Ältere Werkzeuge wären nur noch die sogenannten „Chopper", die nur eine noch primitivere Form des Faustkeils darstellten, also im Grunde ein (fast) einfacher Stein, und beides ist nach derzeitigen Funden nicht älter als etwa 2 Millionen Jahre, während Skelett-Funde unserer Ahnen auf eine deutlich ältere Epoche hindeuten, in welcher der aufrechte Gang entstand, also etwa 5-10 Millionen Jahre. Welche Werkzeuge sollen da bei der Erlernung des aufrechten Ganges vorteilhaft gewesen sein? Es könnten höchstens Äste oder Stöcke gewesen sein. Wie dem auch sei, für mein Dafürhalten ist dies bislang die vernünftigste Erklärung wäre da nicht noch eine andere. (Und diese andere Erklärung soll ja in diesem Buch dargelegt werden wobei man aber fairerweise sagen muss, dass das Wort Erklärung in seiner ureigensten Bedeutung evtl. gar nicht zutrifft; eine Erklärung ist ja eigentlich die Angabe eines sachlich-kausalen Grundes für irgendeine Erscheinung oder irgendein Verhalten; aber diesen wird es beim aufrechten Gang nicht geben; s. „sonstige Hypothesen"). Was aber tatsächlich zutrifft, ist ohne Frage die Tatsache, dass wenn der aufrechte Gang sich erst einmal etabliert hat, dann stellt die Handhabung eines z.B Speeres einen recht großen Vorteil dar. Da können aber gut und gern Millionen Jahre dazwischenliegen.

Wat-Hypothese

Ja, Sie haben richtig gelesen, nicht „Watt" sondern „Wat", also waten. Diese Hypothese möchte uns sagen, dass wir aufrecht gehen, weil wir aus irgendwelchen Gründen durch Wasser waten mussten (z.B. Flüsse, oder Ufer). Diese Hypothese ist so albern, dass sie keine weitere Kommentierung verdient.

Die Theorie der ursprünglichen Zweibeinigkeit

Diese Theorie ist wenig bekannt aber wie ich finde wiederum eine sehr interessante auch wenn mir die dazugehörigen Texte sehr dogmatisch erscheinen (und zu viele Ausrufezeichen enthalten). Sie bezweifelt schlicht den Werdegang des Menschen von einem auf den Bäumen lebenden, affenartigen Wesen zu einem erst vier- dann zweibeinig laufenden. Eher umgekehrt, sagen die Väter dieser Theorie, verlief die Entwicklung: Zuerst bewegten sich unsere Vorfahren auf zwei Beinen, dann entwickelten sich affenähnliche Lebewesen aus diesen Zweibeinern, die dann auf Bäumen lebten und auf vier Beinen gingen bzw. heute noch gehen (nämlich unsere heutigen Affen). Der Mensch selbst entwickelte sich eher gradlinig aus diesen Zweibeinern heraus ohne den Umweg über Bäume bzw. vierfüßige Fortbewegung zu nehmen.

Dafür spricht tatsächlich gar nicht so wenig. Aber vor allem macht diese Hypothese eines klar, nämlich, dass wir uns nicht der Macht der Gewohnheit hingeben sollten und Aussagen akzeptieren, nur weil sie über Jahrhunderte hinweg geglaubt wurden. Was ist denn eigentlich das überzeugende Argument, dass wir tatsächlich einmal auf Bäumen lebten? Darwin folgerte dies unter anderem aus der Form unseres großen Zehs beim Embryo, der darauf schließen lässt, dass wir mit dem Fuß greifen konnten. „Unsere Vorfahren" sagte er, „waren ohne Zweifel Baumtiere", wobei er die biogenetische Grundregel unterstellte. Die Vertreter der sogenannten „initialen Bipedie" machen etwas ähnliches: Sie schließen aus der Kopfform der Schimpansen- und Gorilla-Babys, welche unserer runden Kopfform sehr ähnlich sieht, dass sich die Menschenaffen aus uns heraus entwickelten, genauer gesagt aus einem auf zwei Beinen gehenden Urahn.

Fossile Funde von Urmenschen (Ardi, Lucy etc.) kann man ja im Grunde nicht zur Entscheidung heranziehen, denn sie sagen ja kaum etwas über die Entwicklungsrichtung aus (Mensch aus Affe, oder Affe aus Mensch), und wenn man sich Fotos oder auch 3D-Modelle dieser bekannten Funde anschaut so wird man zumindest sehr Nachdenklich bezüglich einer wie auch immer gearteten Interpretation. Zusammengefasst kann man sagen, dass es schon einige Hinweise für Darwins Hypothese (dass wir von Baumtieren abstammen und zu irgendeiner Zeit den zweibeinigen Gang erlernten) existieren, aber ein wirklich überzeugendes Argument ist nicht auszumachen. Wie faszinierend ich die Hypothese der ursprünglichen Bipedie auch finde – sie wird sich in späteren Kapiteln leider als nicht haltbar erweisen. Der Mensch, so werden wir zeigen können, lebte wirklich auf Bäumen, ging erst auf vier, dann auf zwei Beinen (so langweilig das klingt – wer diesbezüglich eine neue, kuriose Theorie erwartet hat, den müssen wir leider enttäuschen; neu ist lediglich, dass wir diesen Werdegang mit stichhaltigen Belegen untermauern können und den Grund für den aufrechten Gang angeben können). Dass die Babys von Gorillas oder Schimpansen rundliche Kopfformen haben, die unseren ähnlich sehen lässt eher darauf schließen , dass unser gemeinsamer Vorfahre vielleicht älter ist als gedacht. Schaut man sich nämlich die etwas kleineren Affenarten an (Languren, Totenkopfäffchen, Kapuzieneraffen usw.) so stellt man bei denen ebenfalls einen eher rundlichen Kopf fest und es scheint plausibel, dass die kleineren Affen die ersten Baumbewohner waren. Sowohl der Mensch als auch die heutigen Menschenaffen entwickelten sich aus diesen, wobei wir die rundlichere Kopfform beibehielten. Dafür werden wir keine Belege haben, aber wenn man sich auf diesen Standpunkt stellt, der meiner Meinung nach gar nicht so abwegig ist, so würde daraus folgen, dass sämtliche Funde von Urmenschen (z.B Ardipithecus), die eine sagen wir halbrunde Kopfform haben, in

Wirklichkeit Funde von Ur-Schimpansen sind oder Ur-Gorillas oder dergleichen sind, was auf der anderen Seite doch schwer vorstellbar ist.

Sonstige Hypothesen

Normalerweise finden sich unter der Rubrik „Sonstiges" Dinge, die man bezeichnenderweise nirgendwo sonst unterordnen kann oder möchte. Nicht so hier. In diesem Abschnitt will ich nur noch eine Hypothese vorstellen und wahrscheinlich habe ich sie auch nur deshalb unter „Sonstiges" verbucht, weil sie noch keinen Namen hat. Es ist nicht meine eigene Hypothese, vielmehr wurde sie schon vor einiger Zeit vom britischen Evolutionsbiologen Richard Dawkins aufgeworfen: Die Hypothese nämlich, dass der aufrechte Gang im Grunde nur „als Mode" in Erscheinung trat. Ob das Wort Mode so ganz treffend ist oder nicht, in der Hauptsache geht es darum zu sagen, dass es eben keine sachlich-technischen Gründe gab, so wie es die meisten Hypothesen unterstellen. Wir Menschen taten es, weil wir es eben wollten, nicht mehr aber auch nicht weniger. Stichhaltige Belege habe ich dazu nicht gelesen, es war vermutlich eher eine intuitive Hypothese eines erfahrenen Evolutionsforschers. Ich bin aber sehr froh, dass diese Vermutung bereits existiert: es wird sich nämlich zeigen, dass die Theorie des Lachens bzw. des Humors keine andere Schlussfolgerung als diese zulässt: Der aufrechte Gang entstand tatsächlich als eine Art „Mode". Es gab keinen sachlichen oder überlebens-technischen Grund(!).

Prinzipien der Evolution – Natura non Facit Saltus

In der Biologie entwickeln sich die Dinge leider nicht wie in anderen Naturwissenschaften wie z.B. in der Physik. Dort ist es im Normalfall so, dass ein gefundenes Gesetz innerhalb bestimmter Grenzen eine objektive Daseinsberechtigung hat. Diese Daseinsberechtigung stützt sich meist auf die Frage welche Beobachtungen mit diesem Gesetz erklärt bzw. vorausberechnet werden können, also der Frage nach dem Geltungsbereich. Kein physikalisches Gesetz beschreibt bzw. erklärt die gesamte Natur, jedes hat einen gewissen Anwendungsbereich. Wenn also ein physikalisches Gesetz in einem gewissen Anwendungsbereich seinen Dienst tut, so wird es gemeinhin akzeptiert und als solches (innerhalb seines Anwendungsbereiches) nicht mehr in Frage gestellt. Unter Physikern ist es eigentlich unüblich darüber zu diskutieren ob z.B. Newtons Theorie „falsch" oder „richtig" ist oder ob sie heute als widerlegt gilt. Der Grund hierfür ist der bereits aufgezeigte, nämlich, dass die Newtonschen Gesetze innerhalb ihrer Anwendungsbereiche bis heute gelten (und vermutlich auch bis an das Ende der Zeit). Populärwissenschaftliche Fragestellungen berücksichtigen dieses Prinzip leider sehr selten. Dies war zum Beispiel und insbesondere bei der Relativitätstheorie der Fall. Viele populärwissenschaftliche Artikel der letzten hundert Jahre diskutierten die Fragestellung ob Einsteins Theorie nun doch widerlegt sei, bzw. dass Einstein Newton widerlegt habe oder ähnliches. In der rein physikalischen Literatur kommt so eine Fragestellung mangels Relevanz nicht vor. Vermutlich ist dies dem Umstand geschuldet, dass in populärwissenschaftlicher Literatur doch ein erhöhtes Interesse an Personen bei gleichzeitig verringertem Interesse an Inhalten besteht.

Ein sehr ähnlicher Zustand beherrscht leider seit Jahrhunderten die Biologie. Der Grund wird sicher einerseits darin liegen, dass natürlicherweise das populäre Interesse deutlich höher ist als in der Physik. Andererseits begünstigt das Fehlen von quantitativen Aussagen (welche in der Physik mandatorisch sind) große Unschärfen in den biologischen Gesetzen, was wiederum zu verstärkten Diskussionen führt ob ein Gesetz denn nun „richtig" oder „falsch" sei. Darüber hinaus spielen religiöse Aspekte sowie andere persönliche Befindlichkeiten keine kleine Rolle und nicht zuletzt muss man feststellen, dass selbst bedeutende Originalarbeiten zwar über Jahrhunderte lang immer wieder referenziert werden aber vermutlich nur von einer Minderheit gelesen werden.

All dies führt zu dem ein wenig kuriosen Umstand dass biologische Gesetze – oder nennen wir sie besser Aussagen bzw. Prinzipien – über Jahrhunderte kontrovers diskutiert werden können. Oft entscheidet nach meiner Wahrnehmung einfach der Zeitgeist darüber ob eine Aussage gemeinhin als akzeptiert angesehen wird oder nicht.

Warum aber all diese Ausführungen? Der Grund ist einfach: wenn wir den Ursprung und die Entwicklung des Humors erklären wollen, so kommt man früher oder später um gewisse Aussagen aus der Evolutionsbiologie nicht umhin, welche aus heutiger Sicht sagen wir – als nicht mehr aktuell gelten. Diese wurden keinesfalls widerlegt –

zum allergrößten Teil aber geht es um Aussagen der Evolutionsbiologie, die im heutigen biologischen Wissenschaftsbetrieb kaum eine Rolle spielen, wobei man über den Grund nur spekulieren kann. Meine Schwägerin, eine studierte Biologin teilte mir neulich mit, dass Evolution an ihrer Uni kein Pflichtfach gewesen wäre. Und in der Tat, schaut man sich die Studienordnungen der Biologie an vielen deutschen Universitäten an so findet man, dass im kommentierten Vorlesungsverzeichnis eine Vorlesung über Evolution meist gar nicht mehr vorkommt. Was jedoch vorkommt sind Vorlesungen über „molekulare Evolution", also die Abbildung der Vorgänge der Evolution auf die Vorgänge im makromolekularen Bereich, sprich im Bereich der DNA. Welche Umstände rechtfertigen so eine Verschiebung? Es drängt sich ein wenig der Verdacht auf, dass das Problem in dem Umstand verhaftet ist, dass Forschung (und damit auch die Lehre) bekanntermaßen einem gewissen Publikationszwang unterliegt (ich habe das selbst jahrelang erlebt) und die Wahrscheinlichkeit einer schnellen nächsten Publikation als deutlich höher eingeschätzt wird wenn man im Labor (oder meist auch nur mit einer Computersimulation) mit der DNA experimentiert als wenn man – wie z.B. Darwin – ein Leben lang die Natur beobachtet und dokumentiert. Der letzte Professor, der an der Universität meiner Schwägerin klassische Evolution lehrte sei wohl tatsächlich im Urwald verschollen.

Rein theoretisch gesehen wäre das Aufgeben dieses Forschungszweiges kein Problem wenn gezeigt wäre, dass die Beobachtungen unserer Altvorderen sich ausnahmslos auf die Vorgänge auf makromolekularer Ebene abbilden lassen. Dann wäre es m.E. gerechtfertigt gewesen die alte, Darwinsche Art der Forschung an den Nagel zu hängen und mit der ausschließlichen Arbeit im Labor fortzufahren. Leider ist nüchtern betrachtet kaum zu erkennen, dass dem so ist, oder dass sich zumindest jemand die Mühe machte den Versuch zu unternehmen dies zu zeigen. Es ist aus nüchterner Sicht schwer nachzuvollziehen warum an dieser Stelle so ein Bruch gemacht wurde. Wie facettenreich und komplex die Evolution doch ist, von den Beobachtungen her gesehen aber auch von ihren Gesetzmäßigkeiten her, die sich zwar nicht immer so offen zeigen, die der Evolution dennoch innewohnen und die es nach wie vor weiter offenzulegen gilt. Wie buchstäblich eindimensional ist hingegen der Forschungszweig der „molekularen Evolution": Sämtliche Aspekte der Evolution werden auf eine (eben eindimensionale) Abfolge von Basen abgebildet (es gibt deren ja vier, abgekürzt durch die Buchstaben A, G, T, und C bilden diese die sogenannte DNA). Diese Basen können untereinander getauscht werden, es können welche hinzukommen, oder auch verloren gehen – mehr kann in dieser Darstellung der Evolution nicht passieren. Vielleicht kann es eines Tages wirklich sein, dass wir sämtliche Aspekte der Evolution aus dieser Basenabfolge und ihrer Entwicklung ablesen können (ich persönlich bezweifele das), aber gegenwärtig sind wir weit davon entfernt.

Wenn man ganz ehrlich zu sich ist, dann kommt man nicht umhin festzustellen, dass streng wissenschaftlich gesehen die Entdeckung der DNA zwar sehr viele anwendungsbezogene Entwicklungen nach sich gezogen hat, jedoch kaum zu höherer Erkenntnis geführt hat. Da man ja die physikalischen und chemischen Eigenschaften von Makromolekülen relativ gut kannte, hätte man ja hoffen können aus diesen Gesetzen Rückschlüsse auf die Biologie zu ziehen. So sehr man jedoch nach so einer Erkenntnis oder Schlussfolgerung sucht: sie ist kaum zu finden. Im Gegenteil, im Labor wundert man sich jeden Tag welche Änderungen an der DNA welche Änderungen des Phänotyps nach sich ziehen. Diese Zusammenhänge, die es ja gibt und einen hohen Anwendungs-Bezug haben, sind jedoch allesamt experimentell herausgefunden worden. Dass Merkmale vom Vater und von der Mutter vererbt werden wussten wir schon von Mendel. Dass diese Merkmale (zum Teil?) in einem

Makromolekül verschlüsselt liegen wussten wir auch schon vorher (Schroedinger schrieb 1944: „Wir können also mit Sicherheit behaupten, dass die molekulare Erklärung der Erbsubstanz die einzig mögliche ist"), aber damit endet die Erkenntnis auch schon. Fast alle bisherigen Aussagen der Molekulargenetik sind wie oben erwähnt experimentell ermittelt worden, insofern verstehe ich die Gegner der Gen-Technik (obwohl ich keiner bin), denn es gibt kaum ein theoretisch fundiertes Konzept mit dem gearbeitet wird. Vielmehr wird einfach herumprobiert und dabei Erfahrung gesammelt. Die Angst der Bevölkerung, dass nicht womöglich irgendein Monster geschaffen wird, oder irgendeine komplett neue Art von Viren oder ähnlichem ist daher verständlich (ich persönlich glaube jedoch, dass das nicht passieren kann, denn das widerspricht vehement dem Gradualitäts-Prinzip, siehe spätere Kapitel). Aber dennoch, es wird lediglich „herumprobiert". Dass nur herumprobiert wird ist wiederum nicht verwunderlich, denn die physikalischen Gesetze von Makromolekülen wie der DNA sind die Gesetze der Quantenmechanik und daher äußerst abstrakt. Mir ist kein Biologe oder Mediziner bekannt der diese Gesetze kennt geschweige denn anwenden kann. Wo soll eine theoretische Erkenntnis also herkommen? Oder man lässt sich zu der Aussage hinreißen, dass die physikalischen Eigenschaften der DNA nicht sonderlich relevant sind, wozu ich ehrlich gesagt tendiere. Dann ist die Erkenntnis, dass unserer Erbinformationen in dieser kodiert sind erkenntnistheoretisch kaum bis gar nichts wert, zumindest nicht zur Bildung einer fundierten Theorie.

Daher ist der oben geschilderte Umstand, dass die „klassische" Lehre der Evolution im Studiengang Biologie ein auslaufendes Modell ist schwer nachzuvollziehen. Die menschlichen Gründe sind jedoch wie geschildert naheliegend. Ich hörte einmal von der Aussage eines bekannten deutschen Mediziners der sich in seiner Arbeitsgruppe sinngemäß dahingehend äußerte, dass der heutige „moderne" Forscher „noch nicht einmal eine Pipette anfassen" müsste um eine Arbeit zu verfassen welche man hochrangig publizieren könne (und darum geht es ja leider im heutigen Wissenschaftsbetrieb; unbefristete Stellen sind extrem rar und wer nicht viel und hochrangig publiziert hat kaum Chancen von dieser Arbeit auf Dauer zu leben).

Um das Wesen des Humors zu entschlüsseln ist diese Ausgangslage etwas unbefriedigend, denn allein durch das Angeben einer Basenkombination wird es nicht zu schaffen sein eine befriedigende Erklärung zu erhalten. Die Aufgabenstellung so zu verstehen läge auch buchstäblich an der Grenze des Lachhaften. Angenommen wir fänden eine Codierung der DNA welche sozusagen das Humor-Gen darstellt. Dann hätte etwa derjenige, welcher dieses Gen nicht hätte keinen Humor. Und umgekehrt. Und dann? Inwiefern würde uns das erkenntnistheoretisch weiterbringen? Nicht sehr viel meine ich. Wer meint, dass diese Ausführungen zu polemisch sind, der sollte bedenken, dass im Sinne der heutigen Theorie der Mutation und natürlichen Selektion genau dieses eine erschöpfende Antwort wäre, nämlich die Angabe einer Basen-Sequenz, also eines "Humor-Gens". Die Existenz dieses Gens würde sich ja durch einen biologischen Vorteil begründen. Den würde man vielleicht nicht konkret angeben (können), aber irgendwie wird ein Vorteil sicher da sein, da wir alle ja so gerne lachen. Mehr an Erklärung würde die heute etablierte Evolutionstheorie nicht verlangen. Ich denke, dass an dieser Stelle jeder selbst entscheiden sollte, ob man das als befriedigende Antwort auf eine Menschheitsfrage akzeptieren kann oder nicht.

Nein, wir wollen die Ebene der Genetik in diesem Buch gar nicht betrachten sondern viel allgemeiner bleiben. Dazu müssen wir jedoch auf einige Gesetzmäßigkeiten der Evolution zurückgreifen, welche zumindest sagen wir nicht dem heute „aktuellen Wissensstand" entspricht. So schlimm ist das aber auch nicht. In den letzten 150

Jahren ist über Evolution so viel geschrieben worden, dass man für fast jede These Vertreter findet und nur weil im Jahre 2016 die molekulare Evolution allgemein als akzeptiert gilt heißt das noch lange nicht, dass alle anderen Ansätze und Prinzipien widerlegt wurden. Der Haupt-Vertreter der meisten Prinzipien, die wir für unser Buch brauchen heißt jedoch erstaunlicherweise Charles Darwin. Das allermeiste – vielleicht nicht alles – findet sich eigentlich bei Darwin wieder, wichtig sind aber auch die Arbeiten des von Darwin sehr geschätzten Zeitgenossen Haeckel. Darwin schreibt über Haeckels Werk: „Der letztgenannte Naturforscher (Haeckel) hat ausser seinem grossen Werke: Generelle Morphologie (1866) noch neuerdings (1868 und in zweiter Auflage 1870) seine „Natürliche Schöpfungsgeschichte" herausgegeben, in welcher er die Genealogie des Menschen eingehend erörtert. Wäre dieses Buch erschienen, ehe meine Arbeit niedergeschrieben war, würde ich sie wahrscheinlich nie zu Ende geführt haben; fast alle Folgerungen, zu denen ich gekommen bin, finde ich durch diesen Forscher bestätigt, dessen Kenntnisse in vielen Punkten viel reicher sind als meine". Gemeint ist hier Darwins "Descent of men". Ohne zu zögern würde ich jedoch „die Entstehung der Arten" als sein wichtigstes Werk ansehen (vielleicht sogar das wichtigste Werk zur Evolution) und jedem Leser empfehlen es (vollständig) zu lesen. Es ist, wie neulich in einer aktuellen Rezension zu lesen war stellenweise sehr langatmig aber genau da muss man durch, denn die große Gefahr besteht ja darin, dass in einer Zusammenfassung durch Dritte Informationen bewusst oder unbewusst weggefiltert werden. In spätere Ausgaben des Buches fügte Darwin selbst am Schluss eine Zusammenfassung ein welche evtl. als Ersatz dienen könnte, will man denn wirklich nicht die Zeit für das ganze Buch investieren.

In der Schule lernten wir die Evolutionstheorie folgendermaßen: Lamarck begründete die Entstehung der Arten mit einem „inneren Trieb" aller Lebewesen sich aktiv an die Lebensbedingungen anzupassen und diese Anpassungen an die Nachfahren zu vererben. Darwin hingegen begründe die Entstehung der Arten mit natürlicher Selektion, d.h. die Arten, die schlecht angepasst sind setzen keine oder weniger Nachkommen in die Welt. Anschließend wird meist sinngemäß gesagt, dass Lamarck „falsch" lag und Darwin „richtig" sei. Da ich ein relativ gutes Gedächtnis habe erinnere ich mich noch gut an den Moment im Biologieunterricht wo gesagt wurde, dass Lamarck eben „falsch" lag. Das Beispiel höre ich noch wie heute: Ein Holzfäller passt sich an seine Arbeit an, indem er Schwielen an den Händen bekommt. Sein Sohn wird jedoch ohne Schwielen an den Händen geboren und prompt war damit die Lamarcksche Theorie widerlegt. Als Schüler denkt man sich nichts dabei, man hat sich ja daran gewöhnt, dass die Stundenklingel einen von so manchem befreit. 26 Jahre später denkt man darüber doch anders (für die, die sich noch an die Details von damals erinnern). Meine heutige Interpretation ist einfach: Den meisten Biologie-Lehrern bzw. Buchautoren geht es eher um das nackte Vermitteln von etabliertem Wissen. Wie man zu einer wissenschaftlichen Aussage kommt spielt im Grunde keine Rolle.

Die Sichtweise über Darwin und Lamarck ist heutzutage jedoch so tiefgründig etabliert, dass man ein wenig Gefahr läuft als Scharlatan dazustehen, wenn man denn behauptet, dass Lamarck vielleicht doch ein wenig Recht hatte. Da wir uns dieser Gefahr nicht aussetzen wollen, wenden wir einen Trick an: Wir sagen einfach, dass Darwin Recht hatte. Und tatsächlich wurde Darwin nie müde immer wieder darauf hinzuweisen, dass die natürliche Selektion lediglich ein Prinzip (er verwendete den englischen Ausdruck agent) sei auf dem die Evolution beruht. Das zweitwichtigste sei eben die Vererbung einer aktiven Anpassung („Gebrauch und nicht-Gebrauch von Theilen"). Wer dies nicht glaubt sollte sich das bereits beworbene letzte Kapitel der Entstehung der Arten durchlesen. Darin steht: „Ich habe jetzt die hauptsächlichsten

Thatsachen und Betrachtungen wiederholt, welche mich zur festen Überzeugung geführt haben, dasz die Arten während einer langen Descendenzreihe modificirt worden sind. Dies ist hauptsächlich durch die natürliche Zuchtwahl zahlreicher, nach einander auftretender, unbedeutender günstiger Abänderungen bewirkt worden, mit Unterstützung in bedeutungsvoller Weise durch die vererbten Wirkungen des Gebrauchs und Nichtgebrauchs von Theilen“ Und weiter: „Bei Varietäten sowohl als bei Arten scheinen Gebrauch und Nichtgebrauch eine beträchtliche Wirkung gehabt zu haben; denn es ist unmöglich, sich diesem Schlusz zu entziehen, wenn man z. B. die Dickkopfente (Micropterus) mit Flügeln sieht, welche zum Fluge fast eben so wenig brauchbar als die der Hausente sind, oder wenn man den grabenden Tukutuku (Ctenomys), welcher mitunter blind ist, und dann gewisse Maulwurfarten betrachtet, die immer blind sind, und ihre Augenrudimente unter der Haut liegen haben, oder endlich wenn man die blinden Thiere in den dunkeln Höhlen Europas und Americas ansieht“. Offensichtlich sind diese Aussagen Darwins über die Jahrhunderte entweder in Vergessenheit geraten oder es geschah das, was oft in diesen Fällen passiert: Nur eine kleine Minderheit hat Darwins Werke tatsächlich gelesen, der Rest beschränkte sich auf die Überlieferung von einigen Schlagworten.

Dasselbe Phänomen liegt übrigens den berühmten Mendelschen Gesetzen inne, die ebenfalls zum Standard-Stoff des Schul- und auch Universitäts-Unterrichts gehören. Ich hatte zu Schulzeiten nie verstanden woher Mendel seine Hybriden nahm mit denen er die heute nach ihm benannten Regeln durch Kreuzungs-Experimente demonstrierte. Man braucht nämlich bestimmte Pflanzen, nicht irgendwelche, um das sogenannte erste Mendelsche Gesetz durch Kreuzung nachzuspielen. Erst zu Zeiten des Internet war es (mir) möglich sich die Original-Publikation Mendels zu besorgen (z.B. www.mendelweb.org) und festzustellen, dass Mendel eigentlich etwas andere Kreuzungsversuche gemacht hat als es in fast allen Biologiebüchern steht. Ich hatte jahrelang die Angewohnheit, wenn mir ein Biologie-Lehrbuch in die Hände kam zu prüfen, ob der Inhalt von Mendels Experimenten dort nachvollziehbar dargelegt wurde. War es nie, zumindest für mich nicht. Ohne auf die Details der Mendelschen Gesetze einzugehen behaupte ich, dass man das erste Mendelsche Gesetz nie vor dem zweiten Mendelschen Gesetz finden kann. Denn die Hybriden, welche man zum Nachspielen des 1. Gesetzes braucht werden erst in den Experimenten des 2. Gesetzes gezüchtet (und man kann sie auch nicht ein einer Samenhandlung kaufen, so wie ich es in einem Uni-Skript las). Ich habe lange darüber nachgedacht ob es noch andere Methoden gibt diese reinerbigen Hybriden zu gewinnen aber selbst wenn es solche Methoden gäbe, dann sind sie in keinem Biologiebuch erwähnt. Tatsächlich hat aber Mendel das zweite Gesetz vor dem ersten gefunden, nur so ist es möglich und in seinem Versuchsbericht protokolliert. Dass in ausnahmslos jedem Biologiebuch die Reihenfolge der Gesetze andersherum steht bedeutet nicht weniger als dass es kaum einen Autor interessiert wie Mendel auf seine Gesetze kam. Und dieser Mangel an wissenschaftlichem Interesse ist leider extrem gut dokumentiert. Es ist eigentlich nicht zu akzeptieren, dass Mendels Protokolle klar verständlich und nachvollziehbar sind, jedoch fast jedes heutige Biologiebuch zu diesem Thema eigentlich nur Verwirrung stiftet. Das ist tatsächlich ein großes Problem, denn selbst Schüler, welche klar und strukturiert denken können **und** sich für Biologie interessieren werden durch die Art und Weise wie heute (oder vermutlich schon immer) Biologiebücher geschrieben werden vergrault - und studieren dann lieber Informatik oder Mathematik, denn sie glauben, dass in der Biologie eh keine Struktur auszumachen ist. Für Darwins Theorie gilt dasselbe: In fast keinem heutigen Biologiebuch findet sich Darwins Aussage, dass der Gebrauch und Nicht-Gebrauch von Organen oder Körperteilen zu deren

Abänderung führt und vererbt wird. Jeder Leser wird diesen Umstand schnell überprüfen können. Entweder man erklärt sämtliche Beobachtungen und Schlussfolgerungen Darwins oder man nimmt ihn als Referenz, aber dann sollte dies jedoch alle seine Aussagen umfassen. Man sollte nicht nur das referenzieren was gerade mal eben in den Zeitgeist passt. Die Biologische Forschung und Lehre befindet sich (vermutlich seit jeher) in keinem guten Zustand.

Kommen wir jedoch zurück zu Darwins Evolutionstheorie. Viele Dinge, die Darwin aber auch z.B. Haeckel behaupteten sind mit dem heutigen Stand der Genetik (vielleicht sollte man besser sagen: molekulare Evolutionstheorie) nicht erklärbar. So richtig kann dies aber auf der anderen Seite niemanden verwundern. Schlägt man heute ein Buch über molekulare Evolution auf so geht es primär darum wie die DNA im Laufe der Zeit per Zufall mutiert und per äußerer Umstände selektiert wird. Man müsste schon der DNA eine Art „eigenen Willen" einhauchen um z.B aktive Anpassung in diesem Modell unterzubringen, so wie es Darwin beschrieb. Das mag man verständlicherweise nicht. Auf der anderen Seite ertappt man die Autoren solcher Bücher (z.B. über molekulare Genetik) immer wieder dabei, dass sie diesen Makromolekülen im Zellkern in einem gewissen Sinne ein „Leben" zusprechen. Rein physikalisch gesehen macht nämlich so ein Makromolekül wie die DNA den Tag über grob gesagt eher gar nichts. Nichts bis auf eine Art thermische Bewegung, d.h. es „zittert" ein wenig vor sich hin und wird durch andere Moleküle mehr oder weniger unregelmäßig angestoßen bis es schließlich zerfällt. Die Makromoleküle in einer lebenden Zelle tun unentwegt irgendwelche Dinge: sie „teilen sich", „lagern sich an", "wandern zu den Ribosomen" usw. usw. Nicht selten klingt das in einem Biologiebuch ein bisschen wie in einem Kindermärchen. Es wird also implizit zugegeben, dass die DNA vermutlich mehr ist als die Summe ihrer Basen. Denn in der Tat, in einer toten Zelle tun die Moleküle nichts dergleichen mehr: sie wandern nicht irgendwohin, sie teilen sich nicht – so trivial diese Erkenntnis klingt, so sehr vermisst man sie in der heutigen Biologie bzw. Genetik.

Man darf nicht vergessen, dass Darwins oberstes Ziel die Bekämpfung des kirchlichen Kreationismus war. Er wollte, und das hat er unentwegt betont, lediglich zeigen, dass die Tier- und Pflanzenwelt durch eine Evolution entstanden ist und nicht durch einen schöpferischen Akt Gottes. Die Frage nach welchen Gesetzen die Evolution denn funktioniert war bei ihm nur sekundär. Dennoch hat er in "Entstehung der Arten" zwei Methoden angegeben, nämlich die natürliche Selektion und die Vererbung vom Gebrauch und nicht-Gebrauch von Teilen, wie er es nannte. Als diese beiden Methoden wegen einiger Unzulänglichkeiten kritisiert wurden erfand er eine weitere, nämlich die sogenannte sexuelle Selektion. Übriggeblieben und akzeptiert ist über die Jahrhunderte zum allergrößten Teil die erste Methode. Um es klar zu sagen, tatsächliche Belege für die ein oder andere Methode hat Darwin nie angegeben, zumindest nicht von solcher Art, die man heute als Beleg ansehen würde. Diesen Beleg wollen wir in diesem Buch liefern und zwar für die zweite Methode.

Aber viele Biologen erkennen ja zum großen Teil, dass die Selektion der DNA eben nicht alles ist. In neuester Zeit gibt es durchaus Forschungsbestrebungen, die in diese Richtung weisen. Aber selbst wenn man aktive Anpassung zulässt bleibt der Sinn der Evolution dennoch der gleiche: Der, der am besten angepasst ist überlebt, ob aktiv angepasst (nach Lamarck und Darwin) oder selektiert (nach Darwin). Reicht das wirklich für eine theoretische Erklärung allen Lebens in der Natur aus? Denn wenn man sich von den Details der heutigen Forschung ein wenig trennt, ein paar Schritte zurückgeht und sich das „Große und Ganze" ansieht so muss man sich doch fragen ob so wunderschöne Tiere wie die Giraffe oder der Argus-Fasan wirklich „nur“ durch “bessere Anpassung” entstanden sein können. Ginge es wirklich nur um einen Kampf ums Dasein durch bessere Anpassung so wäre es sehr schwer zu erklären wieso die Evolution über irgendwelche Bakterien hinausgehen sollte, denn diese sind ja wahre Überlebens-Künstler (bei mir zu Hause überleben sie gefühlt sogar eine 60°-Wäsche – von einem Pfau könnte man das nicht behaupten; wieso sollte das Kampf-ums-Dasein-Prinzip also den Pfau in die Welt bringen?). Es muss also irgendwie mehr geben als „passe Dich an oder stirb aus“. Ansätze diesen Umstand erklären zu wollen sind in der heutigen molekularen Evolution schwer auszumachen. Dieses "fehlende Prinzip" werden wir durch die Entschlüsselung des Humors erhalten bzw. kennenlernen, zumindest teilweise. Dass eben die DNA nicht alles sein kann zeigen auch heutige Forschungsrichtungen wie die sogenannte Epigenetik, also eine Art Über-Genetik. Sie trägt der Tatsache Rechnung dass wir zwar immer noch an der Aussage festhalten, dass sämtliche „Erb“-Informationen in unserer DNA kodiert sind, es aber dennoch weitere „Informationen“ (ja, man muss hier mit vielen Anführungszeichen arbeiten – die Begriffe sind alle nicht sehr klar definiert) und Mechanismen gibt, die gewissermaßen über denen der DNA liegen. Dies könnten z.B. Mechanismen sein die bestimmte Gene aktivieren und deaktivieren wobei diese Mechanismen dann letztlich auch vererbt werden. Das wissenschaftliche Problem bei der Zusammenführung dieses Prinzips mit der heutige Genetik ist ein bisschen die Tatsache dass man Informationen stets mit Zuständen von Materie verknüpft (einfach weil man bis heute nichts anderes kennt: die Buchstaben eines Buches, die magnetischen Felder einer Festplatte usw.). Wenn das Makromolekül DNA diese Information nicht beinhaltet und man darüber hinaus keine zusätzliche Übertragung von Materie oder Materiezuständen an Tochterzellen ausmachen kann, so kommt man schnell in Erklärungsnot. Welche physikalischen Prinzipien sollte man denn hierfür verhaften? Oder sind es hier am Ende keine Prinzipien die physikalisch erklärbar sind? Dass die Reproduktion der DNA den thermodynamischen Gesetzen widerspricht hatte schon Erwin Schrödinger herausgefunden (er kannte die DNA zwar noch nicht, unterstelle jedoch, dass die Erbinformation in den Zuständen eines Moleküls verborgen ist (das war bereits 1944) – das „Überleben“ dieses Moleküls über Jahrhunderte und Jahrtausende ist mit der Thermodynamik eben nicht vereinbar, da in „lebloser“ Materie jedes solcher Moleküle mit der Zeit einfach zerfallen würde). Vielleicht liegt hier der Schlüssel zum Verständnis des Lebens, der irgendwann in ferner Zukunft geborgen wird.

Es gibt aber noch mehr beobachtbare Eigenschaften der Evolution, die wir zur Herleitung des Humors benötigen. Diese teilen (teilweise) dasselbe Schicksal wie der Aspekt der aktiven Anpassung: Sie sind zwar von den Ur-Vätern der Evolutionstheorie beobachtet worden jedoch ist eine Entsprechung in der modernen biologischen Forschung – sagen wir – schwer auszumachen. Die Gründe dafür liegen sicher ähnlich und sollen nicht noch einmal ausgeführt werden. Fangen wir also lieber an die Aspekte der Evolution aufzuzeigen, die für eine Erklärung des menschlichen Humors notwendig sind.

Hat Evolution eine Orientierung?

Natura non facit saltus: Dieser von Carl von Linné stammende Satz wurde nicht nur von Darwin oft rezitiert. Gemeint ist, dass die Evolution eben nicht in Sprüngen verläuft, sondern langsam (was auch immer dies quantitativ bedeutet) und vor allem stetig. Das Wort stetig klingt ein wenig antiquiert, einzig in der Mathematik wird es noch heute bei Funktionen angewendet. In moderner Literatur wird dieses Prinzip unter dem Fachbegriff Gradualismus subsumiert. In fast jedem modernen Werk zur Evolution findet sich dieser Begriff und wird als ein Grundpostulat zur Evolution angesehen. Nur hat sich mir oft die Frage gestellt, ob etwas substantielles daraus folgt. Zumindest in dem hier bereits oft gemeinten Sinne, dass es eben Schlussfolgerungen gibt, die über die bloße Feststellung dieses Postulates hinausgehen. Jeder, der meint, dass dem so wäre, den bitte ich mir diese Folgerungen zuzusenden. Vielleicht liege ich hier auch komplett falsch, nur meine ich, dass hieraus nichts wirklich weiter folgt. Nichts, außer eben der Tatsache, dass die Evolution keine Sprünge macht. Es verhält sich hier ganz ähnlich wie mit all den Humor-Theorien: Die Postulate spiegeln lediglich Beobachtungstatsachen wieder. Es gibt kaum weitere Folgerungen. Im Grunde kann man dieses Postulat auch streichen, denn es impliziert nichts weiter. Dabei sind die Folgerungen aus diesem Prinzip meines Erachtens sehr weitreichend. Jedoch, um das zu erkennen, muss man sich die Mühe machen jenes Prinzip etwas genauer auszuformulieren, was kaum jemand selbst im 21. Jahrhundert tut. Warum dies so ist, will ich im folgenden kurz darlegen. Man müsste sich nämlich die Aufgabe stellen dieses Prinzip mathematisch zu formulieren sprich auf eine mathematische Funktion anzuwenden, denn nur dort sind genaue Aussagen möglich. Man würde also einen abzählbar-unendlich-dimensionalen „Zustandsraum der Evolution“ definieren und eine Abbildung (vermutlich der reellen Zahlen) auf diesen Zustandsraum. Dann würde man sich fragen, ob diese Funktion injektiv, stetig, stetig differenzierbar oder sogar C^∞ ist, oder was sie sonst noch für Eigenschaften haben könnte oder sollte. Man geht vermutlich nicht falsch in der Annahme, dass die meisten Leser spätestens an dieser Stelle abgeschaltet haben. Und so tun das eben auch alle, die sich mit diesen Themen beschäftigen und keine Mathematiker sind. Sicherlich muss man Dinge nicht unnötig kompliziert machen, allerdings muss man meines Erachtens mindestens einmal durch das Tal der Tränen gehen um festzustellen worauf es ankommt. Und wenn man das beim Linnéschen Prinzip, also dem sogenannten Gradualismus tut, dann stellt man fest, dass man dieses Prinzip doch etwas genauer ausformulieren muss, nämlich folgendermaßen: Die Natur macht keine Sprünge, nicht in nullter und auch nicht in erster Ordnung. Wie das genau zu verstehen ist, soll im Folgenden ausgeführt werden.

Wenn wir uns denn also heranmachen (und das ist unser vorläufiges Ziel, denn wir leben ja im 21. Jahrhundert und nicht zu Zeiten Linnés oder Darwins) diese Aussage genauer, um nicht zu sagen mathematischer zu formulieren, so ist es hilfreich sich zu dieser Aufgabenstellung einige Bildchen zu malen:

Bild 1: Der Fluss der Evolution und ein eingezeichneter möglicher Weg

Man könnte die Evolution mit einem großen Fluss zu vergleichen. Wenn man sich als Lebewesen sozusagen in einer Nussschale auf diesem Fluss treiben lässt, so kann man zwar nicht sehen ob der Fluss nach einem Kilometer nach links oder nach rechts biegen wird, aber man kann dennoch einiges festhalten: Man sieht wo man gerade ist, und man sieht wo man eben noch war. Man erkennt auch, dass man eben keine Sprünge macht und man erkennt noch eine Sache: die aktuelle Flussrichtung. Nun muss man aber, wie bereits ausgeführt, an dieser Stelle vielleicht doch etwas (mathematisch) genauer sein und sich fragen, welche Art Sprünge man eigentlich meint. Darf z.B. die aktuelle Flussrichtung "springen", sprich kann mein Weg durch die Evolution etwa auch so aussehen

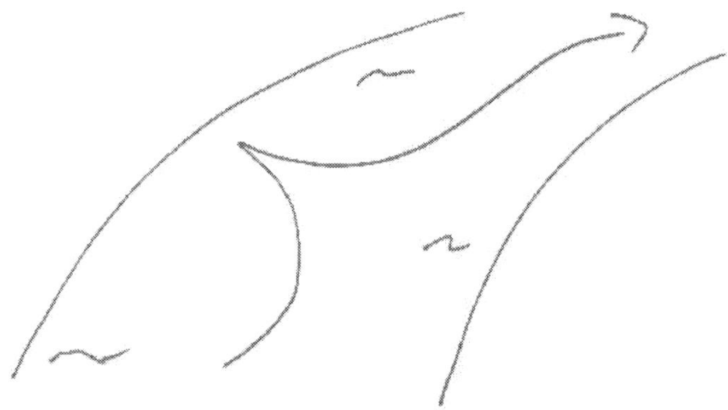

Bild 2: Der Fluss der Evolution, diesmal ein Weg mit einem Knick eingezeichnet, also einer Unstetigkeit in der ersten Ableitung; ist so etwas vorstellbar?

Mathematisch würde man so etwas auch einen Sprung nennen, nämlich einen Sprung erster Ordnung, das heißt, dass die erste Ableitung einen Sprung hätte. Nun waren Darwin und Linné keine Mathematiker und wir wissen nicht, ob Linné, Darwin & Co diese oder jene Sprünge meinten, und ob sie überhaupt darüber nachdachten, aber um im Bild des Flusses zu bleiben sollten wir auch diese Art Sprünge ausschließen, denn das würde ja bedeuten, dass unsere Nussschale instantan ihre Richtung ändert, was einem doch irgendwie widerstreben würde. Auch würde so ein Bild implizieren, dass wir uns genauso gut „rückwärts“ entwickeln könnten, sprich für kurze Zeit den Weg, den wir durch den Zustandsraum der Evolution zurückgelegt haben rückwärts gehen könnten (uns also „zurückentwickeln"). Dass das nicht geht ist nicht gezeigt, nur fühlt es sich ebenso unwahrscheinlich an wie ein Sprung nullter Ordnung. Wenn wir dieses ausschließen scheinen wir also nichts grundlegend Falsches zu machen. Die wichtigste Eigenschaft jedoch, die sich aus diesem Bild bzw. dieser Annahme ergibt ist die folgende: Wir “wissen” wo vorwärts und wo rückwärts ist. Man kann also stets einen Pfeil tangential zum momentanen Weg durch die Evolution zeichnen, und dieser Pfeil zeigt stets nach vorn. Insgesamt ändert sich die Lage dieses Pfeils nur wenig im Laufe des Weges, insbesondere zeigt dieser Pfeil nicht plötzlich rückwärts statt vorwärts. Mathematisch entspricht das einer sogenannten Orientierung. Fordert man also die nicht-Existenz von Sprüngen erster Ordnung, dann ergibt sich, dass der Weg eines jeden Lebewesens durch die Evolution im mathematischen Sinne stets orientierbar ist (!).

Das würde also bedeuten, dass wir an jede Stelle, d.h. an jeden Punkt unseres Weges durch den Zustandsraum der Evolution einen Pfeil einzeichnen können, welcher sozusagen tangential zu unserer aktuellen Bewegungsrichtung durch die Evolution sein würde:

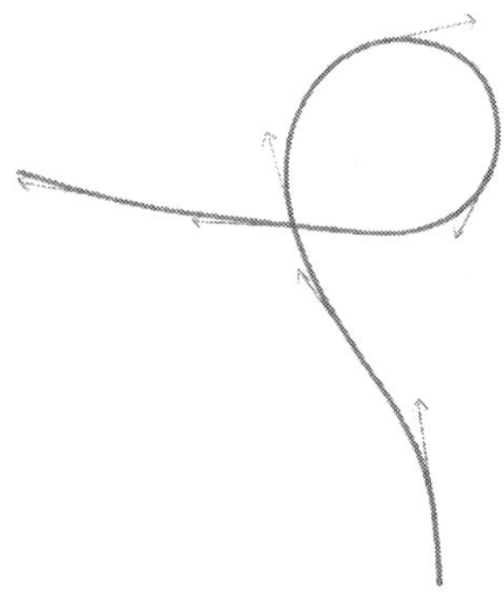

Bild 3a: Unser Weg durch die Evolution besitzt eine Orientierung

Allerdings haben wir in diesem Bild noch eine Besonderheit untergebracht, nämlich dass sich dieser Weg, diese Kurve durch die Evolution selbst schneidet. Wäre dies vorstellbar/möglich? Es würde ja bedeuten, dass wir ein und den selben Zustand in der Evolution auf zwei verschiedenen Wegen erreichen könnten oder würden. Prinzipiell wäre dies zunächst nicht auszuschließen, nur würde unser Orientierungsprinzip verlangen, dass wir uns nur sozusagen "geradeaus" durch diesen Schnittpunkt hindurchbewegen dürften, denn ansonsten würden wir ja wieder einen Weg durch die Evolution zurücklegen, welcher einen Knick macht, sprich der tangentiale Pfeil einen Sprung (in diesem Falle um etwa 90°) macht. Das geht also nicht, und es bleibt die Feststellung, dass ein evolutionsbiologischer Zustand nicht allein durch seine momentanen Eigenschaften definiert ist, sondern genauso durch seine Vergangenheit. Zu diesem überaus wichtigem Schluss werden wir umgehend zurückkommen.

Wir sehen also, dass aus der (genaueren) Formulierung von Linnés Prinzip eine Art Orientierungsprinzip folgt: An jeder Stelle der Evolution, zu jeder Zeit, kann ein jedes Lebewesen “angeben” woher es gerade kommt und wohin es geht. Das klingt zunächst nach nicht sehr viel, es wird sich aber zeigen, dass die Konsequenzen aus dieser Aussage (dass wir in der Evolution stets eindeutig ein „vorwärts“ und „rückwärts“ bestimmen können) gewaltig sind.

Diese Orientierung, die wir meinen, ist jedoch zunächst keine globale Eigenschaft der Evolution sondern eine lokale. Lokal kann man also immer sagen, wo vorwärts und wo rückwärts ist, und das über die ganze Reise (also die sogenannte Ahnenlinie) hinweg. “Vorwärts” würde dann “mehr entwickelt” oder “weiter entwickelt” heißen, “rückwärts” entsprechend “weniger entwickelt”. Jede Art hat Vorgänger und Nachfolger. Der Nachfolger ist weiter entwickelt und der Vorgänger ist es nicht. Würde man daran zweifeln wollen? Könnte man genauso gut behaupten, dass der Vorgänger weiter entwickelt ist als der Nachfolger? Klingt eher widersinnig. Wenn man sich zurücklehnt und über den Wahrheitsgehalt dieses Prinzips nachdenkt so schwankt man – so geht es zumindest mir – zwischen „das ist ja trivial“ und „das kann gar nicht sein“ (vielleicht sogar „das darf nicht sein“?).

Ist diese Aussage nun trivial oder nicht? In unserem Falle, also im Falle des Menschen würde vermutlich niemand behaupten, dass ein – sagen wir – Homo Erectus (falls er tatsächlich einer unserer direkten Vorfahren ist) weiter entwickelt war als wir. Es will ja auch niemand in der sprichwörtlichen Steinzeit leben, oder im Mittelalter. Es wird sicher auch niemand die Meinung vertreten, dass es genauso gut passieren kann (wenn auch nicht sehr wahrscheinlich) dass wir uns in Zukunft wieder zu Steinzeitmenschen entwickeln. Rein gefühlsmäßig betrachtet ist jedem klar, dass die Steinzeit verglichen mit der heutigen Zeit nicht nur “irgendwie anders” war, sondern “irgendwie weniger entwickelt” war als unsere heutige Zivilisation. Auch in unserer jüngsten Vergangenheit würde vermutlich niemand behaupten, dass z.B. die „alten Griechen“ weiter entwickelt waren als wir. Selbst wenn wir uns in unserer allerjüngsten Vergangenheit begeben, also z.B. Werbefilme aus den 70er Jahren anschauen und uns dabei die gesellschaftlichen Konventionen zu Gemüte führen (welche ungewollt in diesen Filmen dargestellt werden z.B. die Rolle der Frau usw.) so behauptet sicherlich auch niemand, dass wir damals weiter entwickelt waren als heute. Im Übrigen lachen wir über solche Filme. Mein persönlicher Favorit sind Folgen der Reihe „Der 7. Sinn“ (ebenfalls aus den 70er oder sogar 60er Jahren) bei denen es um die Rolle der Frau im Straßenverkehr geht. Ist das fortschrittlicher/weiter entwickelt als heute? Gewiss nicht, und diese Sendung sorgt denn auch bei jeder Vorführung für lautes Gelächter (wir sind übrigens schon recht nah am Wesen des Humors).

All diese Ausführungen beweisen zwar nicht, dass die Evolution eine Orientierung hat aber sie legen diese Möglichkeit sehr nahe. Es ist nicht überflüssig darauf hinzuweisen, dass wir an keiner Stelle etwas darüber gesagt haben welche Richtung die Evolution einschlägt. Das spielt zumindest für den Umfang dieses Buches und das Wesen des Humors keine Rolle und vermutlich wird es auch nicht sehr leicht sein diese Richtung zu beschreiben, falls es denn überhaupt so etwas wie eine globale Richtung gibt, in die sich die Evolution entwickeln soll (mehr Komplexität, mehr Schönheit, mehr Größe oder was auch immer). Wichtig ist lediglich der Umstand, dass „wir“ an jedem Punkte der Evolution „vorwärts“ von „rückwärts“ durchaus unterscheiden können. Wie man an den Anführungszeichen des Wortes „wir“ bereits erahnen kann lauert hier die nächste Gefahr einer Ungenauigkeit. Was soll denn „wir“ heißen? Soll es heißen, dass nur wir Menschen es können? Und wenn ja, dann nur für unsere eigene Evolution? Kann das auch der Frosch? Es ist nahezu unmöglich an dieser Stelle eine genaue Antwort zu formulieren und jene auch umfassend zu begründen, aber wir unterstellen schlicht, dass der Mensch keine Sonderstellung in der Natur genießt und von daher jedes Lebewesen ein – sagen wir – Gefühl dafür besitzt wo sich „vorwärts“ und wo „rückwärts“ in der eigenen Entwicklung befinden. Beweisen können wir das freilich nicht.

Es lohnt sich zu erwähnen, dass es in der „modernen“ Auffassung von Evolution welche auf Variation und natürlicher Selektion beruht keine Orientierung gibt, die Evolution wird sozusagen als „blind“ angesehen, sie geht höchstens dorthin, wo die beste Anpassung an die Lebensbedingungen besteht. Das könnte, um im Bild des Flusses zu bleiben, auch gewissermaßen seitwärts, rückwärts oder „im Kreis“ geschehen. Die dazugehörigen Stammbäume der Evolution (sogenannte phylogenetische Bäume) wären dann keine „Bäume“ mehr, sondern eher das, was man als Ergebnis des Kinderspiels „Misthaufen“ kennt.

Schauen wir uns doch einmal so einen einfachen, aber typischen Baum an:

Bild 3: Ein etwas karger, aber "üblicher" phylogenitscher Baum

Unten, am Fuß des Baumes steht der Urahn, weiter oben seine Nachkommen, wie man es eben kennt. Diese Bäume sind wir gewohnt, aber warum eigentlich? Natürlich erinnern sie an Stammbäume von z.B. Züchtern, oder auch an die der eigenen Familie. Es sind deshalb Bäume, weil wir unterstellen, dass jedes Lebewesen mehrere Nachkommen hat. Darwin zog im Übrigen die Schlussfolgerung, dass dieser Zustand (dass ein Individuum mehrere Nachkommen hat) ja nicht auf Dauer eingenommen werden kann, da dieses einem exponentiellen Wachstum entspräche und folglich innerhalb weniger Jahre die ganze Erde voller Lebewesen wäre, sodass man keinen Fuß mehr auf den Erdboden setzen könnte. Dieser Umstand war ein weiterer Aspekt, der Darwin dazu bewegte festzustellen, dass es so etwas wie eine natürliche Selektion geben muss. Wie dem auch sei, der berühmte „Baum des Lebens", Darwins erste Kritzelei, sah ja ganz genau so aus:

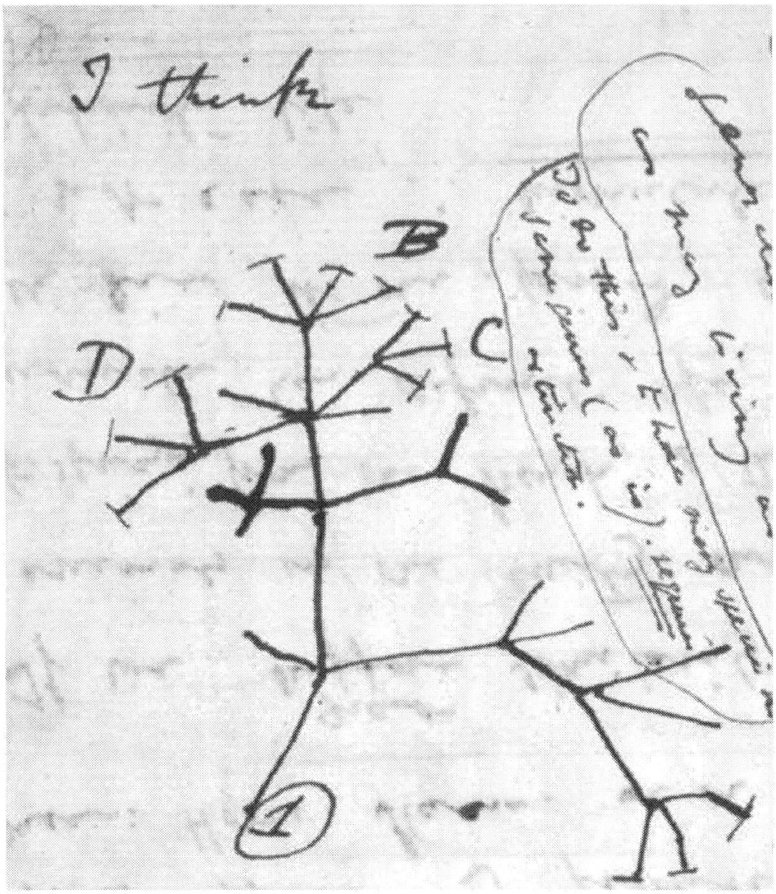

Bild 4: Darwins “Baum des Lebens”

Es war eben ein Baum, welcher einen Stamm hatte (hier mit der 1 markiert) und viele Verzweigungen. Darwin unterstellte ja, dass alle Lebewesen einen gemeinsamen Vorfahren hatten (zumindest in „Ursprung der Arten“ nahm er den Menschen aus dieser Betrachtung heraus, denn so weit zu gehen traute er sich zu der Zeit noch nicht). Ob das nun stimmt oder nicht, es führt nicht zwingend zu dem abgebildeten Baum, denn es gäbe ja noch viele andere Möglichkeiten so einen „Baum“ (die mathematisch genaue Bezeichnung wäre dann nicht mehr Baum sondern Graph; ein Baum ist in der Graphentheorie ja ein spezieller Graph) zu zeichnen. Warum zeichnete er nicht etwa so einen Baum (in leichter Abwandlung von Bild 3):

Bild 5: Mit diesem "Baum" scheint etwas nicht zu stimmen

Dieser neue Strich ändern ja irgendwie grundlegend die Struktur des Baumes (im Gegensatz zum Baum in Bild 3). Ich weiß nicht, wie es anderen Menschen geht, aber wenn ich diesen „Baum" betrachte, verliere ich automatisch das Gefühl für eine Orientierung (sowohl im herkömmlichen als auch im mathematischen Sinn). Man kann sich hier ja im Grunde im Kreis bewegen und damit ist nicht mehr klar, wer denn genau Vorfahre ist und wer Nachfahre. Das liegt vermutlich daran, dass jeder, auch Darwin, im Geiste Pfeile an die Äste der Bäume gemalt hat. Schauen wir uns die Pfeile beim ursprünglichen Baum einmal an:

Bild 6: wieder ein "gewöhnlicher" Baum, diesmal mit eingezeichneten Pfeilen

Solche Pfeile kann man immer dann einzeichnen, wenn es eine genaue Regel gibt, die angibt, in welche Richtung die Pfeile zeigen. Diese Richtung (also Orientierung) ist nämlich immer genau die, in der sich die Äste verzweigen. Daher war die Orientierung also implizit gegeben, ohne dass man Pfeile wirklich zeichnen musste. Im Baum in Bild 5 kann man das nicht mehr: Bei diesem Baum ist es nicht mehr möglich eine Orientierung zu definieren:

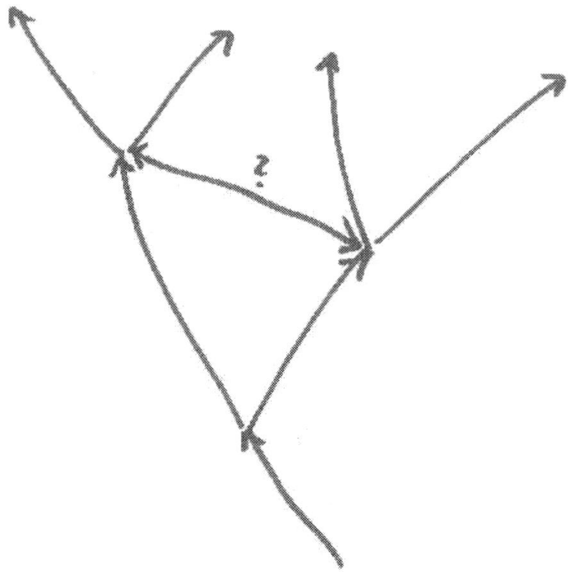

Bild 7: der Versuch in diesen merkwürdigen Baum Pfeile einzuzeichnen

Zumindest nicht ohne weiteres, denn es bedarf ja nun einer Regel, die uns angibt in welche Richtung die Pfeile zu zeichnen sind (sprich welche Orientierung sie haben). Es gibt an dieser Stelle zwei prinzipielle Möglichkeiten, warum solche Bäume nie gezeichnet werden. Entweder, jeder Forscher hat diese Möglichkeit der Orientierbarkeit stets implizit berücksichtigt (vielleicht ohne es sich tatsächlich zu vergegenwärtigen) oder – und dieses ist genauso möglich – es wurde mit Darwins erstem Baum eine Grundlage geschaffen, die dann von Generation zu Generation quasi unverändert übernommen wurde (das wäre auch nicht das erste Mal, dass in der Wissenschaft über Jahrhunderte abgeschrieben wurde ohne den Inhalt bzw. das Zustandekommen dessen nochmals zu hinterfragen – vermutlich ist es sogar so, dass je öfter ein Sachverhalt abgeschrieben wird, je weniger wird er hinterfragt).

Wir können jedoch in jedem Falle festhalten, dass es eine Art Orientierungsprinzip gibt, wonach jedes Lebewesen eindeutig sagen kann, wo „vorwärts" und wo „rückwärts" bezüglich der Evolution ist. Eigentlich eine hehre Behauptung. Es darf also z.B. nicht sein, dass ein Lebewesen zwei verschiedene „Rückwärtsrichtungen“ sieht, oder evtl. gar keine.

Ein Wort noch zu der Aussage, dass die erste Ableitung unseres Weges durch die Evolution keine Sprünge haben darf. Wir sagten, dass es damit verboten ist, dass sich Arten plötzlich wieder "zurückentwickeln". Der Leser mag nun den Einwand geltend machen, dass es doch viele Beispiele geben mag, bei denen sich gewisse Eigenschaften von Arten tatsächlich "zurückentwickeln". Diese Beispiele gibt es tatsächlich und was unsere Menschwerdung betrifft, so werden wir davon einige später kennenlernen. Das ist aber hier nicht gemeint, daher möchte ich auf diesen doch recht abstrakten Gedankengang noch einmal eingehen. Angenommen eine Art besitzt zu einem Zeitpunkt der Evolution in einem Merkmal die Eigenschaft A. Im nächsten Evolutionsschritt weist sie im selben Merkmal statt A die Eigenschaft B auf. So weit so gut. Nun kann es durchaus sein, dass im übernächsten Evolutionsschritt statt der Eigenschaft B wieder die Eigenschaft A auftritt. Nun würde ein jeder dies als eine "Entwicklung rückwärts" bezeichnen und unsere Aussage ist gerade die, dass es eben keine ist, obwohl es von den Eigenschaften her so aussieht. Unsere Aussage ist also diese: Die Eigenschaft A mag exakt die gleiche sein wie im vorletzten Evolutionsschritt, der evolutionsbiologische Zustand ist dennoch neu. Das hört sich sehr nach einem trockenen Bürokratismus an und tatsächlich ist der Vergleich so falsch nicht. Wenn ich bei einer Behörde mein Auto A zulassen will, nach einem Jahr das Auto A abmelde und statt dessen das Auto B anmelde nur um dann zwei Jahre später selbiges wieder abzumelden und das alte Auto A wieder anzumelden, dann würde kein Verwaltungsbeamter dieser Welt sagen, dass es das selbe sei wie wenn ich nur Auto A angemeldet habe. Die Aktenlage ist eben nicht die selbe. Und in diesem Sinne ist die Natur ein Verwaltungsbeamter. Wenn also eine Art, die den Vorgänger des Maulwurfs darstellte erst blind war, dann Augen entwickelte, dann als Maulwurf wieder blind geworden ist, dann ist diese "zweite" Blindheit eben eine *neue Eigenschaft*.

Zusammenfassung: Aus dem von Carl von Linné begründeten Prinzip „Natura non facit saltus“ ergibt sich, wenn man es mathematisch etwas detaillierter betrachtet und postuliert, dass auch Sprünge erster Ordnung verboten sind, dass jedes Lebewesen ein „vorwärts“ und ein „rückwärts“ definieren kann, also sagen kann woher es gerade evolutionär kommt und wohin es geht. Der Weg eines Lebewesens durch die Evolution besitzt somit eine mathematische Orientierung.

Ahnenlinien, Artentstehung und Schönheitsideal

Nun haben wir gesehen, dass das Linnésche Prinzip, wenn man es denn ausformuliert und sich strikt daran hält bereits einige Aussagen zur Evolution impliziert, welche sich vielleicht vom ersten Hinhören nicht gleich erschließen. Allerdings sind es keine Aussagen, welche wirklich neu oder überraschend sind – im Gegenteil, es sind wohlbekannte Tatsachen, nämlich dass man phylogenetische Bäume so malt wie man es halt tut.

Stetigkeit der Evolution hat also Auswirkungen auf die Topologie der Abstammung. Wir dürfen uns offensichtlich nur "vorwärts" entwickeln, Entwicklungen im Kreis sind ebenso ausgeschlossen wie welche, die nicht die Topologie eines Baumes haben. Schauen wir uns jedoch noch mehr Bäume an, die nie gezeichnet wurden:

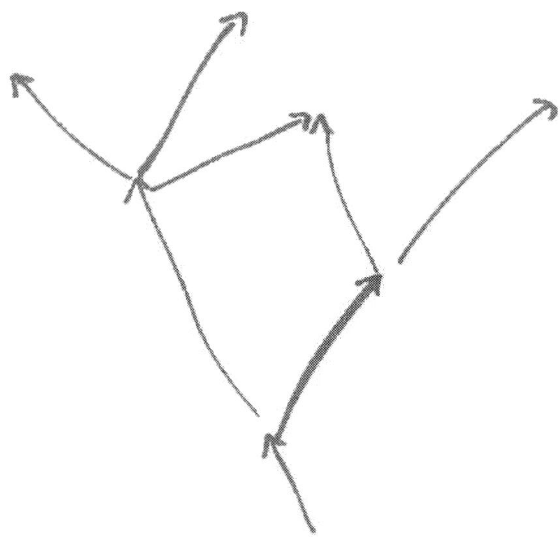

Bild 8: auch mit diesem Baum stimmt etwas nicht: ein und dieselbe "evolutionsbiologische Konfiguration" wird auf zwei unterschiedlichen Wegen erreicht; ist so etwas vorstellbar?

Hier scheint auch irgendetwas nicht zu stimmen, zumindest wird auch ein solcher Baum nie gezeichnet. Hier gibt es zwar keine Entwicklung im Kreis oder rückwärts, jedoch wird ein Knotenpunkt auf verschiedenen Wegen erreicht. Dies muss nicht unbedingt sprunghaft geschehen so wie es dieser Baum nahelegt. Allerdings würde es an dem besagten Knotenpunkt kein eindeutiges "rückwärts" geben (sondern eher zwei). Wie würde man sich das konkret vorstellen? An dieser Stelle macht es Sinn zwei Fälle zu unterscheiden, nämlich geschlechtliche und ungeschlechtliche Vermehrung (also z.B. Bakterien). Beginnen wir mit der letzteren. So ein Knotenpunkt würde bedeuten, dass zwei Bakterien oder Bakterienstämme genau die gleiche „Konfiguration" ihres Erbgutes besitzen, nur haben sie diese auf unterschiedlichen Wegen gewonnen. Ist das vorstellbar? Prinzipiell doch schon, oder? Nur warum zeichnet niemand solche Bäume? Reine Gewöhnung? Oder hat doch jeder Mensch, ohne explizit darüber nachzudenken es irgendwie im Gefühl, dass dieser Knotenpunkt in dem Baum einen Widerspruch darstellen würde? Tatsächlich widerspricht es so ein bisschen unserem Orientierungsprinzip, denn das fordert ja ein eindeutiges "vorwärts" und "rückwärts" für jedes Lebewesen. Das wäre ja prinzipiell an jenem Knotenpunkt gegeben, denn die beiden betrachteten Bakterien(stämme) hätten, jeder für sich genommen, einen eindeutigen evolutionsbiologischen Rückwärtspfeil. Nur eben jeder einen anderen. Wenn dem jedoch so ist, dann erhebt sich streng genommen die Frage, ob man von diesen beiden betrachteten Bakterien tatsächlich behaupten kann, dass sie sozusagen evolutionsbiologisch gleich sind. Falls ja, dann scheint unser Orientierungsprinzip wertlos und wir könnten solche getrost Bäume zeichnen und falls nein, dann folgt daraus (wie bereits im letzten Kapitel angedeutet), dass die evolutionsbiologische Vergangenheit ein wesentliches Element unseres aktuellen evolutionsbiologischen Zustandes ist(!).

Man muss sich nun also entscheiden, und wir unterstellen glaube ich nichts Falsches wenn wir behaupten, dass sich fast alle Biologen bereits innerlich entschieden haben. Solche Bäume werden nicht gezeichnet und das Linnésche Prinzip und daraus folgende Orientierungsprinzip scheint eine universelle Gültigkeit zu haben. Wir halten also eine ganz wichtige Folgerung fest: Unsere evolutionsbiologische Vergangenheit ist ein essentieller Bestandteil unseres Daseins (und auch das eines jeden anderen Lebewesens). Zwei Lebewesen mit unterschiedlicher evolutionsbiologischer Vergangenheit können nicht "gleich" sein, egal wie "gleich" sie sonst so sind. Mit anderen Worten:

Zu jedem Lebewesen gehört eine eindeutige Ahnenlinie.

Es lohnt sich an dieser Stelle ein wenig innezuhalten und noch einmal die Argumentationskette Revue passieren zu lassen, denn diese Aussage ist für die Erklärung des Humors extrem wichtig: Zu jedem Lebewesen gehört eine eindeutige Ahnenlinie. Wir entwickeln uns also nicht irgendwie, sondern legen einen eindeutigen, nicht sprunghaften Weg im Raum der Evolution zurück. Natura non facit saltus. Man gewinnt diese Aussage auch auf eine andere Art: Wenn wir keine Sprünge erster Ordnung fordern, dann heißt das auf gut mathematisch, dass wir an jedem Punkt der Kurve durch den Zustandsraum der Evolution in der Lage sein müssen Ableitungen zu bilden. Wer sich noch an den Mathematikunterricht erinnert, der weiß, dass dies in der Regel mit der Bildung eines sogenannten "Differenzenquotienten" einhergeht. Und um diesen an einem Punkt zu bilden vergleicht man "Werte" an diesem Punkt mit "Werten" neben diesem Punkt: Wir müssen also in der Lage sein auf Informationen unserer Ahnenlinie zurückzugreifen, anders kann man diesem Prinzip nicht genügen.

Auch diese Aussage mutet vielleicht trivial an bzw. wirkt wie ein langweiliger Formalismus der keine Beziehung zu irgendeiner Realität hat – sie ist jedoch für das Wesen des Humors essentiell oder anders gesagt, es gäbe keinen Humor ohne diese Aussage. Hätten wir keine Ahnenlinie gäbe es keinen Humor. Hätten wir zwei oder mehr Ahnenlinien, die man uns zuordnen könnte, gäbe es ebenfalls keinen Humor. Für die meisten Evolutionsbiologen ist diese Aussage vermutlich so nah am Rande des Banalen, dass sie gar nicht mehr wahrgenommen wird. Interessanterweise folgt diese Aussage aus keinem bekannten Prinzip der molekularen Evolution, wird dort jedoch fast immer berücksichtigt: kein Genetiker rekonstruiert einen zyklischen Baum. Dabei wäre es ohne weiteres möglich.

Kommen wir jedoch zurück zu oberem Bild. Wir hatten eine Unterteilung zwischen geschlechtlicher und ungeschlechtlicher Fortpflanzung getroffen. Bei der geschlechtlichen Fortpflanzung könnte obiger Baum auch dahingehend interpretiert werden als dass das Lebewesen, welches sich am bereits viel diskutierten Knotenpunkt befindet ein direkter Nachkomme der beiden darunter liegenden Knotenpunkte, jeweils väterlicher und mütterlicherseits ist. Im Extremfall liegen die beiden elterlichen Knotenpunkte weit entfernt, sagen wir das eine ist ein Hund, das andere ein Huhn. Geht nicht? Natürlich nicht, aber warum? Man sollte vorsichtig sein und nicht den selben Fehler machen sich von der Gewohnheit leiten zu lassen ohne darüber nachzudenken. Warum sollte es also kein Hund-Huhn geben? Die Antwort ist klar, es widerspricht unserem bzw. dem Linnéschen Prinzip. Es wäre eine Mischung aus beiden und sowohl vom Hund als auch vom Huhn aus gesehen gäbe es einen erheblichen Sprung. Der Nachkomme wäre von der Elterngeneration zu verschieden. Zudem hätte dieser Mischling gleichzeitig zwei unterschiedliche Vergangenheiten. Welche Prinzip-Verletzung mehr wiegt ist an dieser Stelle schwer zu sagen. Zumindest ist so eine Bildung grundsätzlich ausgeschlossen.

Die Beobachtung sagt uns, dass der Ausschluss dieser hybriden Bildung graduell ist. Je ähnlicher sich zwei Eltern sind, desto wahrscheinlicher ein nicht-überlebensfähiger Nachkomme. Teilweise ist es so, dass bei unterschiedlichen Eltern (also je eines aus einer unterschiedlichen Art) zwar ein Nachkomme gezeugt werden kann, dieser jedoch wiederum unfruchtbar ist, die Ahnenlinie da also zu Ende geht. Bekannte Beispiele sind Maulesel oder auch der Liger (Hybrid aus Tiger und Löwe). Wir halten also fest, dass zu unterschiedliche Individuen nicht dauerhaft Nachkommen zeugen können. Unser Prinzip scheint also wirklich eine sehr fundamentale Bedeutung zu haben. Entfernen sich zwei Populationen zu sehr voneinander so können sie keine gemeinsamen Nachkommen zeugen, die Lücke dazwischen wird nicht mehr geschlossen: Es kommt zur Artbildung.

Wirft man jedoch einen Blick auf die Erklärung der Artbildung in der heutigen Literatur, so ist auch da davon die Rede, dass wenn zwei Populationen sich voneinander entfernt haben, sie sich nicht mehr paaren können. Dieser Umstand wird mit dem Wort Isolationsmechanismus belegt. So weit so gut, das stimmt ja alles mit den Beobachtungen überein. Nur bei der Erklärung des Isolationsmechanismus selbst wird es bunt: Der englische Wikipedia-Eintrag zu "Isolationsmechanismen", also "Reproductive isolation" zählt über ein Dutzend Mechanismen auf wieso sich Arten nicht wieder vereinigen können. Diese werden dann sortiert, klassifiziert, unterteilt in "genetisch", "geographisch", "mechanisch" usw. (mechanisch!). Warum diese Unterteilungen dort (und in vielen Biologiebüchern) zu finden sind ist mir nicht wirklich klar, denn das Prinzip des Gradualismus (nullter Ordnung) ist ebenfalls in vielen Büchern zu finden und dieser Isolationsmechanismus wird von diesem vollständig impliziert. Wieso dennoch von vielen Biologen solche Unterteilungen gemacht werden ist zumindest sehr verwirrend.

Unser Weg durch die Evolution – und das eines jeden anderen Lebewesens – ist also ein stetig differenzierbarer Weg durch den Zustandsraum der Evolution. Zudem haben wir festgestellt, dass die Ahnenlinie eines jeden Lebewesens ein Bestandteil seines Evolutionsbiologischen Zustandes ist. Sprünge dürfen also nicht zu groß sein, erlaubt und sicherlich auch gewollt sind leichte Variationen (sonst gäbe es ja gar keine Evolution). Mit einem Vertreter einer anderen Art "möchte" man sich also nicht paaren. Es ist eine kurze Nebenbetrachtung wert die letzte Aussage etwas eingehender zu betrachten. Wenn aus unseren Prinzipien folgt, dass ein Lebewesen sich nicht mit einem Vertreter einer anderen Art paaren möchte, kann man denn diese Aussage präzisieren, sprich mit wem will "man" sich denn vornehmlich paaren? Offensichtlich mit Vertretern der eigenen Art, aber mit welchen genau? Wenn wir "Vertreter" sagen, so ist damit im üblichen Sprachgebrauch eher "typischer Vertreter" gemeint. "Typisch" würde noch technischer ausgedrückt heißen, dass wir ein Individuum suchen, bei dem die Merkmale sozusagen dem Durchschnitt der Art entsprechen. Aber halt, wir sagten ja, dass kleine Variationen erlaubt sind bzw. sein müssen. Und damit kommen wir, wenn es denn nur um visuelle Merkmale geht, bei einem Schönheitsideal an, welches der alte Humboldt bereits kannte (Alexander, nicht Wilhelm). Leider ist meine Erinnerung an diese damalige Lektüre sehr schwach, ich kann mich lediglich erinnern, dass Humboldt sich mit dem Schönheitsideal der Ureinwohner des Amerikanischen Kontinents befasste. Abgesehen von ein paar Kuriositäten (ein Indianer schilderte ihm, wie er sich die Figur seiner Traumfrau vorstelle: „... und Brüste bis zum Gürtel") bin ich der Meinung, dass er im Grunde genau auf dieses Durchschnittsprinzip kam, ebenso mit dem Zusatz einer leichten Variation. Will heißen: Schön ist stets derjenige, der das durchschnittliche Aussehen der Gruppe besitzt plus einer leichten Variation. Wie wir ja bereits festgestellt haben müssen Variationen immer nur klein sein, nie sprunghaft. Eine Nase die schräg sitzt oder ein drittes Auge auf der Stirn kann also nie attraktiv sein. Keine Variation, also der reine Durchschnitt wird vermutlich zwar makellos jedoch langweilig wirken. Es muss eher eine Tendenz sein, ein leichter Einschlag, der vom Durchschnitt abweicht. Wir sollten jedoch hierbei nicht vergessen, dass es ja außer visuellen Merkmalen noch andere gibt. Was jedoch die visuellen Merkmale betrifft, so ist das Durchschnittsprinzip bekannt: Werden in einer Computersimulation zwei Männer- oder auch zwei Frauengesichter überlagert ("morphing"), so sieht das Resultat stets schöner aus als die Ursprungsgesichter. Aber offensichtlich wäre das "zu langweilig": es benötigt noch den gewissen leichten Einschlag, eben das "gewisse Etwas".

Zusammenfassung dieses Kapitels:

Das Prinzip "Natura non facit saltus" hat, wenn man es ausformuliert und streng betrachtet weitreichende Folgen für die Biologie. Es erklärt Artenbildung, teilweise unser Schönheitsideal, aber vor allem folgt daraus, dass unsere Ahnenlinie, also unsere evolutionsbiologische Vergangenheit ein wichtiges und eindeutiges Merkmal unseres evolutionsbiologischen Zustandes ist.

Evolution von Verhaltensmustern

Allein der Gedanke, dass die Lebewesen nicht innerhalb weniger Tage durch einen Schöpfer entstanden sind, sondern einer Evolution unterliegen war schon – im Hinblick auf unsere stark biblisch geprägte Glaubens-Vergangenheit – eine Revolution. Lamarck war wohl der erste der dies als Naturwissenschaftler vertrat und auch publizierte. Er war sicherlich keinesfalls der erste der den bloßen Gedanken dazu hatte. Eine der interessantesten Fußnoten in Darwins Werk betrifft eine kurze Abhandlung in Aristoteles' Werk über Physik. Vom heutigen modernen physikalisch-wissenschaftlichen Standpunkt aus gesehen lädt Aristoteles' Physik eher zum Schmunzeln ein. Dennoch findet sich dort eine kurze Abhandlung über die Entstehung der menschlichen Zähne. Zwar ist alles (wie so oft in der antiken Literatur) etwas dunkel und schwammig formuliert jedoch geht aus dem dort Gesagtem hervor, dass unsere Zähne durch die Notwendigkeit so zu sein wie sie jetzt sind entstanden sind. Zähne, welche nicht so waren wie es zweckmäßig wäre „sind zugrunde gegangen oder gehen noch zugrunde". Man kann also davon ausgehen, dass Lamarck beileibe nicht der erste war, der an eine wie auch immer geartete Anpassung bzw. Entwicklung dachte. Auch hat er nicht nur einen Umstand aufgezählt durch dessen Wirkung eine Evolution begründet wird, sondern diverse Umstände, aber die größte Wirkung schrieb er wohl dem aktiven Gebrauch bzw. Nicht-Gebrauch von Körperteilen bzw. Organen zu, also quasi der Wirkung der Gewohnheit (welche anschließend vererbt wird).

In diesem Kapitel möchten wir nahelegen, dass letzteres eigentlich schwer von der Hand zu weisen ist wenn man sich die Entwicklung unseres Verhaltens in dem schriftlich dokumentierten Teil unserer Menschheitsgeschichte anschaut. Es bleiben allerdings vorerst naheliegende Betrachtungen – einen Beleg werden wir erst in der Hand halten, wenn wir das Wesen des Humors entschlüsselt haben.

Fahren wir im Sinne des letzten Kapitels fort und nehmen an, dass die Evolution eine Art Orientierung hat, das heißt, dass an jedem Punkt in einem Stammbaum entscheidbar ist wer Vorfahre und wer Nachfahre ist. Natürlich meinen wir hier nicht welche Namen diese hatten sondern welche (evolutionsbiologischen) Eigenschaften. Aber wie kann dies von statten gehen? Wie meine Nachfahren aussehen werden vermag ich wohl nicht zu sagen, aber um zu „wissen" welche Eigenschaften meine Vorfahren hatten muss ich doch irgendeine Art von Informationen über diese vorzuliegen haben. Habe ich das? Wenn ja, in welcher Form? Die Antwort auf die erste Frage lautet: Ja, offensichtlich. Denn wenn wir keinerlei Informationen über unsere Vorfahren haben/kennen/in-uns-tragen so wäre tatsächlich keine Orientierung in unserer Entwicklung definierbar. Es muss also möglich sein Informationen über unsere Vorfahren, welche es auch immer sein mögen, in irgendeinem Sinne, zu irgendwelchen Gelegenheiten „abzurufen". Darüber, in welcher Form das geschieht kann an dieser Stelle nur spekuliert werden. Das stört aber im Augenblick nicht weiter, wichtig ist vielmehr die Schlussfolgerung, dass wir Informationen über unsere Vorfahren in uns tragen müssen, und das ist keine triviale Aussage. Natürlich mutet es auf der anderen Seite wieder trivial an festzustellen, dass man zwar „Erinnerungen" an seine Vorfahren hat, nicht aber an seine Nachfolger. Man darf das jedoch nicht verwechseln mit Erinnerungsfotos an seine Urgroßeltern. Gemeint sind natürlich nicht unsere Großeltern sondern eher die Bewohner der Steinzeit oder auch noch viel ältere

Vorfahren.

Man kann übrigens das Phänomen, dass gewisse (teilweise nur implizite) Annahmen über die Evolution nicht wirklich konsequent zu Ende gedacht werden auch an anderer Stelle beobachten, nämlich beim Kreationismus. In vielen Schriften über den Kreationismus gibt es meist nur ein Thema nämlich, dass die Annahme einer Evolution eben falsch sei bzw. zu Widersprüchen führe. Vielleicht sind die dortigen Argumente auch nicht unmittelbar von der Hand zu weisen, nur müsste man dann fairerweise alle Konsequenzen einer kreationistischen Welt aufzeigen. Offensichtlich hat sich kaum ein Kreationist dazu die Mühe gemacht. Dabei sind meines Erachtens die sich daraus ergebenden Widersprüche wesentlich eklatanter als die, die sich aus Evolutionstheorien ergeben. Es dürfte z.B. keine Kombination aus Variation und Vererbung geben, denn das ist genau genommen schon eine Evolution. Allein die Tatsache, dass unsere Kinder uns ähnlich sehen (was wir Vererbung nennen könnten), mit unserem Aussehen jedoch nicht identisch sind (was wir Variation nennen könnten) müsste einen Kreationisten bereits in Erklärungsnot bringen. Eventuell könnte man an dieser Stelle noch mithilfe einiger kreationistischer Klimmzüge eine Erklärung finden. Wenn man aber dazu noch behaupten möchte, dass es keine natürliche Selektion gibt, so ist das nahezu unmöglich: Allein die Tatsache, dass nicht alle Menschen gleichviel Kinder bekommen stellt bereits eine Selektion dar. Würde man sich überlegen wie eine Welt aussähe, die in diesem Sinne keine Selektion hätte, so käme man zu einem recht kuriosen Bild: Jeder Mensch bzw. jedes Tier müsste genau einen Nachkommen haben, nicht zwei oder drei oder keinen. Das folgt streng genommen aus dem Kreationismus. Alles andere stellt bereits Selektion dar.

Kommen wir jedoch zurück zur Evolution und nehmen die Schlussfolgerung des vorletzten Absatzes ernst und gehen davon aus, dass wir „irgendwie" Informationen über unsere Vorfahren „in uns tragen". Das ist wie bereits gesagt eine sehr starke Aussage, auf der anderen Seite wissen wir ja wie vieles an unserem Körper und unserem Verhalten Relikte aus evolutionsbiologisch vergangenen Zeiten sind. Dass diese Relikte bei uns in großer Zahl vorhanden sind wird sicher niemand bestreiten. Aber warum sind diese eigentlich vorhanden, wenn man sie doch nicht braucht, die Eckzähne, mit denen wir keine Tiere mehr reißen, die Körperbehaarung, die uns nicht mehr wärmt, die Ohrmuscheln, die wir nicht mehr bewegen können usw.? Ist die Evolution einfach nur zu langsam, oder zu nachlässig um unsere vielen Organ- und (vor allem) Verhaltens-Rudimente zu beseitigen? Oder kann sie es am Ende gar nicht? Wir werden diese Frage zwar nicht vollständig beantworten können, was jedoch unser Verhalten angeht, so werden wir im zweiten Teil des Buches zeigen können, dass tatsächlich ein nicht kleiner Teil unseres Verhaltens evolutionsbiologische Relikte aus "alten Zeiten" sind, welche die Evolution schlicht nicht beseitigen kann, selbst wenn sie es wollte (selbst wenn es ein evolutionsbiologischer Vorteil wäre).

Eine nüchterne Konsequenz der Aussage des letzten Absatzes ist ja folgende: Wenn wir Informationen unserer Vorfahren „in uns tragen" und gleichzeitig die Evolution bei uns ja immer noch aktiv ist, wir also nicht mit unseren Vorfahren identisch sind, und wir unterstellen, dass wir ja genauso Informationen über uns selbst „in uns tragen", so folgt daraus, dass die Menge der Informationen, welche wir „in uns tragen" im Laufe der Evolution immer mehr wird.

Man kann, sozusagen als Probe, sich überlegen wie es denn aussähe wenn dies nicht der Fall wäre, das heißt, dass jedes Lebewesen immer nur die gleiche Menge evolutionsbiologische Information in sich tragen kann wie sein Vorgänger oder

Nachfahre. Dann wären Vorfahre und Nachfahre tatsächlich in einem gewissen Sinne „gleichwertig“. Zwar wären sie anders, aber keiner könnte von dem anderen sagen, dass er/sie die weiterentwickelte „Version“ sei.

Es spricht also sehr vieles dafür, dass die (Erb-) Information im Laufe der Evolution zunimmt. Die Frage, die sich nun erhebt ist die Frage nach der Art und Weise wie diese Information über unsere Vorfahren in uns wohnt. Wie und wann können wir diese „abrufen“? Oder rufen wir sie gar nie ab, sondern ist es eher so, dass sie in einem gewissen Sinne bei gewissen Gelegenheiten „von alleine aktiv“ werden? Diese Fragestellung soll in diesem Buch näher untersucht werden, doch zunächst stellt sich die Frage ob wir alle Informationen über unsere Vorfahren in uns tragen oder nur einen Teil? Aus der Aussage, dass lokal das Vorzeichen der Evolutionsrichtung (mathematisch eben Orientierung genannt) definiert werden kann folgt zunächst nur, dass wir lediglich Informationen von unseren nächsten Vorfahren in uns tragen, es ist keinesfalls gesagt welche dies sind. Die Aussage, dass wir Informationen aller Vorfahren unserer Ahnenlinie in uns tragen wäre eher eine weitere Behauptung, wenn auch keine besonders starke. Denn der Umkehrschluss würde bedeuten, dass wir einen wie auch immer gearteten Mechanismus postulieren müssten, der dafür sorgt, dass wir Informationen über weiter entfernte Vorfahren ja wieder verlieren. Die Aussage, dass wir nun Informationen über alle unsere Vorfahren in uns tragen wäre also die schwächere Aussage. Sie ist jedoch – um das noch einmal deutlich zu sagen –an dieser Stelle keineswegs beweisbar, aber eben recht naheliegend.

Die heutige molekulare Evolution würde ohne weiteres einen Verlust an (Erb-) Informationen zulassen. Sie geht ja davon aus, dass sämtliche Informationen in unserer DNA vorhanden sind, und diese aus vier verschiedenen Basen aufgebaut ist. Diese Basen können durch Mutation an andere Stellen gelangen, hinzukommen, oder eben gelöscht werden. Und wenn die Löschung (Deletion wird das in der Biologie genannt) einen Vorteil mit sich bringt, so wird diese neue DNA dann eben (irgendwann?) selektiert.

Wir werden später sehen, dass selbst in dem Fall, wo eine Eigenschaft nicht mehr vorteilhaft war, diese zwar (phänotypisch) vollständig verschwand, die dazugehörigen Erbinformationen jedoch nicht wirklich gelöscht wurden (z.B das Lachen beim Rennen, siehe späteres Kapitel)..

Nehmen wir also an, dass wir alle Informationen unserer Vorfahren in uns tragen. Das heißt dann aber konsequenterweise, dass wir sämtliche Züge unserer Ahnen sowohl physisch als auch charakterlich immer noch in irgendeiner Form in uns tragen. Es lohnt sich die soeben angestellten Überlegungen etwas umzuformulieren, sodass diese eventuell noch klarer dargestellt werden können. Eine Umformulierung wäre die folgende. Man könnte zum Beispiel sagen, dass entlang einer Ahnenlinie in der Evolution stets nur neue Eigenschaften hinzukommen und sich „alte“ Eigenschaften in einem gewissen Sinne „schlafen legen“ ohne gänzlich zu verschwinden. Das scheint wieder eine sehr strenge Aussage zu sein, allerdings ist das lediglich eine Umformulierung des soeben Gesagten. Wie bereits erwähnt wimmelt es an und in unserem Körper ja von „Überbleibseln“ unserer Vorfahren: Unsere Zehen, mit denen wir nichts mehr greifen können, das Steißbein welches wohl mal ein Schwanz war oder unsere Nägel, die vermutlich Krallen waren. Und was ist mit dem Lachen? Ist das auch nur ein Überbleibsel eines alten Triebes? Tatsächlich gibt es Theorien, die z.B. behaupten das Lachen sei z.B. ein evolutionsbiologisches Relikt des Zähne-Fletschens. Aber so leicht ist eine Erklärung eben nicht zu haben. Ja, es ist eine Art "Relikt" und die Geschichte, aus der es entstanden ist wird für die meisten Leser eher überraschend sein. Das Wort „Geschichte" ist absichtlich gewählt, denn das Lachen und der Humor stammen zwar aus einer sehr lange vergangenen Zeit – jedoch ist diese Vergangenheit doch noch so jung, dass unsere Vorfahren schon ein komplexeres Verhalten vorweisen können als nur ein einfaches Zähnefletschen. Daher entspringt der Humor (genauer gesagt die heutige Ausprägung des Humors) eher aus einer „Geschichte" als aus einem simplen Trieb (auch der Begriff Trieb wäre falsch). Aber die weitere Entwicklung dessen, was wir heute Humor nennen lässt sich ohne ein tieferes Verständnis der Evolution nicht erklären – daher eben all die Ausführungen über die innere Struktur der Evolution. Umgekehrt – und das werden wir später sehen – gibt das Verständnis der Entstehung und des Wesens des Humors einen wohl einzigartigen und neuen Einblick in die „Kultur" und die Verhaltensweisen unserer Vorfahren vor vermutlich Millionen von Jahren. Und nicht nur das, es gibt einen tiefen Einblick in die Mechanismen der Evolution selbst.

Und zu denen wollen wir zurückkommen. Wir waren stehengeblieben bei der Behauptung, dass sich die Eigenschaften einer Art im Laufe der Evolution nicht einfach ändern. Vielmehr ist es vermutlich so, dass stets neue Eigenschaften hinzukommen und sich die Eigenschaften, die sozusagen in derselben Kategorie (nennen wir es Merkmal) vorher da waren in irgendeinem Sinne „schlafen legen". Diesen Punkt nachzuvollziehen ist sehr wichtig für den zweiten Teil dieses Buches, vor allem wenn wir ein verallgemeinertes Strukturmodell der Psyche besprechen werden. Daher ist es ratsam, sich noch einmal die Argumentationskette anzuschauen: Aus der Annahme, dass unser Weg durch die Evolution orientierbar ist folgt, dass wir (evolutionsbiologische) Informationen/Eigenschaften unserer Ahnen in uns tragen müssen. Da wir uns aber im Laufe der Evolution verändern, folgt daraus, dass sich unsere Eigenschaften nicht einfach nur irgendwie ändern, sondern neue hinzukommen und die alten –sofern es die selbe Kategorie (das selbe Merkmal) betrifft – sozusagen ins Archiv wandern. Anders geht es ja nicht, verschwinden dürfen diese Dinge ja wie gesagt nicht. Umformuliert bedeutet dies, dass neue evolutionäre Eigenschaften die alten sozusagen übertrumpfen. Im zweiten Teil dieses Buches werden wir ein besseres und bekannteres Wort dafür wählen, zumindest für geistige Merkmale, um die es hier in erster Linie gehen soll: verdrängen.

Erstaunlicherweise ist es gar nicht einmal schwer hierfür in unserer neueren Zeit Beispiele zu finden, denn unsere etwa 3000-jährige Kulturgeschichte (zumindest eben der Teil unserer Geschichte über die schriftliche Aufzeichnungen existieren) liefert hierfür schon einiges. Schaut man sich das Verhalten unserer Vorfahren an so wie sie in der Ilias oder im Alten Testament beschrieben ist, so weicht dieses deutlich von unserem heutigen Verhalten ab. Evolution geht also in diesem Sinne sehr schnell (sie geht sogar noch schneller, zumindest was das hier im Fokus stehende Verhalten (im Gegensatz zu körperlichen Eigenschaften) angeht – man schaue sich nur Fernseh-live-Aufnahmen von vor etwa 40-50 Jahren an).

Ein Beispiel welches ich dazu anführen möchte ist die Evolution eines vermutlich sehr alten Menscheninstinktes, nämlich der Trieb zu Töten. Schaut man sich z.B. das bereits erwähnte Alte Testament an, so erkennt man, dass das Töten eine zentrale Rolle in den meisten Büchern des Alten Testaments spielt, vor allem in den Büchern Moses. Das Alte Testament ist etwa 3000 Jahre alt und es spricht sehr vieles dafür, dass der Tötungsinstinkt zu der Zeit beim Menschen (genauer gesagt beim Mann) noch stark ausgeprägt war. Ich werde mir mit dieser Aussage vermutlich nicht viel Freunde machen, aber ganz nüchtern betrachtet sind vor allem die Bücher Moses nichts weiter als eine lange Aufzählung von Gründen warum man seinen Mitmenschen töten „darf". So vorwurfsvoll das auch klingen mag, der weitere Erfolg dieser Religion (also unseres späteren Christentums) fußt sicher zu einem großen Teil auf der Befriedigung dieses Triebes, den diese Religion durch gewisse Gesetze rechtfertigt (wer nicht an den einen Gott glaubt darf gesteinigt werden). Schaut man sich z.B. im 4. Buch Mose die Bestrafung der Midianiter an so liest man, dass Moses selbst Befehl gibt Völkermord an den Midianitern zu verüben, weil es nun einmal Jehova so möchte. Er gibt auch explizite Anweisungen Frauen und Kinder nicht zu verschonen. Wenn man nun ganz atheistisch unterstellt (vielleicht auch zum Vorteil dieser Religion), dass Jehova nun doch nicht zu ihm sprach, so bleibt eigentlich nur die bloße Befriedigung des Tötungs-Triebes. Nicht mehr und nicht weniger. Das war aber noch gegenüber des nächsten Beispiels eigentlich recht fortschrittlich, denn Moses gibt zumindest „Gründe" an warum er tötet, oder töten lässt. Gehen wir nun ein paar Jahrhunderte in die Zukunft und schauen uns einen anderen großen Feldherrn und Staatengründer an (nach Machiavelli war Moses auch nichts anderes als ein Feldherr und Staatengründer, zumindest habe er sich als ein solcher verhalten – daher sprach Machiavelli ihm nüchterner Weise die Göttlichkeit ab) nämlich Alexander den Großen. Auch er betrieb Völkermord. Vielleicht war dies wie eben angedeutet sogar ein kleiner Rückschritt gegenüber Moses, denn als z.B. sein Lieblingsgeneral Hephaistion starb musste ein ganzes Volk, die Kossaier, über die Klinge springen. Alexander tat es laut Plutarch „zur Zerstreuung". Das war etwa 300 Jahre vor Christi Geburt. Man sieht, dass das „Ableben" des Tötungstriebs einigen Irrungen und Wirrungen unterliegt aber im Großen und Ganzen kann eine eindeutige Richtung festgemacht werden. Gehen wir nämlich wieder drei Jahrhunderte in die Zukunft und schauen uns den nächsten großen Feldherrn an, nämlich Caesar, so sehen wir, dass auch er Völkermord beging, sogar nach eigenem Bekunden (Gallischer Krieg, Buch 6). Das Volk der Eburonen wollte er wie es in einer Übersetzung heißt „mit Stumpf und Stiel" ausrotten. Allerdings tat er das nicht zur „Zerstreuung", sondern aus politischem Kalkül. Er gibt Gründe an warum er das tut. Er rechtfertigt sich dafür. Der Völkermord wird dadurch nicht schöner, aber das ist nicht der Punkt. Der Punkt ist, dass der Tötungstrieb nicht einfach so zu verschwinden scheint sondern durch andere soziale Entwicklungen und Zwänge sozusagen in Schach gehalten wird. Der große Caesar rechtfertigt sich. Das musste Alexander noch nicht. Das klingt einerseits trivial andererseits geht es hier nun einmal um einen evolutionsbiologischen, menschlichen Trieb und niemand wird behaupten, dass die Entwicklung dieses Triebes von damals bis heute etwas ganz anderes sei als die evolutionsbiologische Entwicklung anderer Triebe. Karl der Große beging keinen Völkermord mehr (er ließ jedoch noch einige tausend Sachsen hinrichten), Friedrich der Große schaffte die Folter ab, und naja, der Rest ist mehr oder weniger bekannt: Heute gibt es in Europa keine Todesstrafe mehr und Mord wird mit lebenslänglicher Haft bestraft. Auch das ist Evolution. Und man sieht recht genau wie sie passiert, weil sie ja recht gut dokumentiert ist. Einen weiteren Punkt stellt die Frage dar ob sich diese recht gut dokumentierte Entwicklung eines solchen Triebes durch natürliche Selektion erklären lässt. Den meisten Lesern wird es sicher so gehen wie mir: Die Behauptung, dass diejenigen, welche gerne töteten in den letzten dreitausend Jahren weniger Nachkommen in die Welt setzten als jene, welche es nicht mehr so gern taten scheint wenig glaubhaft. Die "gefühlte Wahrheit" liegt deutlich näher an der Aussage, dass „wir" das Töten „irgendwie nicht mehr wollten". So unpräzise und unscharf diese Aussage auch sein mag so groß ist auch die gefühlte Wahrscheinlichkeit, dass dieses denn so passiert ist und eben nicht durch natürliche Selektion. Wir haben uns einfach aktiv gegen diesen Trieb entschieden.

Oft habe ich das Gefühl, dass mit solchen Aussagen deshalb Berührungsängste bestehen, weil sie nicht in unser derzeitiges Weltbild passen. Das ist gar nicht abwertend gemeint, im Gegenteil, wir wissen über unsere Welt naturwissenschaftlich gesehen schon recht viel. Nicht zuletzt verdanken wir dies dem 20. Jahrhundert, welches ein Jahrhundert der Physik war. Die Quantentheorie und die Relativitätstheorie drangen in ungeahnte Wissensbereiche vor. Naturgemäß ist die Physik eine Wissenschaft, welche das Leben, ich will nicht sagen ausschließt aber sagen wir nicht berücksichtigt. Mein ehemaliger Professor für Astrophysik pflegte in seiner Vorlesung sehr weitschweifende Reden zu halten und darin führte er aus, dass ja die Physik zwar den Anspruch erhebt, sozusagen das gesamte Universum zu erklären, es jedoch Dinge darin gibt, welche sich einer physikalischen Beschreibung grundlegend zu entziehen scheinen: Liebe, Hass, Gerechtigkeit usw. Es führte zu keiner weiteren Schlussfolgerung für die Astrophysik, allerdings fand ich es fair es dennoch zu erwähnen und sich zu vergegenwärtigen. Viele Leute werden sagen, dass dies doch hochgradig trivial sei – das stimmt natürlich, aber die meisten Menschen verhalten sich nach meiner Einschätzung nicht so. Die meisten Menschen, so unterstelle ich, glauben irgendwie nur an das „Objektive“. Nach dem so erfolgreichem 20. Jahrhundert für die Physik entstand der Anschein als können man nun alles mit physikalischen Prinzipien erklären. Auch das Leben selbst bzw. die Vorgänge in einer Zelle. Das Prinzip der natürlichen Selektion ist so ein „objektives“ Prinzip, welches sich sachlich nachvollziehen lässt. Der, der es schafft mehr Nachkommen in die Welt zu setzen vermehrt sich halt stärker als die anderen. Die Aussage jedoch, dass wir uns nicht mehr gegenseitig töten, weil wir es einfach nicht mehr wollen, ist keine objektive Aussage mehr. Sie unterstellt eher, dass das Leben als solches einen Willen hat, welcher sich dann – als Folge, nicht als Ursache – in der materiellen Welt manifestiert. Sie unterstellt weiter, dass dieser Wille keinen physikalischen Grund hat. Mit solchen Aussagen hat man es heute in einer stets nach objektiven Gründen suchenden Gesellschaft schwer.

Bereits Schopenhauer (und viele vor ihm) zeigte eine klare Linie auf zwischen der Materiellen Welt und dem menschlichen (vermutlich auch tierischen) Willen. „Der Wille“, so sagte er, „ist grundlos“. Das will bedeuten, dass er sich physikalischen Gesetzen zu entziehen scheint, zumindest denen der Kausalität. Die physikalischen Gesetze bezeichnete Schopenhauer noch nicht so, er sprach unentwegt von einem „Satz vom Grunde“ womit er vermutlich die den physikalischen Gesetzmäßigkeiten zugrundeliegende Kausalität meinte.

Man darf sich über den Stand der Physik am Beginn des 21. Jahrhunderts nicht täuschen: Die theoretische Physik sagt keinesfalls, dass alles vorhersagbar bzw. deterministisch ist. Das sogenannte Bellsche Theorem lässt uns die Wahl: Entweder die Welt ist deterministisch oder sie ist "lokal" (heißt es existieren keine Fernwirkungen). Beides zusammen ist ausgeschlossen. Es gibt einige (wenige) Physiker, die sich auf die Seite des Determinismus schlagen und dafür andere Dinge in Kauf nehmen, welche nur sehr schwer und mit einigen Zusatzaxiomen mit den Beobachtungen in Einklang zu bringen sind ("Bohmsche Mechanik"). Das kann man natürlich tun, nur braucht diese Theorie eben mehr Postulate um das gleiche zu erklären. Zudem hat man eigentlich immer den Eindruck, dass die Ablehnung einer indeterministischen Welt eher ein persönliches Problem einiger Physiker darstellt, unter anderem auch Einstein (siehe seinen Briefwechsel mit Max Born), wobei man fairerweise sagen muss, dass Einstein sich irgendwann innerlich vom Determinismus verabschiedete, am sogenannten Realismus jedoch bis zum Schluss festhielt. Dass

"Der Alte nicht würfelt" wie Einstein sagte würde ich allerdings auch nicht anzweifeln, allerdings würde ich den Begriff "Der Alte", also Gott, ersetzen durch "das Leben" – und dieses würfelt wirklich nicht, sondern tut eben genau was es will (wie wir noch im weiteren Verlauf dieses Buches zeigen werden).

Es gibt ein in der theoretischen Physik bekanntes Theorem, welches eine Folgerung des eben angeführten Bellschen Theorems ist, das sogenannte free-will-theorem, welches besagt, dass in gewissen physikalischen Experimenten der Versuchsaufbau des Experimentators nicht vorhersagbar ist. Es gilt: Ist das Ergebnis des Experiments nicht vorausberechenbar, dann ist es der Aufbau auch nicht. Das klingt alles sehr abgehoben und abstrakt beschreibt jedoch die allseits bekannte Tatsache "wann ich meinen rechten Arm hebe bestimme nur ich". Wenn man ganz ehrlich ist, dann ist die Aussage, dass alle Ereignisse in der Welt vorausberechenbar sind lediglich von Menschheitsängsten und vermutlich auch von unserer evolutionären Vergangenheit getrieben. Das kausale Denken hat dem Menschen sehr viel genützt in seiner Vergangenheit daher sind unsere Denkmuster davon geprägt.

Letztlich stellt sich die Frage ob (im Vergleich zur Evolution in großen Zeiträumen) diese Entwicklungen, welche man schon/noch in der heutigen Zeit ausmachen kann zu den normalen Entwicklungen der Evolution gehören oder ob sie etwas völlig anderes darstellen. Vermutlich wird jeder zustimmen wenn es um die Frage geht ob das Ableben des Tötungstriebes eine ganz gewöhnliche evolutionsbiologische Entwicklung darstellt. Würde aber auch jeder zugeben, dass die Abschaffung der Todesstrafe, welche im Parlamentarischen Rat 1949 mit der Gründung der Bundesrepublik eine Mehrheit fand nicht mehr und nicht weniger als eben diese evolutionsbiologische Entwicklung ist? Sie wurde ja von den Mitgliedern des Rats aktiv beschlossen. Natürliche Selektion findet hier doch in keiner Form statt.

Der einzige Ausweg der es noch erlauben würde die aktive Anpassung (einschließlich Vererbung) auszuschließen ist folgender: Gemeinhin würde man ja argumentieren, dass diese Anpassungen zwar aktiv sind, man sie jedoch nicht „wirklich" weitervererbt sondern eher durch „Erziehung" (es müsste aber noch genauer definiert werden was Erziehung denn eigentlich genau heißt bzw. mit einschließt, daher die Anführungszeichen) weitergibt. Sicherlich mag es dies geben und im Falle des Tötungstriebes könnte man es zumindest behaupten. Einige Evolutionsforscher haben diesen Umstand (wie immer) in eine eigene „Theorie" gegossen. Gesagt wird dann, dass es jenseits der Genetik eben noch eine andere Art der Vererbung gibt, bei der dann aktive Anpassung möglich ist. Die elementaren Einheiten (also Informationseinheiten) dieser Art von Vererbung werden dann analog zu den Genen „Meme" genannt. Diese können wie unserer Gene vererbt werden und zwar durch sogenannte kulturelle Vererbung, das heißt durch Weitergabe von Generation zu Generation über Nachahmung, aber auch durch Schriften, Bücher etc. Nun ja, mehr als das, was meine Großmutter so mehr oder weniger unter dem Begriff "Tradition" verstand ist diesem Konzept der Meme nicht zu entnehmen. Zudem kommt man stark ins Grübeln ob der Struktur dieser Theorie: Es gibt "elementare Informationseinheiten" (wie bei der Natürlichen Selektion), diese werden selektiert (wie bei der Natürlichen Selektion) und per Überlieferung vererbt (ähnlich der Natürlichen Selektion) und vor allem (dies ist das kurioseste) heißen die elementaren Einheiten dieses Konzepts "Meme" (fast genauso wie "Gene" bei der Natürlichen Selektion). Es scheint so, als wolle jemand zwar behaupten, dass angelernte Verhaltensweisen tatsächlich biologisch vererbt werden, es sich offensichtlich jedoch nicht traut, so nach dem Motto: Es wird doch wohl noch erlaubt sein einen Buchstaben zu ersetzen.

Vielleicht ist dies eine gewagte Aussage, jedoch ist unsere heutige Situation der des 19. Jahrhunderts nicht unähnlich. Die dort etablierte und von Darwin bekämpfte Lehrmeinung war ja, dass Gott alle Lebewesen ohne eine Evolution erschuf. Das heißt keineswegs, dass damals alle an diese Art Schöpfung glaubten. Wenn mir jemand belegen könnte, dass tatsächlich nur die wenigsten Menschen zu dieser Zeit daran glaubten, dann würde es mich keineswegs wundern. Nur man darf einfach nicht unterschätzen was eine etablierte Lehrmeinung ist, und das war in der Mitte des 19. Jahrhunderts einfach der Kreationismus. Um diese Lehrmeinung zu beseitigen bedurfte es eines ungeheuren Kraftaktes, den Darwin vollbrachte. Heute sieht die Situation recht ähnlich aus: Die Theorie der Mutation und natürlichen Selektion ist die aktuelle herrschende Lehrmeinung, auch wenn es unzählbar viele Publikationen und Bücher gibt, welche andere Richtungen aufzeigen. Der Kraftakt jedoch, diese Lehrmeinung vom Thron zu stoßen muss noch vollbracht werden.

Wie dem auch sei, man kann diesen Sachverhalt noch mehr ausreizen und sich ganz aktuelle Entwicklungen unserer Gesellschaft anschauen. Es ist fast schon egal welche der aktuellen Trends und Entwicklungen der letzten Jahrzehnte man sich anschaut (Gleichberechtigung, Gesundheit, Ernährung usw.), man kommt eigentlich immer zu dem gleichen Schluss: Ja, diese Entwicklungen sind nicht nur irgendwelche schnelllebigen Moden sondern prägen nachhaltig unsere (evolutionsbiologische?) Zukunft. Nein, sie sind nicht das Ergebnis natürlicher Selektion (die Menschen, welche kein Bio-Fleisch kaufen bekommen weniger Kinder?). Vergleicht man z.B. die Rolle und Rechte der Frauen zu Beginn des 20. Jahrhunderts mit der Situation heute so sieht man, dass der Unterschied nicht größer sein könnte. Umkehren wird sich dieser Prozess mit Sicherheit auch nicht. Wir ändern uns, einfach weil wir es aktiv wollen. Dieses ist mindestens genauso Evolution wie natürliche Selektion. Wer weiß, vielleicht haben wir die Zeiten der natürlichen Selektion, die es unbestreitbar gab schon hinter uns gelassen oder sind gerade dabei sie hinter uns zu lassen (worauf wir später noch eingehen werden).

Kommen wir jedoch noch einmal zurück zum Tötungstrieb. Wer glaubt, dass der Tötungstrieb in unserer heutigen Zeit quasi nicht mehr existent ist, der täuscht sich meines Erachtens. Der Trieb lebt wie oben beschrieben immer noch in uns fort und er wird auch regelmäßig befriedigt. Schon als Kind habe ich mich stets gefragt warum unsere „Freitagskrimis“ immer nur Mord zum Inhalt haben. Nie Scheck-Betrug. Und wenn man ganz ehrlich ist fällt es schwer sachliche Gründe anzugeben warum man regelmäßig Krimis schaut (die eben Mord als Thema haben). Die meisten Zuschauer werden auf diese Frage sicherlich antworten, dass sie es „spannend“ fänden. Man kann nun schwerlich das Gegenteil behaupten, aber die Vermutung liegt sehr nahe, dass das Wort „spannend“ eher als Platzhalter zu sehen ist. Wofür? Naja, es klingt nun etwas übertrieben, aber es ist vermutlich nicht falsch zu sagen, dass man beim Zuschauen doch ein bisschen den „Thrill“ eines Mordes bzw. dessen Nachwirkungen mitfühlen möchte.

Der Tötungstrieb lebt also immer noch in uns fort, wenn auch in abgeschwächter Form. Ob man nun zeigen kann, dass alle „alten“ Triebe unserer Vorfahren immer noch in uns leben ist natürlich schwer zu sagen. Dies hängt davon ab ob wir in der Lage sind alle alten Triebe unserer evolutionsbiologischen Vorfahren aufzuzeigen aber das wird uns kaum gelingen, da wir nun einmal keine ausführliche Dokumentation über das Verhalten unserer Vorfahren haben, welche weit in unserer Vergangenheit lebten. Ich vermute jedoch stark, ohne es beweisen zu können, dass jedes unserer alten Triebe in irgendeiner Form in uns weiterlebt, jedoch so abgeschwächt, dass wir ihn kaum wiedererkennen. Es würde mich weiterhin nicht wundern wenn ein Großteil unserer Verhaltensweisen lediglich Relikte von jenen uralten Trieben sind, abgeschwächt und abgewandelt, so dass sie kaum noch zuzuordnen sind.

Ein sehr starkes Argument dagegen, dass die Evolution ausschließlich durch natürliche Selektion stattfindet war zu Darwins Zeiten schon das folgende: Wenn denn natürliche Auslese tatsächlich der einzige Treiber der Evolution ist, wie ist es dann zu erklären, dass Arten, welche in nahezu identischen Lebensumständen leben doch sehr unterschiedlich aussehen. Gemeint sind die unterschiedlichen Geschlechter einer Art. Wie kommt es, dass ein männlicher Schmetterling so farbenprächtig und schön aussieht, das weibliche Pendant eher wie eine Motte? Die Lebensumstände sind ja gleich, der Lebensraum, die Nahrung, die Feinde, das Klima usw.. Das gleiche gilt für Vögel, Fische und sogar Säugetiere. Darwin nahm diesen Einwand sehr ernst, wies noch einmal darauf hin, dass er nie gesagt habe, dass natürliche Selektion der einzige Mechanismus sei und entwickelte darüber hinaus noch ein weiteres Prinzip: die sogenannte „sexuelle Selektion" (in deutschen Übersetzungen meist „geschlechtliche Zuchtwahl" oder ähnlich genannt; der englische Term hieß „sexual selection" und daher passt „sexuelle Selektion" m.E. am besten): Auf schier endlos scheinenden Abhandlungen führt er aus, wie z.B. Vögel, Säugetiere, Fische aber auch Insekten sich bei der Paarung verhalten. Zwar ist man auf der gefühlt tausendsten Seite gelangweilt wenn das Paarungsverhalten der x.ten Spezies ausgeführt wird, aber immerhin hat man verstanden, dass es tatsächlich so zu sein scheint, dass sich (allermeistens) das Weibchen ein Männchen zur Paarung aussucht. Diese Auskunft scheint auch wieder nur zum Gähnen einzuladen jedoch stellt das genaugenommen eine sehr bemerkenswerte Tatsache dar. Bemerkenswert dabei ist, dass damit gesagt ist, dass eben hier keine natürliche Selektion waltet. Vielmehr wird der Partner aktiv ausgesucht, und damit der weitere Verlauf der Evolution aktiv beeinflusst (Darwin wollte damit zeigen warum die männlichen Tiere meist schöner als die Weibchen sind – eben weil die Weibchen sich die „schönsten" Männchen aussuchen (warum gerade die „schönsten" ausgesucht werden und ob „schön" für uns dasselbe ist wie für ein Insekt, ist eine hochinteressante und wichtige Fragestellung, deren Antwort aber leider den Rahmen dieses Buches sprengen würde)).

Ein weiteres (und letztes) Beispiel, welches davon handeln soll, dass Lebewesen aktiv in die Evolution eingreifen ist das folgende: Der Eingriff in die Evolution durch Züchtung. Allein, dass Mendel in der Lage war bestimmte Pflanzen durch Kreuzung zu züchten stellt eine Entwicklung dar die eben keiner natürlichen Selektion geschuldet ist, sondern dem Willen eines Lebewesens. Züchter können in bestimmten Grenzen bestimmen wie das Ergebnis aussehen soll. Zugegeben, hier wird über das Aussehen des Nachkommens eines anderen Lebewesens bestimmt. Bei der sexuellen Selektion aber nicht, hier bestimmt ein Tier (oder Mensch) aktiv über das Aussehen seines eigenen Nachkommens. Warum sollte es also nicht prinzipiell möglich sein eine angelernte Gewohnheit an seine Nachkommen zu vererben?

All diese Ausführungen legen zwar die Existenz einer aktiven Anpassung nahe, reichen jedoch nicht aus um tatsächlich den Umstand einer aktiven Anpassung inklusive Vererbung á la Lamarck zu belegen. Wir werden jedoch im Folgenden sehen, dass eine Einheitliche Theorie des Humors, wie sie nicht von der Hand zu weisen wird, eine Art aktive Evolution impliziert.

Zusammenfassung:
Wenn man unterstellt, dass das Prinzip "natura non facit saltus" gilt, dann folgt daraus, dass jedes Lebewesen einen Teil der Erbinformationen (vielleicht alle?) seiner Ahnenlinie in sich trägt. Daraus folgt wiederum, dass einmal erworbene Eigenschaften im Laufe der weiteren Evolution nie vollständig verschwinden. Falls ein Charakterzug nicht mehr in Erscheinung tritt, so muss er dennoch im Erbgut vorhanden sein. Eigenschaften von Lebewesen ändern sich nicht einfach nur im Laufe der Evolution: sie treten zu Gunsten neuer Eigenschaften in den Hintergrund. Es kann nicht ausgeschlossen werden, dass alle bislang erworbenen Eigenschaften in sehr schwacher Form bis zum heutigen Tage in Erscheinung treten. Es besteht weiterhin Grund zur Annahme, dass das Erwerben neuer Eigenschaften bzw. Charakterzüge nicht durch natürliche Auslese zu erklären ist, sondern durch einen aktiven Vorgang.

Haeckels “Biogenetische Grundregel”

Über Haeckels Regel ist bereits nahezu unendlich viel geschrieben worden, die Literatur zu diesem Thema ist fast unüberschaubar. Es ist nun einige Zeit her, seitdem sie Haeckel aufgeworfen hat, allerdings wird kaum ein Biologe bestreiten, dass 150 Jahre und gefühlt fünfzigtausend Publikationen später sich die Erkenntnislage kaum verbessert hat. Neulich las ich einen ellenlangen Artikel über diese Regel und war sehr erstaunt, dass jener Artikel eigentlich in erster Linie Personen zum Inhalt hatte. Dort wurden dutzende Autoren (deren Namen waren stets fett gedruckt) genannt, die etwas über Haeckels Regel zu sagen hatten, wobei die Inhalte lediglich gestreift wurden. Wie bereits am Anfang des Buches erwähnt, zeigt sich hier genau der Umstand, welches in der Biologie seit Jahrhunderten besteht: Ein großes Interesse an Personen bei gleichzeitig vernachlässigten Inhalten.

Was besagt diese „Regel“? Es wäre sehr schön, wenn wir sie als Folgerung der letzten Kapitel darlegen könnten, aber so ist es leider nicht. Es verhält sich eher umgekehrt: aus Haeckels Regel folgt das im letzten Kapitel besprochene, nämlich, dass Evolution eine Orientierung hat, und, dass wir die Informationen unserer Vorfahren in uns tragen (alle?). Wer weiß, vielleicht folgt aus dem Gesagtem tatsächlich auch umgekehrt Haeckels Regel, nur fehlt an dieser Stelle leider noch das entscheidende Argument.

Was besagt diese Regel denn nun? Es gibt eine recht berühmte Formulierung dieser Regel, fast ein Aphorismus, und zwar die folgende: „die Ontogenese ist eine Kurzform der Phylogenese oder auch „die Ontogenese rekapituliert die Phylogenese. Die Begriffe Phylogenese und Ontogenese sind schnell erklärt, denn Ontogenese bezeichnet die „Seinswerdung“ also am Beispiel des Menschen seine Entwicklung von der befruchteten Eizelle bis zum Erwachsenen hin während die Phylogenese die stammesgeschichtliche Entwicklung bezeichnet, also die evolutionsbiologische Entwicklung von irgendeinem Einzeller bis hin zum heutigen Menschen.

Diese Regel will uns also sagen, dass man von der Entwicklung der befruchteten Eizelle bis hin zum Erwachsenen Menschen die (alle?) Evolutionsstadien des Menschen noch einmal durchspielt. Wie kann das denn gemeint sein? Nun ja, so abwegig ist das nicht. Wir wissen alle (oder haben es vielleicht selbst schon einmal im Feinultraschall gesehen) dass ungeborene Kinder Kiemen besitzen oder auch Schwimmhäute. Wenn man sich die Entwicklung eines Embryos anschaut, so sieht man die Entwicklung von einem sagen wir sehr kaulquappen-artigen Etwas zum Neugeborenen. Wenn man ehrlich ist, dann ist damit ja noch nicht unbedingt viel gesagt, denn die Regel stellt ja eine ziemlich rigorose Behauptung auf.

Haeckel selbst war angeblich mit folgender Situation konfrontiert: Zu Forschungszwecken legte er ungeborene Embryos verschiedener Säugetiere auf seinen Labortisch. Er wurde daraufhin abgelenkt und kehrte erst nach einiger Zeit zu seinem Tisch zurück, wo er feststellte, dass er vergessen hatte die Embryos zu etikettieren. Er war folglich nach eigenem Bekunden nicht mehr in der Lage zu sagen, welches Embryo zu welchem Tier gehörte. Soweit die Legende. Tatsächlich ist es aber so, dass er in seinem Werk „Natürliche Schöpfungsgeschichte“ die Embryonen verschiedener (nicht nur Säuge-) Tiere in unterschiedlichen Entwicklungsstadien abbildete (siehe Bild 9). Diese daraus entstehende Matrix zeigte damals folgendes:

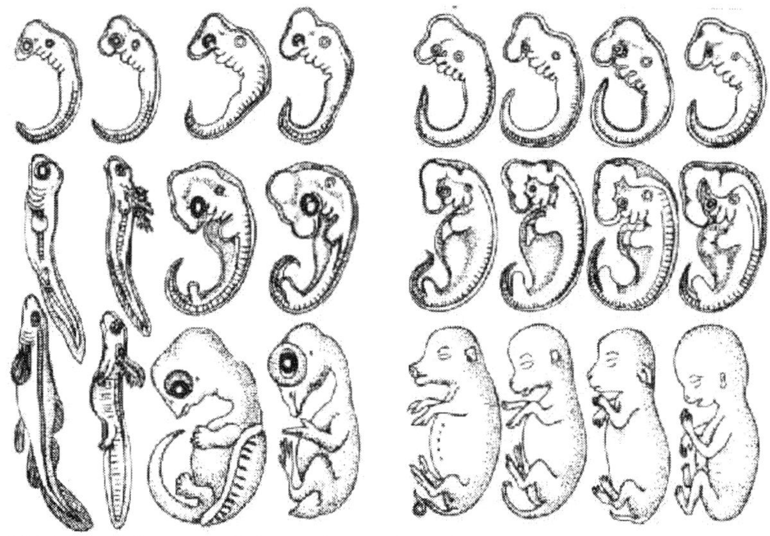

Bild 9: Haeckels ursprüngliche Zeichnung; die rechte Reihe stellt den Menschen dar

Von oben nach unten sieht man die unterschiedlichen Entwicklungsstadien einiger Tiere (von früh bis spät). Ganz rechts der Mensch und unter den anderen sind Tiere wie Schildkröte, Huhn, aber auch Schwein oder Fisch zu finden.

So unterschiedlich die Embryonen in den späteren Entwicklungsstadien auch sind, so ähnlich sind sie sich in den frühen Entwicklungsstadien. Das ist beim Anblick dieser Illustration unbestreitbar, es sei denn Haeckel hätte hier irgendwie „nachgeholfen“. Tatsächlich wurde ihm unterstellt, er hätte die Bilder gefälscht bzw. retuschiert, besonders bei den Embryonen in den früheren Stadien um die Ähnlichkeiten deutlicher herauszuarbeiten. Dieser Streit, ob denn nun gefälscht worden sei oder nicht ist über die Jahrhunderte hinweg als „Embryonenkontroverse“ bekannt. Wir können an dieser Stelle natürlich nicht beweisen ob er es tat bzw. ob er es nicht tat. Aber eine Sache können wir sagen: Nämlich, dass es für unsere weitere Betrachtung und auch für die biogenetische Regel völlig gleichgültig ist ob Haeckel graphisch nachgeholfen hat, oder nicht. Denn der Knackpunkt an dieser Illustration ist nicht, dass sich die Embryos in sehr frühen Stadien alle zum verwechseln ähnlich sehen, sondern dass wir beim Gang zurück in die Vergangenheit Dinge sehen (Schwänze, Kiemen usw.), die vermutlich Merkmale unserer Vorfahren waren. Um diesen Umstand in ein Bild hineinzumanipulieren, welches es a priori nicht hergibt müsste man schon sehr starke Abänderungen an allen Ecken vornehmen. Das wäre ja dann nicht mehr Fälschung zu nennen, das wäre sozusagen komplett erdacht, was man für mein Dafürhalten ausschließen kann.

Wie dem auch sei, die Aussage, dass die frühen Ebryonalstadien dieser Wirbeltiere quasi optisch ununterscheidbar sind würde – wenn man die biogenetische Grundregel bereits unterstellt – zu der Folgerung führen, dass diese Tiere alle von einem gemeinsamen Vorfahren abstammen. Aber darum sollte es ja nicht gehen, es geht ja vielmehr um die Behauptung, dass jedes Lebewesen bei seiner individuellen Entwicklung seine gesamte Stammesgeschichte in irgendeiner Form durchläuft. Ich meine mich zu erinnern, dass Haeckel selbst es so formulierte, dass diese Stammesgeschichte in „unvollständiger Form" durchlaufen wird.

Und in der Tat, schaut man sich diese Embryonalstadien des Menschen (rechts in Bild 9) an, so ist schwer vorstellbar, dass jedes dieser Phasen tatsächlich ein eigenes Lebewesen zu irgendeiner evolutionsgeschichtlichen Zeit darstellt. Unterstellen wir z.B. dass wir Menschen von affenähnlichen Wesen abstammen, die vor Millionen von Jahren die Bäume bewohnten, so müssten wir diese Wesen in unserer Embryonalentwicklung doch wiederfinden. Wir müssten ja ein Stadium wiederfinden, welches ein Lebewesen darstellt, bei welchem wir uns vorstellen könnten, dass es virtuos durch die Bäume klettert und sich von Ast zu Ast schwingt. Wenn man ehrlich ist, gibt keines unserer Embryonalstadien so etwas auch nur annähernd wieder.

Auf der anderen Seite, wenn man denn über Haeckels Illustration ein wenig verweilt, retuschiert oder nicht, so meint man doch, dass irgendetwas an dieser Hypothese dran sein müsste. Ich glaube Haeckels Gedankengang war der Folgende: Wenn man denn unterstellt, dass es eine Evolution gibt (was zur Zeit Haeckels bzw. Darwins ja bekannterweise nicht selbstverständlich war) und man zusätzlich annimmt, dass sämtliche Lebewesen dieses Planeten einen Vorfahren haben und man sieht, dass je früher ein Entwicklungsstadium eines Wirbeltieres ist je ähnlicher sich die Embryonen sehen, dann könnte man diesen Umstand damit rechtfertigen, dass die Embryonalentwicklung irgendetwas mit der Stammesgeschichte zu tun haben könnte. Also ungefähr: Wenn alle Lebewesen dieses Planeten denselben Vorfahren haben, und unsere Embryonen alle gleich aussehen, dann scheint die Ebryonenentwicklung irgendwie die evolutionäre Entwicklung widerzuspiegeln. Naja. Ich kann verstehen, dass diese These bis zum heutigen Tage nicht jeden überzeugt hat. Insbesondere deshalb nicht, weil von niemandem klar gesagt werden kann wie dieses „widerspiegeln" (oder rekapitulieren, oder wie man es auch immer nennen will) denn genau auszusehen hat. Es scheint aber tatsächlich so zu sein, dass es da eben einen Zusammenhang gibt, auch wenn man die quasi mathematische Funktion, die die Phylogenese auf die Ontogenese abbildet nicht angeben kann.

Wenn wir jedoch auf unsere Diskussion aus den letzten Kapiteln zurückschauen, wo wir festgestellt haben, dass zur Evolution eines jeden Lebewesens eine eindeutige Ahnenlinie gehört, und dass wir höchstwahrscheinlich alle Informationen unserer Vorfahren in uns tragen, so folgt daraus noch nicht Haeckels Regel, umgekehrt jedoch durchaus. Wenn wir sagen, dass die Ontogenese ein Abbild der Phylogenese ist (gemeint ist eigentlich eine Abbildung im mathematischen Sinne), dann folgt eben daraus, dass wir alle Erbinformationen unserer Vorfahren „in irgendeiner Form" in uns tragen. Diese „irgendeine Form" würde sich aufklären, wenn wir genau wüssten in welcher Art die Ontogenese die Phylogenese repräsentiert. Aber wir wissen es nicht genau. Im Folgenden werden wir die Regel etwas einschränken und sehen, dass sich daraus eine Regel ergibt mit der man guten Gewissens arbeiten kann ohne die ständige Angst vor Gegenbeispielen haben zu müssen.

Es ist sehr schwer bzw. eigentlich unzulässig Folgerungen aus etwas abzuleiten, was nicht genau definiert ist. In dieser geschilderten Form ist die biogenetische Regel daher kaum benutzbar. Wir könnten natürlich postulieren, dass sie in vollem Umfang gilt und daraus dann weitere Aussagen ableiten, nur wird die Qualität dieser Theorie dann sehr leiden, da die Pfeiler auf denen sie ruht sehr wacklig sind. Es gibt jedoch einen Ausweg: Wir postulieren, dass die biogenetische Regel pro Merkmal gilt und das auch nur für geistige Merkmale. Die Einschränkung auf einzelne Merkmale haben schon einige Biologen vor einiger Zeit vorgeschlagen und soweit ich das überschauen kann gibt es wenig stichhaltige Gegenargumente. Das soll keine Verlegenheitslösung sein, ich bin vielmehr der Überzeugung, dass dem tatsächlich so ist, vor allem wenn man sich (und das ist vermutlich neu) zusätzlich auf charakterliche Merkmale beschränkt nur ergibt sich eine kleines Makel dahingehend, dass kaum definiert ist was genau ein Merkmal ist. Wo beginnt ein Merkmal, wo endet es? Bei den Mendelschen Versuchen ist pausenlos von Merkmalen die Rede, aber genau definiert hat das bislang noch niemand (zumindest brauchbar). Offensichtlich scheint es so etwas jedoch tatsächlich zu geben, so eine Art elementare Einheit, die über das Vorhandensein oder Nicht-Vorhandensein einer Eigenschaft innerhalb eines Merkmals eines Lebewesens entscheidet. Viele werden nun meinen, dass genau das die Gene sein müssten. Es ist an dieser Stelle jedoch höchst unratsam die Abstraktionsebenen zu wechseln: Wir haben in der Einführung zwar oft über Gene oder DNA oder dergleichen geredet, jedoch wurden diese Begriffe bei der Herleitung vieler Eigenschaften der Evolution, so wie wir sie für eine Erklärung des Humors brauchen nicht benutzt. Und das soll auch so bleiben, denn solange nicht alle Eigenschaften der Evolution auf Eigenschaften der DNA abgebildet werden können verliert jede Aussage, die mit Hilfe der Genetik getroffen wird stark an Allgemeinheit. Nehmen wir als Beispiel die Erklärung der Artenbildung: Sie folgt direkt aus unserem bzw. dem Linnéschen Orientierungsprinzip und daher immer und für alle Lebewesen. Schaut man sich in der biologischen Literatur um, so findet man oft Erklärungen, welche auf genetischen Aussagen beruhen. Z.B. wird die Sterilität des Maulesels darauf zurückgeführt, dass Pferde und Esel unterschiedliche Chromosomenzahlen haben. Das haben viele Arten nicht (z.B. haben Schimpansen und Biber die gleiche Anzahl), trotzdem kann durch Kreuzung keine neue Art entstehen. Diese Erklärungen sind eben alles andere als allgemeingültig. Man verliert durch den Rückgriff auf die Genetik deutlich an Allgemeinheit. Nebenbei bemerkt: Die vermeintlich „modernste" Theorie der Evolution ist die sogenannte „synthetische Evolutionstheorie" welche oft als Synthese zwischen der Darwinschen Evolutionstheorie und der Mendelschen Genetik dargestellt wird (welches gerade die meist-zitiertesten und wenigst-gelesenen Arbeiten darstellen). Jeder, der Abstraktions-Ebenen auseinanderhalten kann wird sich fragen, wie man so etwas synthetisieren kann. Ich weiß es auch nicht. In sehr vielen Publikationen liest man Sätze wie „Darwin kannte die Genetik noch nicht". Dazu kann man sagen: Ein Glück. Einstein hat etwa 10 Jahre gebraucht um seine allgemeine Relativitätstheorie auszuformulieren, das war in den 10er-Jahren des 20. Jahrhunderts. Er kannte Computer noch nicht. Wir Studenten am Albert-Einstein-Institut hatten uns damals gefragt, wie lange er gebraucht hätte, wenn er denn die heutigen Rechner zur Verfügung gehabt hätte. Es bestand über die Antwort ein allgemeiner Konsens: Er hätte doppelt so lange gebraucht. Computer sind extrem hilfreich und von hohem praktischem Nutzen. Nur zu höherer Erkenntnis führen sie nicht. Und genau so verhält es sich mit der Genetik.

Kommen wir jedoch zurück zum Begriff „Merkmal". Tatsächlich ist dies ein Schwachpunkt, aber kein wirklich gravierender. Z.B. ist der Umstand, wann wir lachen und wann nicht so ungefähr das, was wir als Merkmal ansehen würden. Bei den Mendelschen Experimenten waren es 7 Merkmale, auf die er sich konzentrierte, unter anderem die Gestalt der Samen, Farbe der Hülse, Form der Hülse usw.. Er machte sich gar keine Gedanke darum, was denn ein Merkmal genau sein soll und es störte die Findung seiner Gesetze kaum. So werden wir denn auch Verfahren.

Die Hypothese, dass Haeckels Regel für Einzelmerkmale streng gilt würde tatsächlich dazu führen, dass sie dann im Gesamtbild nicht mehr gelten kann wenn man unterstellt, dass sich die Merkmale unabhängig voneinander entwickeln. Da in der Ontogenese alle Merkmale gleichzeitig „fertig“ werden müssen verzerrt sich das Gesamtbild wenn ein Merkmal sich entwickelt und andere nicht, sprich ein Embryo kann dann in seinem Gesamtbild keine stammesgeschichtliche Form mehr annehmen.

Wir postulieren also zunächst, dass Haeckels biogenetische Grundregel für jedes einzelne Merkmal streng gilt. Was genau ein Merkmal ist definieren wir nicht (nun ja, ein wenig Freiheit muss man sich ja lassen).

Das Linnésche Prinzip bzw. dessen Konsequenzen bleiben davon unberührt. Jedes Lebewesen kennt immer noch genau seine eindeutige Evolutionsgeschichte. Man kann lediglich genauer formulieren, dass jedes Lebewesen die Evolutionsgeschichte eines jeden seiner Merkmale kennt. Mehr ändert sich hier nicht.

Vielleicht kann man sich mit dem Argument behelfen, dass das Linnésche Prinzip nicht nur für die Phylogenese gilt, sondern auch für die Ontogenese selbst. Klar, kein neues Lebewesen erscheint quasi mit einem Knall aus dem Nichts, sondern wächst heran. Und dieses Heranwachsen gehorcht dann auch dem Lineéschen Prinzip, macht also keine Sprünge (nicht in nullter und auch nicht in erster Ordnung). Und da die Phylogenese nun schon einen stetig differenzierbaren – und somit gangbaren – Weg durch die Evolution aufgezeigt hat, liegt es zumindest nicht fern einen analogen Weg in der Ontogenese zu gehen. Bei anderen Arten des Fortschreitens der Ontogenese würde die Natur einfach zu große Gefahr laufen einen zu großen Sprung zu machen, daher wäre die Art wohl die beste, die die Phylogenese rekapituliert, denn dann kann sich die Natur sicher sein, keine Sprünge zu machen. Naheliegend und plausibel, aber keine echte Schlussfolgerung. Wären die Sprünge zu groß, wächst das Lebewesen nicht heran (so wie vermutlich unzählige Lebewesen in Gen-Laboren, deren Sprünge in der Ontogenese aufgrund der induzierten Mutationen zu groß waren und die in keiner Veröffentlichung auftauchen).

Und wir wollen wie bereits erwähnt noch eine Einschränkung treffen, nämlich die Beschränkung auf geistige Merkmale. Es scheint die Sache einfacher bzw. übersichtlicher zu gestalten, jedoch ernten wir dadurch eine weitere Ungenauigkeit, nämlich die kaum zu beantwortende Frage wo ein geistiges Merkmal aufhört und wo ein körperliches anfängt. Es ist meiner Meinung nach kaum möglich körperliche Merkmale von geistigen klar zu trennen. Der Jagdinstinkt eines Löwen (oder sagen wir besser Löwin – wenn man den Darstellungen glauben kann, dann lässt so ein Löwe es sich den Tag über recht gut gehen) ist klarerweise ein geistiges Merkmal und seine scharfen Zähne ein körperliches Merkmal. Wenn aber unser Zwerghamster ab heute beschließt nur noch auf zwei Pfoten zu laufen, ist es dann ein geistiges oder körperliches Merkmal (unser Hamster kann dies wirklich)? Ob ich unter den Armen kitzlig bin oder nicht, ist das ein geistiges oder körperliches Merkmal? Tatsächlich unterliegen solche geistigen Merkmale ebenso einer Evolution und werden gemeinhin Triebe bzw. Instinkte oder auch Verhaltensmuster genannt. Streng genommen haben wir in den letzten Kapiteln eigentlich nie zwischen körperlichen und geistigen Trieben unterschieden, es ist aber durchaus angebracht noch einmal darauf hinzuweisen, dass alles Gesagte eben auch bzw. besonders für geistige Eigenschaften gilt. Dass die

„geistige" Version der biogenetischen Grundregel, die manchmal auch psychogenetische Grundregel genannt wird tatsächlich die gleiche Struktur hat wie die biogenetische Grundregel ist naheliegend, aber natürlich nicht beweisbar, genauso wie die biogenetische Grundregel ja in vielen Aspekten noch unklar ist. Wir werden dies jedoch so postulieren und benutzen und werden im weiteren Verlauf bei der Erklärung des Humors lediglich geistige Merkmale betrachten und dabei diese Regel unterstellen:

Jeder Trieb innerhalb eines geistigen Merkmals, welchen ein Lebewesen im Laufe der Evolution erworben hat, rekapituliert sich in der gleichen Reihenfolge in der Ontogenese.

Ob nun unsere Einschränkung, nämlich Haeckels Regel angewendet auf geistige Einzelmerkmale tatsächlich neu ist, oder ob das schon andere vor uns gemacht haben lässt sich angesichts der unüberschaubaren Fülle zu diesem Thema kaum sagen. Meine persönliche Vermutung ist die, dass sich diese Einschränkung vermutlich irgendwo in der Literatur finden lassen wird. Allerdings wird dieser Autor dann, wenn es ihn denn gab, sicherlich nicht die nötige Sturheit besessen haben durchzuformulieren wie die Welt den aussähe, wenn man denn streng an dieser Regel festhält. Wir werden dies jedoch tun, zumindest bei den Beispielen und Themen, welche in diesem Buch behandelt werden – und werden sehen, dass man mit dieser Einschränkung sehr weit kommt ohne sich in Widersprüche zu verwickeln.

Rückfälle in alte Verhaltensmuster

Kommen wir zurück zu unserem Linnéschen Prinzip. Wir hatten ja versucht zu zeigen, dass daraus folgt, dass jedes Lebewesen sich seinen eindeutigen Weg durch die Evolution bahnt bzw. gebahnt hat und dass wir sozusagen unsere "Ahnenlinie in uns tragen" . Mehr noch, es besagt, dass es Vergangenheit von Zukunft unterscheiden kann. Unser Weg durch die Evolution verläuft (pro Merkmal?) also quasi eindimensional.

Die Antwort auf die Frage, welche "Kraft" oder "Energie" (beide Begriffe sind selbstverständlich rein physikalisch nicht zutreffend) uns durch die Evolution "treibt" ist zunächst völlig unklar. Instinktiv klar ist jedoch, dass es so etwas geben muss, wie auch immer man es nennen will. Der Rekapitulationstheorie folgend wäre dies dieselbe "Kraft", die unsere Seinswerdung vorantreibt.

Diese – nennen wir sie einstweilen – Lebenskraft hat relativ viel Ähnlichkeit mit dem, was wir halt so unter Lebenskraft (vielleicht auch Lebenswillen) verstehen, woran wir nicht zuletzt Begriffe wie "Tagesform" und dergleichen festmachen. Mal haben wir scheinbar davon mehr, mal weniger, mal haben wir das Gefühl diese Kraft schonen zu müssen, manchmal verlässt sie uns unerwartet (zumindest teilweise), und mit dem Tod verlässt sie uns vermutlich ganz. Und vor allem: sie ist beschränkt. Wir hatten ja bereits in vorhergegangenen Kapiteln gesehen, dass die Natur keine Sprünge mag: Es entsteht keine neue Art, die zu verschieden ist von den bisherigen und der Rekapitulation folgend entstehen auch keine Lebewesen (durch Mutation, ob natürlich oder künstlich), die sprunghaft anders sind als alle bisherigen. Sie werden, so kann man unterstellen, die Ontogenese nicht überleben.

Diese Lebenskraft kann immer nur langsam und damit stetig voranschreiten. Natura non facit saltus. Nicht in nullter und auch nicht in erster Ordnung.

Die Frage ist weiter, gegen welchen "Widerstand" sich diese Lebenskraft denn durchsetzen muss. Das klingt natürlich alles eher esoterisch und es scheint nahezu unmöglich zu sein hierzu etwas substantielles zu sagen, aber – wie immer – macht dies nichts aus, zumindest für unsere Humor-Theorie. Es reicht zu sagen (und das folgende Beispiel wird jeder einsehen) dass es durchaus passieren kann, dass uns diese Kraft kurzzeitig verlässt, oder zumindest zu verlassen scheint. Das kann willentlich oder auch unwillentlich geschehen.

Im zweiten Teil dieses Buches werden wir diese „Lebenskraft" näher untersuchen bzw. versuchen zu ergründen, welche Eigenschaften diese ominöse Kraft hat. Erstaunlicherweise werden wir recht genaue Gesetzmäßigkeiten für das Verhalten dieser Kraft angeben können. Wir werden diese dann mit einem besseren Begriff belegen: Bewusstsein.

Dass uns diese Kraft manchmal verlässt, dazu folgendes Beispiel: Wir alle haben es “gelernt” gewisse Dinge nicht in Gesellschaft zu machen (z.B. in der Nase kratzen; es ist auch „erlaubt“ sich am Arm zu kratzen wenn es juckt, andere Körperteile sind wiederum nicht erlaubt usw.). Jeder wird einsehen, dass dies zuweilen eben eine gewisse Kraft kostet (oder auch „psychischer Aufwand“ in Freuds Nomenklatur). Und es wird auch ein jeder einsehen, dass es nicht abwegig ist es als eine Art Entspannung anzusehen,wenn man diese Dinge denn außerhalb der Gesellschaft tut. Klar ist auch, dass es in grauer Vorzeit nicht unüblich war die besagten Dinge in Gesellschaft zu tun. Es steckt also eine evolutionäre Entwicklung dahinter, dass wir heute uns in Gesellschaft nicht mehr in der Nase kratzen. Die besagte Lebenskraft hat sich den Weg bis hierher gebahnt, nur mitunter verlässt sie uns ein bisschen, teilweise gewollt, teilweise ungewollt, teilweise jedoch auch unbemerkt, wobei der letzte Punkt entscheidend ist. Da wir jedoch keinen Unterschied machen werden zwischen Trieben und angelernten Verhaltensweisen (das nochmal vorweggenommen) folgt daraus auch, dass wir dieselbe Lebenskraft für jedes noch so kleine erlernte Verhalten brauchen, und bei jedem noch so kleinen erlerntem Verhalten kann diese Kraft uns kurzzeitig verlassen, sodass wir gewissermaßen kurzzeitig einen Rückfall in “ältere” Verhaltensmuster erleiden. Hierbei ist es nicht unerheblich darauf hinzuweisen, dass es in der Theorie der Mutation und natürlichen Selektion a priori kein "älteres Verhaltensmuster" gibt. Da wir jedoch von einer Orientierbarkeit der Evolution ausgehen folgt daraus, dass es für sämtliche Verhaltensmuster eines Merkmals auf unserer Ahnenlinie eine, wie der Mathematiker sagen würde, "Totalordnung" gibt: für je zwei Verhaltensmuster innerhalb eines Merkmals kann man stets angeben welches das ältere und welches das jüngere ist.

Für uns wichtig sind die unbemerkten Rückfälle in ältere Verhaltensmuster, sprich die Person, die gerade diesen Rückfall erlitten hat ist sich dieses Rückfalls zunächst nicht bewusst. Wenn der Trainer einer Fußball-Nationalmannschaft sich vor quasi Millionen von Zuschauern an Körperstellen kratzt, die nicht Arm oder Kopf sind, dann ist davon auszugehen, dass dieser Rückfall in alte Verhaltensmuster unbemerkt erfolgte. Täte er dies willentlich, wäre das etwas anderes (und niemand würde lachen, um das vorwegzunehmen – man würde sich beschämt abwenden oder dergleichen, nur lachen würde man nicht).

Der Humor behandelt Triebe genauso wie kürzlich erlernte Verhaltensweisen. Folgendes Beispiel ist aus einem bekannten Loriot-Film entnommen: Ein Rentner, der Jahrzehnte der Leiter der Einkaufsabteilung einer Firma war geht (vermutlich zum ersten mal seit Jahrzehnten) selbst in einem “Tante-Emma”-Laden einkaufen. Für ihn ist diese Erfahrung quasi neu, er benimmt sich jedoch so, als wäre er immer noch Einkäufer in seiner Firma, natürlich ohne es zu merken. Dies ist auch ein unbemerkter Rückfall in “evolutionsbiologisch ältere” Verhaltensmuster.

Wie alt dieser Rückfall ist, spielt keine Rolle für unsere Betrachtungen. Es können ein paar Jahre oder ein paar Jahrmillionen sein. Vielleicht auch nur einen Tag. Wir werden in späteren Kapiteln noch sehen, dass diese Kraft uns nicht wirklich verlässt, denn sie wird sich eher als eine Konstante der Evolution erweisen. Es wäre angebrachter zu formulieren, dass diese Kraft sich eben mit anderen Dingen beschäftigt, so unpräzise das an dieser Stelle klingen mag.

Zusammenfassung: Unter einem Rückfall verstehen wir ein kurzzeitiges und vor allem unbemerktes Zurückfallen in ältere Verhaltensmuster in unserer persönlichen Entwicklung oder auf unserer Ahnenlinie. Das Alter des Verhaltensmusters spielt hierbei keine Rolle.

Lachen, geistiger Teil: Humor und Herablassung

Nun sind wir (fast) soweit, dass wir alle Werkzeuge zusammen haben um tatsächlich und endlich das Wesen des Humors zu entschlüsseln. Wir hatten ja in der Einführung die drei klassischen Theorien des Humors (Überlegenheits-, Inkongruenz-, und Entspannungs-Theorie) vorgestellt und wir können vorab sagen, dass tatsächlich alle drei Kategorien immer zutreffen, denn jeder Witz, jede komische Situation enthält sowohl ein Überlegenheits-Element , ein Inkongruenz-Element als auch eine Art Entspannungs-Element hat. Man erkennt es meist nur nicht auf Anhieb. Die Frage nach dem Humor lässt sich allein schon beantworten, wenn man die Frage beantworten kann in welchem Sinne denn eine Überlegenheit gemeint ist. Ist derjenige, über den man lacht einfach nur dümmer? In den allermeisten Fällen kann man dies mehr oder weniger behaupten, nur ist es eben nicht die exakte Antwort. Diese soll im nächsten Abschnitt folgen.

Fallstricke der mentalen Evolution

Rückblickend ist festzustellen, dass (abgesehen von einigen Randbemerkungen wie Artentstehung usw.) es tatsächlich notwendig war all die Eigenschaften der Evolution aufzuzählen, die uns nun zur Definition bzw. Erklärung des Humors führen. Diese Werkzeuge hatten Cicero & Co nicht zur Verfügung, daher war es ihnen m.E. kaum möglich so weit vorzudringen. Freud schon eher, hat er doch Darwins "Descent of man" zu eines der "wichtigsten" Bücher, die je erschienen sind erklärt. Nur hat er die dort beschriebenen Prinzipien meiner Meinung nach nur halbherzig bis kaum angewendet.

Zumindest haben wir alle Begriffe mehr oder weniger so definiert, dass wir die Struktur des Humors folgendermaßen fassen können. Wir hatten im letzten Kapitel von unbemerkten Rückfällen gesprochen. Es ist nicht auszuschließen, dass diese unbemerkten Rückfälle jedes Lebewesen betreffen können, ob Käfer oder Maus. Allerdings gibt es beim Menschen doch eine Eigenheit, welche sich womöglich von anderen Tieren unterscheidet (was nicht bewiesen ist): Wir machen uns gegenseitig auf solche unbemerkten Rückfälle aufmerksam. Wir weisen darauf hin, wenn wir es bei anderen bemerken – eigentlich unentwegt. Dazu ist es aber notwendig, dass wir zu der Überzeugung gelangen, dass der beobachtete Rückfall tatsächlich unbemerkt passiert, denn auf willentliche Rückfälle muss ja nicht hingewiesen werden. Dieser Hinweis, so werden es viele Leser sicherlich bereits ahnen, besteht aus einem akustischen Signal: wir lachen. Daher können wir definieren: Lachen ist immer das Aufmerksam-Machen auf einen unbemerkten Rückfall. Genauer formuliert:

Lachen ist immer der akustische Hinweis auf einen unbemerkten aber harmlosen Rückfall in ältere Verhaltensmuster.

Das ist die Kurzform oder besser gesagt die Urform. Aufgrund des evolutionsbiologischen Verdrängungsprozesses ins Unbewußte (was das genau bedeutet werden wir im 2. Teil des Buches klären) hat sich diese Definition im Laufe der Zeit etwas aufgeweicht und sollte heute etwa folgenderaßen lauten:

Lachen ist immer ein akustischer Hinweis auf einen unbemerkten/ungewollten/unverhofften aber harmlosen Rückfall in ältere/einfachere/primitivere/gewohntere Verhaltensmuster.

Diese Definition scheint tatsächlich etwas weichgewaschener als die erste, allerdings werden wir in der zweiten Hälfte des Buches zeigen können, dass z.B. für Verhaltensmuster immer gilt: einfacher=primitiver=gewohnter=älter. Für den Moment scheint dies jedoch nicht wirklich evident zu sein, daher diese etwas umständliche Form der Definition. Es ist vieleicht fair vorwegzunehmen, dass in manchen schwierigen Fällen diese Definition noch etwas weiter verwäscht. Dann reden wir schlicht von einem akustischen Hinweis auf einen unbemerkten oder unverhofften Rückfall in *falsche* oder auch inadäquate Verhaltensmuster. Die "Kern-Definition", so werden wir zeigen, ist jedoch die zuerst angegebene.

Meist ist der Rückfall eines anderen gemeint, es ist jedoch auch durchaus möglich, dass es um einen eigenen Rückfall geht, der zunächst unbemerkt ist und (zu etwas späterer Zeit) von selbst bemerkt wird.

Um es ganz klar zu sagen: diese Aussage ist zunächst lediglich ein Postulat. Um zu zeigen, dass es mehr als das ist, nämlich eines, die wirklich auf alle Situationen anwendbar ist und auf der anderen Seite auch nicht zu vieles abdeckt, besteht die große Aufgabe im Folgenden darin zu zeigen, dass jeder Witz, jede Situation in der wir lachen nahtlos in dieses Schema hineinpasst. Dies werden wir auch tun. Vorher möchte ich noch einige Worte darüber verlieren, dass solche Rückfälle oft, aber nicht immer so ganz von sich aus passieren, sondern zum Teil durch sagen wir äußere Fallstricke ausgelöst werden können. Was ist unter solchen Fallstricken zu verstehen? Jedes Verhaltensmuster ist quasi eindimensional, d.h. unser Verhalten besteht meist aus einer Abfolge von Einzelmustern. Dies können Vorstellungen sein, die uns durch den Kopf gehen, oder Begriffe, Wörter, was auch immer. Entscheidend ist, dass sie nacheinander passieren. Wenn sich solche Verhaltensmuster ihren Weg durch die Evolution bahnen, dann verändern sie sich meist nicht im Ganzen, sondern nur an ein paar Stellen. Es kann auch passieren, und dass ist der häufigste Fall, dass einzelne Elemente von Verhaltensabfolgen sich in unterschiedlichen Verhaltensmustern auf unterschiedlichen Stufen der Evolution wiederfinden. Bild 10 stellt den Versuch dar, solche zwei Verhaltens-Sequenzen darzustellen.

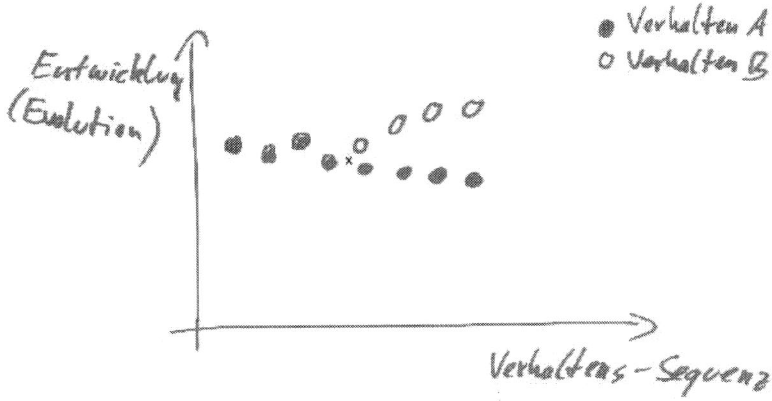

Bild 10: ein Fallstrick in der Evolution unserer (mentalen) Verhaltensmuster

Da wir ja stets alle Achsen beschriften, würde man die Abszisse mit “Abfolge der Verhaltenssequenz in der Zeit” oder auch nur "Verhaltenssequenz" beschriften und die Ordinate mit “Fortschritt/Richtung der Evolution bzw. Entwicklung”.

Wir sehen zwei Sequenzen, eine, die zu einem älteren Stand der Entwicklung gehört und eine, die zu einem fortgeschritteneren Stand gehört. Wie man sieht sind anfänglich einige Elemente der Sequenzen gleich. Diese Elemente sind sozusagen der Fallstrick, oder besser gesagt die Falltür, die dafür sorgt, dass wir in einer “tieferen Etage” der Evolution landen.

Wenn also eine Person die Sequenz A durchläuft, beim Element x jedoch in der falschen Etage landet, und alsdann die Sequenz B weiterverfolgt, so ist dies ein klassischer Fallstrick, der zu einem Rückfall führt. Der Moment, in dem wir bemerken, dass jemand in einer solchen falschen Etage der Evolution gelandet ist, das ist genau der Moment, in dem wir lachen. Es ist nicht der Moment, in dem der Rückfall passiert.

Diese Situation muss nicht tatsächlich passieren, sie kann auch nachgeahmt, nacherzählt, nahegelegt oder unterstellt werden (durch einen Witz, durch Parodie usw.). Oder auch vollständig erfunden. Das Schema ist aber stets dasselbe: Das

Erkennen und Aufmerksam-machen auf einen unbemerkten Rückfall in ältere Verhaltensmuster. Der Variation sind hierbei jedoch kaum Grenzen gesetzt. Meist will man ja witzig sein und das heißt man spielt einen unbemerkten Rückfall (also man täuscht ihn vor) und erwartet Gelächter. Oder, um noch mehr Ecken gedacht man spielt einen unbemerkten Rückfall und spielt gleichzeitig, dass man jemand anders sei usw. Der Personenwechsel kann auch „mittendrin" erfolgen. Wenn ich in einer Diskussion plötzlich mit einer anderen Mundart antworte, so will ich damit einen unbemerkten Rückfall nachstellen und gleichzeitig behaupten, dass diese oder jene Mundart etwas Rückständiges darstellt.

Wir wollen jedoch versuchen die Dinge geordnet anzugehen und versuchen uns durch alle nötigen komischen Situationen zu arbeiten und zeigen, dass dieses Schema tatsächlich immer zutrifft. Genauer gesagt: Jeder Witz, jede komische Situation muss nicht unbedingt ein unbemerkter Rückfall in ältere Verhaltensmuster sein, denn da wir in der Psychologie sind und nicht in der Physik reicht es zu zeigen, dass jede Situation in welcher wir lachen vom Lachenden als ein solcher interpretiert werden kann. Vorher jedoch ist es ratsam zu zeigen, dass die drei bekannten Theorien des Humors sich tatsächlich in dieser Theorie wiederfinden. Also los:

Überlegenheits-Theorie. Das ist natürlich nicht sonderlich schwierig, denn wenn wir den Humor als das Aufmerksam-machen auf einen unbemerkten Rückfall in alte Verhaltensmuster definieren, dann ist die Überlegenheit explizit in diesem Konzept enthalten (sofern man davon ausgeht, dass Evolution eine Orientierung hat – hätte sie das nicht, so gäbe es keine "älteren" Verhaltensmuster und man könnte nicht von Überlegenheit sprechen). Wenn ich also über jemanden lache, so bringe ich dadurch unweigerlich zum Ausdruck, dass dieser oder jener „eben noch nicht so weit entwickelt ist" wie ich. Meist unterstellen wir in diesen Witzen oder diesen Situationen triebhaftes Verhalten derjenigen, über die wir lachen (im Gegensatz zu unserem Verhalten, welches fortschrittlich, gelernt, wohlüberlegt ist usw.) und es ist glaube ich nicht völlig falsch es allgemein als „dummes" Verhalten zu bezeichnen. Es ist aber nicht allgemein dumm, es ist vielleicht wirklich triebhafter, mechanischer, zurückgebliebener (ob es wirklich triebhafter ist, darüber werden wir im 2. Teil ausführlich sprechen). In den meisten Fällen ist „dümmer" als Bezeichnung gerechtfertigt, jedoch eben nicht immer: Wenn jemand keine Talent für Sprachen oder Physik oder ähnliches hat, so lacht man im allgemeinen nicht. Im Allgemeinen, denn es ist kein Rückfall in alte Verhaltensmuster. Es mag aber auch hier Ausnahmen geben. Wenn z.B. eine Gruppe von Studenten einen neuen Stoff lernt, so machen diese eine gemeinsame Entwicklung durch, dann kann es durchaus vorkommen, dass in diesem Zusammenhang Witze gemacht werden, denn die nicht-Kenntnis einzelner Elemente des Faches wäre ein Rückfall (aber nur für diese auserwählte Gruppe): ein sogenannter Insider-Witz. Dasselbe gilt für z.B. Kollegen einer Firma.

Der Überlegenheits-Aspekt ist nach unserer Definition jedem Witz inhärent.

Inkongruenz: Diese Theorie spricht ja von unterschiedlichen Wahrnehmungen der

Realität, die zu einem gewissen Zeitpunkt (dem Punkt, an dem wir lachen) aufgelöst werden bzw. erkannt wird, dass es diese unterschiedliche Wahrnehmungen gibt. Manche Autoren, so meine ich verstanden zu haben, reden von einer „falschen“ Wahrnehmung und einer „schlussendlich richtigen“, also eine unsinnige und eine stimmige. Das ist nachzuvollziehen, aber es verhält sich wohl so, dass eben solche Autoren die Wahrnehmung durch ein Verhaltensmuster aus höheren Entwicklungsstufen der Evolution mit der Realität verwechseln. Mit Inkongruenz sind stets zwei Wahrnehmungen gemeint, die unterschiedlichen Verhaltensweisen entspringen, die sich unterschiedlichen Zeitpunkten unserer Evolutionären Entwicklung zuordnen lassen. An dieser Stelle sei angemerkt, dass diejenigen, die gemeinsam lachen stets dieselbe evolutionäre Vergangenheit haben müssen, denn sonst wird der Witz nicht verstanden.

Entspannungs-Theorie: Wie zuvor erläutert kostet das Vorwärtsgehen durch den Zustandsraum der Evolution in einem gewissen Sinne Kraft (Lebenskraft, Lebensenergie, wie man es auch immer bezeichnen will – „psychischer Aufwand“ heißt es bei Freud). Fällt jemand unbemerkt zurück, so hat das – ohne es stichhaltig begründen zu können – sicherlich seine Ursache darin, dass diese Lebenskraft kurzzeitig geschwächt war. Die Tatsache, dass wir gerne lachen und uns in diesem Augenblick auch ein wenig entspannt fühlen lässt sich meiner Meinung nach dahingehend begründen, dass wir den Rückfall des einen Individuums zum Anlass nehmen für kurze Zeit selbst an diesem Rückfall teilzuhaben und evtl. auch zu entspannen. Mehr lässt sich für diesen Moment nicht in Begrifflichkeiten fassen. Ob der Begriff Entspannung jedoch wirklich der richtige ist, sei erst einmal dahingestellt. Im zweiten Teil des Buches werden wir etwas mehr Ordnung und Struktur in diese Begrifflichkeiten bringen.

Man könnte noch die anderen Theorien beleuchten, die meisten aber basieren ja auf Inkongruenz und führen damit zu keiner wirklich höheren Erkenntnis.

„Falsches Stockwerk" der Evolution: Komik und Witz

Wir hatten ja schon von den Fallstricken gesprochen. Diese – besser gesagt Falltüren – führen in eine tiefere Etage der Evolution. Dazu muss nur sehr wenig passieren. Es muss nämlich nur ein Element einer Verhaltens-Sequenz vorhanden sein welche in mehreren Verhaltens-Sequenzen vorkommt, welche wiederum in unterschiedlichen Etagen unserer evolutionären Vergangenheit angesiedelt sind. Dieses Element kann vieles sein: Ein Bild, eine gleiche Handlung, sogar ein Wort.

Fangen wir mit dem Wort an. Darwin selbst sagte einmal, dass die Evolution von Sprache und die Evolution von Lebewesen viel gemeinsam haben. Sprache entsteht und vergeht. Viele deutsche Redewendungen stammen z.B aus der ersten Übersetzung der Bibel („über den Jordan sein", „sein Licht unter seinen Scheffel stellen" usw.). Jedes Wort bzw. jede Wortsequenz kann eine oder auch mehrere Bedeutungen haben und keine von diesen entstand zur selben Zeit. Das deutsche Wort Watt ist sicher deutlich früher entstanden als die Bekanntheit des James Watt, der Erfinder der (industrialisierbaren) Dampfmaschine. Die Verwechslung von James Watts Nachnamen mit dem deutschen Wort Watt (also Meeresschlamm) stellt in dem Falle einen Rückfall in eine ältere Menschheitsepoche dar, daher lachen wir bei dem bereits oben Zitiertem Ostfriesen-Witz. Dabei ist noch zu erwähnen, dass dieser Witz gleichzeitig den Ostfriesen unterstellt, dass sie eben unbemerkt in dieses Verhaltensmuster gefallen sind, welches das Wort Watt mit Schlamm gleichsetzt. Sie sollen eben rückständig sein. Einfach nur unterschiedliche Interpretationen eines Wortes oder eines Ausdrucks reichen daher nicht immer allein zum Lachen, es muss meist ein (evtl. erdachter) Akteur vorhanden sein, dem man diesen Rückfall unterstellt. Das gleiche gilt für stehende Ausdrücke wie in dem Witz „Was steht auf dem Grabstein eines Mathematikers? Damit hat er nicht gerechnet". Der Ausdruck „mit etwas nicht zu rechnen" ist natürlich jünger als der bloße Ausdruck „rechnen", so wie er in der Mathematik gemeint ist. Somit beinhaltet auch dieser Witz einen Rückfall (in diesem Falle dem Mathematiker zugeschrieben wird).

Die Wortwitze sollten mit dieser Erklärung alle erschlagen sein. Das ist auch eher einfach, daher sollten wir zu den eher schwierigeren Situationen fortschreiten.

Ist nun jegliches Lachen erklärbar?

Nehmen wir die bereits in der Einleitung erwähnte Situation im Zug: Großraumabteil, es regnet sehr stark, das Wasser läuft die Fenster herab und benetzt diese derart, dass man keinen klaren Blick mehr nach außen hat. Ein Fahrgast sagt: "Gleich kommen die Bürsten". Alle lachen. Das scheint erst einmal nichts mit Evolution und Verhaltensmuster zu tun zu haben, hat es aber in letzter Konsequenz aber doch wenn man eben zugesteht, dass erlerntes Verhalten und Triebe quasi das gleiche sind. Der Mann, der diesen Satz sagte, fuhr offensichtlich öfter durch Autowaschanlagen. Typischerweise beginnt dort die Prozedur mit einem Bespritzen oder Besprühen des Autos mit klarem Wasser, welches aus dafür gefertigten Düsen kommt. Das Bild, welches sich ihm im Zug bot war das gleiche wie im Auto zu Beginn der Waschprozedur. Nun erleidet der Mann einen Rückfall, oder genauer gesagt er spielt ihn (vermutlich). Natürlich weiß er, dass er nicht in einer Autowaschanlage sitzt. Aber er hat festgestellt, dass hier ein Fallstrick existiert, eine Erscheinung (Fenster, die mit Wasser benetzt werden), die in ein Verhaltensmuster passt, welches älter ist, als das, was er jetzt erlebt. Das ältere Verhaltensmuster erwartet nun Waschbürsten, das neuere nichts weiter.

Meiner persönlichen Einschätzung nach lachen wir zum allergrößten Teil in Situationen, in denen so ein Rückfall gespielt wird, denn diese kommen viel häufiger vor. Zumindest in heutiger Zeit, denn ich kann mir vorstellen, dass es früher nicht so war ohne genauer zu definieren was "früher" heißen soll. Situationen, in denen ein Rückfall nur gespielt wird würde ich als Witz im klassischen Sinne bezeichnen. Man könnte sich evtl. darauf einigen die übrigen Situationen, in denen jemand einen Rückfall tatsächlich erleidet unter dem Begriff Komik zu subsumieren.

Einen Spezialfall stellen Witze mit sexuellem Inhalt dar. Jedem wird aufgefallen sein (und auch hier kenne ich keine quantitativen Aussagen), dass Witze über Sexualität vermutlich den größten Teil aller Witze ausmachen. Warum ist dies so? Die Erklärung ist an dieser Stelle sehr einfach: Da Sexualität ein sehr alter Trieb ist, stellt ein plötzlicher Bezug zur Sexualität immer einen Rückfall in ältere Verhaltensmuster dar. Wenn eben beim Sex die Aufforderung kommt "schmutzige Sachen" zu sagen, und die Antwort "Küche und Bad" heißt, dann ist das Lachen darüber ein klassischer Hinweis auf einen Rückfall und Lachen ist ja das Aufmerksam-machen auf diesen Rückfall.

Sexualität ist zwar ein sehr alter Trieb aber immer noch präsent. Vermutlich von allen alten Trieben "am präsentesten", falls es so etwas gibt. Daher kann die große Zahl von Witzen, welche Sexualität mit einbeziehen nicht wundern. Die Struktur des Sexualtriebes werden wir in einem späteren Kapitel noch einmal detaillierter beleuchten. Dabei werden wir die Äußerung, dass dieser Trieb zwar „alt“ jedoch noch sehr „präsent“ ist klarer definieren können.

Es lohnt sich die Frage zu diskutieren inwiefern der Rückfall in ältere Verhaltensmuster denn wirklich unbemerkt stattfinden muss. Nehmen wir die typische Situation an der roten Ampel. Der Herr (oder auch die Dame) im Auto neben mir, der in der Nase bohrt, tut dies nicht unbewusst, vielmehr kann man davon ausgehen, dass er der Meinung ist unbeobachtet zu sein (was während der Fahrt meinst zutrifft, an einer roten Ampel nicht mehr). Daher findet dies niemand komisch und man wendet sich bei solchen Beobachtungen eher ab. Wenn Hape Kerkling jedoch als Horst Schlämmer in der Rolle eines Nachrichtensprechers kurz aber merklich seinen Finger an der Nase hat (nicht in), so lässt er die Zuschauer glauben, dass diese Handlung von ihm selbst nicht bemerkt wurde. Dann lachen wir. Hätte dieser vermeintliche Nachrichtensprecher tatsächlich seinen Finger in der Nase gehabt, so würde man kaum noch glauben, dass diese Handlung unbewusst passiert ist und man würde nicht mehr lachen. Die Arbeit eines Komikers stelle ich mir als so eine Gratwanderung vor: Der Zuschauer muss einerseits deutlich auf den Rückfall hingewiesen werden auf der anderen Seite jedoch muss dem Zuschauer glaubhaft gemacht werden, dass der Akteur selbst den Rückfall nicht bemerkt. Werden die Rückfälle zu offensichtlich gespielt, so nimmt es der Zuschauer nicht mehr als unbemerkt wahr und lacht nicht. Natürlich hängt es auch hier vom Feinsinn des Zuschauers ab. Für Zuschauer mit einer sagen wir "gröberen Wahrnehmung" (z.B. Kinder) muss der Komiker die Rückfälle auch deutlicher spielen.

Zungenbrecher. Durch die komplizierte Buchstabenfolge erreichen wir es, dass wir tatsächlich (wieder) Probleme mit der korrekten Aussprache bekommen, obwohl wir uns einbilden sprachlich auf oberstem Entwicklungsniveau zu stehen. Es sind also wieder unbemerkte Rückfälle in die Zeit, als die Menschheit die Sprache erlernte und ihre entsprechenden Probleme damit hatte. Man wäre geneigt zu sagen, dass diese Sprachprobleme während eines Zungenbrechers eher ungewollt als unbemerkt stattfinden, denn wir merken es ja sofort, aber das spielt meines Erachtens keine Rolle, denn die Zeit, bis wir es bemerken ist einfach nur extrem kurz, was in der Natur dieses Rückfalls liegt.

Es ist schon oft gesagt worden, dass Lachen der sozialen Entwicklung dient, es wäre also an sich nichts Neues. Es wird durch dieses Modell lediglich bestätigt. Und viel mehr als das. Es ist letztlich der Hilfsmotor, der uns vorwärts durch die Evolution treibt. Wohlgemerkt nicht der Hauptmotor, denn das ist die bereits erwähnte ominöse Lebenskraft, die nicht wirklich zu fassen ist, jedoch stets da ist. Wenn diese jedoch kurz ins Stocken gerät, so helfen wir uns gegenseitig indem wir lachen. Lachen heißt: "Schau mal, Du bist gerade in einer unteren Etage gelandet, obwohl Du eigentlich in einer höheren Etage sein wolltest, und hast es nicht gemerkt.". Darüber hinaus ist es nicht wegzudiskutieren, dass wir uns beim Lachen auch ein wenig befreit fühlen. Diese Befreiung kann nur dahingehend interpretiert werden, als dass wir uns kurzzeitig vergegenwärtigen, dass es noch "Etagen weiter unten" gibt, sodass wir quasi unsere Lebenskraft für diesen kleinen Augenblick etwas schonen.

Obwohl es noch sehr viel dazu zu sagen gäbe möchte ich es an dieser Stelle leicht abkürzen und behaupten, dass alle Witze, die eine Art von Inkongruenz enthalten mit unserer Theorie erklärbar sind, ohne dass wir versuchen sie mit Gewalt in ein Schema zu pressen. Schwieriger wird es jedoch, wenn wir die Welt der klassischen Witze verlassen und uns die anderen – teilweise wirklich merkwürdigen – Situationen anschauen, in denen gelacht wird.

Wir fangen an bei Schneewittchens Stiefmutter, was meines Erachtens den schwierigsten Fall darstellt. Beim Giftmischen lacht sie hämisch vor sich hin. Leider begibt es sich hier so, dass es zwei Möglichkeiten geben kann warum sie lacht. Wenn wir sagen, dass derjenige, der lacht auf einen Rückfall aufmerksam macht, so könnte das bedeuten, dass sie quasi über sich selbst lacht, denn sie ertappt sich gerade dabei, dass sie einen Rückfall in alte Verhaltensmuster erleidet (in die Zeit, wo sich

Menschen gegenseitig mordeten). Könnte sein, aber so recht glaube ich das nicht. Eher ist es so, dass die Stiefmutter ihrer Stieftochter, also Schneewittchen, einen Rückfall unterstellt. Das ist auch nicht falsch, allerdings erschafft sie ihn gerade selbst. Das Wissen um die eigentliche Situation (Giftmischen, Mordpläne usw.) stellt die "höhere" Ebene der Entwicklung dar, Schneewittchen jedoch weilt auf der tieferen Ebene (ohne es eben zu wissen), merkt es also nicht. Daher muss die Königin lachen, eigentlich paradox, will sie damit doch instinktiv Schneewittchen auf ihre Lage aufmerksam machen. Viele Leser werden nun meinen, dass hier doch ein Widerspruch vorliegt. Natürlich will die böse Schwiegermutter ihre Mordpläne für sich behalten und Schneewittchen schon gar nicht darauf hinweisen. Warum sie es dennoch tut können wir an dieser Stelle noch nicht beantworten. Im zweiten Teil werden wir jedoch eine relativ genaue Antwort geben können, welche sich beim ersten Hinhören vielleicht nicht so genau anhört: Sie tut es völlig unbewusst.

Wieso lacht ein Jackpot-Gewinner? Nach unserem Schema wäre es der Hinweis auf den "Rest der Welt", dass dieser sich seit dem Augenblick des Gewinns auf einer niedrigeren Stufe der Entwicklung befindet, ebenfalls ohne es zu wissen. Für den Gewinner ist diese Situation eine neue Entwicklung. Eigentlich trifft dies für jede Art von Sieg zu, nur dass andere nicht einen plötzlichen Rückfall erleiden, sondern derjenige, der lacht plötzlich bemerkt, dass er auf einer höheren Etage steht (was faktisch das selbe ist). Daraus folgt, dass ein Sieger nur solange nach dem Sieg lacht bis ihm klar wird, dass auch alle anderen es vergegenwärtigen. Man lacht also stets nur im Augenblick des Triumphs. Stellen wir uns doch die andere Situation vor: Die ganze Welt weiß, dass jemand etwas gewonnen hat, nur derjenige selbst nicht. Wenn es ihm dann mitgeteilt wird zusammen mit der Information, dass ja die ganze Welt bereits Bescheid wüsste nur er nicht, dann würde er sicher nicht lachen. Er wäre überwältigt, sprachlos, was auch immer, nur lachen würde er nicht.

Die Bedingungen sind also stets dieselben: Derjenige der lacht, muss erkennen, dass er oder sie auf einer höheren Entwicklungsstufe stehen und die anderen es (noch) nicht wissen. Und: die anderen würden auch gern auf dieser Stufe stehen. Dies kann geschehen indem die andere Person oder Personen tatsächlich einen Rückfall in alte Verhaltensmuster erleiden, oder der oder die Lachende einen sagen wir auf neudeutsch "boost" erfahren, also einen Sprung vorwärts. Die Bedingung, dass alle anderen sich ebenfalls in dieser Situation gern wiederfinden würden ist unabdingbar. Wäre die betrachtete Person die einzige auf der Welt, die Sieger oder Gewinner sein wollte, so wäre das in der Tat eine langweilige Situation und diese Person würde sicherlich nicht lachen.

Oft wurde geschrieben (z.B. von Cicero), dass es bei einem Witz oder einer witzigen Situation eine plötzliche Wendung geben muss. Das meine ich muss nicht zusätzlich gefordert werden, denn es steckt implizit im Erkennen der Situation: Diese erfolgt nicht über lange Zeit, sondern quasi instantan, was schlicht unserer Wahrnehmung geschuldet ist.

In fast allen Lach-Theorien wird stets von „Gutartigkeit" gesprochen (nicht nur in der Bening-Violation-Theory). Dem Lachen wird also nie eine böse Absicht unterstellt. Diese Eigenschaft folgt nicht unbedingt aus der Theorie aber scheint dennoch dem Lachen inhärent zu sein: Es muss quasi nett gemeint sein, denn es ist ein Hinweis auf eine Rückständigkeit. Es zu unterlassen hieße ja denjenigen in seinem Zustand zu lassen, was definitiv bösartiger wäre. Die Böse Schwiegermutter macht es beim Giftmischen ja im Grunde auch: Sie weist Schneewittchen auf ihr Unwissen hin. Ob

"Gutartigkeit" von unserer Theorie wirklich abgedeckt wird weiß ich nicht. Fest steht jedoch, und das wird sicher niemand bestreiten, dass das Lachen über jemanden stets in irgend einem Sinne gutartig ist, will sagen, dass der Lachende quasi denkt oder sagt: "Du bist zwar soeben unbemerkt in alte Verhaltensmuster zurückgefallen, es ist aber nicht schlimm". Dieses nicht-schlimm-sein ist ein wichtiger Punkt, den wir später noch einmal beleuchten werden (nämlich bei der Erklärung des aufrechten Ganges).

Über sich selbst lachen. Wer über sich selbst lacht, der tut nach unserem Muster nichts anderes, als sich selbst auf einen Rückfall aufmerksam zu machen. Notwendige Bedingung hierfür ist, dass er es überhaupt erkennt. Das tun andere nicht oder haben eben nicht die Fähigkeit dazu, deshalb haben Menschen, die über sich selbst lachen können anderen deutlich etwas voraus. Aber auch die Fähigkeit über andere zu lachen wird nach meinem Empfinden als eher positiv angesehen, denn es ist eben die "nette" Art auf einen Rückfall aufmerksam zu machen. Man könnte ja wie zuvor erläutert auch den Rückfallenden in seinem Zustand kommentarlos belassen, oder die Situation anderweitig ausnutzen. Es kommt also nicht von ungefähr, dass Humor als wichtigste gewünschte Eigenschaft bei der Partnersuche zu finden ist. Derjenige, der Humor hat und es auch zeigt, indem er viele (situationsbedingte) Witze macht, zeigt vor allem aber eins: Dass er die Fallstricke erkennt. Das ist meiner Meinung nach einer der Hauptgründe warum Menschen witzig sein wollen. Sie wollen zeigen, dass sie die Fähigkeit haben neues Verhalten bewusst von altem zu unterscheiden, auch in Situationen, in denen es punktweise sehr schwierig ist. Sie zeigen, dass sie entwicklungsfähig sind, oder vielleicht auch eine stärkere Lebenskraft haben. Es war ja schon immer kein Geheimnis, dass das Erlernen von neuen Dingen meist gar nicht so schwierig ist. Schwierig ist meist nur das Loslassen von den alten Dingen.

Ich glaube daher, dass jeder Mensch instinktiv bereits genau weiß, was Humor ist und wozu er dient. Nur mit der genauen Ausformulierung besteht so eine Schwierigkeit. Man muss eben weit ausholen um die Struktur der Evolution soweit in Begrifflichkeiten zu fassen und sodass Humor mit einigermaßen wohldefinierten Begriffen erklärt werden kann.

Ein Lachen aus Erleichterung. Wenn wir sehr angespannt sind und unvermittelt feststellen, dass wir von falschen Voraussetzungen ausgingen, die Situation sich also längst nicht so dramatisch darstellt wie angenommen, lachen wir aus Erleichterung. Und auch hier ist das Muster exakt das gleiche. Niemand erleidet wirklich einen Rückfall, aber wir denken es. Wir haben einer Situation eine gewisse Ernsthaftigkeit unterstellt, d.h. wir unterstellen den handelnden Personen gewisse Vorgehensweisen, Pläne und Intentionen durch welche wir das Gefühl haben, dass sich dadurch eine neue, für uns ungünstige Entwicklung ergibt. Diese unterstellten Vorgehensweisen oder Absichten stellen eben das dar, was wir als aktuelle Spitze der Entwicklung ansehen. Keine schöne Entwicklung zwar, aber das macht keinen Unterschied. Stellen wir nun fest, dass die handelnden Personen diese Absichten gar nicht haben bzw. verfolgen, dann behandelt wir es wie einen unbemerkten Rückfall in "alte" Verhaltensmuster. Und rein formal ist dem auch so: Die handelnden Personen merken gar nicht, dass sie soeben zurückgefallen sind, sich also nicht an der Spitze der uns unterstellten Entwicklung befinden, also sagt uns unsere Psyche, dass wir sie darauf hinweisen müssen: Wir lachen.

Streng genommen ist es also, wie bereits erwähnt, gar nicht so wichtig, dass andere tatsächlich einen unbemerkten Rückfall erleiden – Hauptsache wir glauben, dass dem so ist: dann lachen wir.

Kommen wir zu einem speziellen Personenkreis, nämlich unserer Kinder. Wie eingangs oft erwähnt lachen Kinder in anderen Situationen. Wenn meine Tochter über ihre schmutzigen Hände lacht, so stellt dies ebenfalls einen Rückfall in alte Verhaltensmuster dar. Nur rekapituliert sie wie wir wissen die Phylogenese und die Phase der Evolution bzw. ihres Lebens, wo es eben normal war mit schmutzigen Händen herumzulaufen ist für sie noch relativ nah. Und das ist tatsächlich auch der Grund für die schmutzigen Hände von Kindern, sie sind in ihrer Entwicklung noch nicht so weit, wollen es aber sein. Daher lachen sie, wenn man sie z.B. auf die vielzitierten schmutzigen Hände hinweist. Beim Erwachsenen gilt das nicht: Hat ein Erwachsener schmutzige Hände, so passiert das stets aus dem Grund, dass er oder sie es (noch) nicht bis ins Bad oder zur nächsten Wasserstelle geschafft hat. Es hat nie den Grund, dass ein Erwachsener einfach kurz „vergisst", dass man sich in unseren Kulturkreisen ja eigentlich die Hände wäscht, also einen Rückfall erleidet. Dies gilt meiner Meinung nach für die meisten Lacher von Kindern (die körperlich ausgelösten lasse ich an dieser Stelle aus, die kommen später noch).

Da Kinder laut biogenetischer Grundregel die Evolution quasi im Schnelldurchgang durchlaufen folgt daraus, dass Kinder viel mehr lachen müssten als wir Erwachsene und ich glaube man kann darauf verzichten hier irgendwelche Studien vorzulegen. Im Gegensatz hierzu müssten streng genommen Gruppen oder Gesellschaften, die sich eher langsam oder nahezu gar nicht entwickeln sehr wenig lachen. Mir fallen hierzu Eingeborene ein, die nachweislich seit Jahrzehnten, wenn nicht sogar seit Jahrhunderten in einer eher statischen Gesellschaft leben. Wenn alles mit unserer Theorie stimmt müssten diese Leute sehr wenig bis gar nicht lachen, ausgenommen deren Kinder. Ich bin weit davon entfernt irgendwelche Zahlen oder Beweise vorzulegen, wenn man jedoch im Internet recherchiert trifft man auf recht interessante Behauptungen. Die meisten Aussagen, die um dieses Thema kreisen sind solche, die explizit darauf hinweisen, dass es ein Vorurteil sei, dass Eingeborene (egal welchen Stammes) wenig lachen. Ich wusste gar nicht, dass es eben solche Vorurteile gibt! Auf diese „Vorurteile" selbst stoße ich nicht. Einzig ein Zitat eines Naturfilmers war auszumachen, welches so lautet: „I don't think you could make a good film of the love affairs of an Eskimo […] because they never show much feeling in their faces, but you can make a very good film of Eskimos spearing a walrus"[1] . Es scheint also tatsächlich zumindest einen wahren Kern zu haben.

Wie sieht es denn aus mit den Tieren? Nach allem, was bisher gesagt wurde kann nicht ausgeschlossen werden, dass Tiere Humor haben, denn alle hier betrachteten Voraussetzungen gelten für Lebewesen allgemein, nicht nur speziell für den Menschen. Lachen also Tiere? Bis auf Affen haben wir noch keinen Anhaltspunkt dafür, dass dem so ist. Allerdings hatten wir an keiner Stelle erklärt, warum ausgerechnet das Lachen der Hinweis auf den Rückfall sein soll. Warum pfeifen wir nicht durch die Zähne oder Stöhnen oder machen etwas ganz anderes? Nein, wir lachen. Deswegen darf man nicht den falschen Schluss ziehen und meinen, dass Tiere keinen Sinn für Humor hätten, oder das Affen eben einen hätten, nur weil sie manchmal "huhuhu" machen. Aus unserer Theorie folgt jedoch, dass sie ihn haben. Es folgt aber auch, dass er einzig auf deren evolutionsbiologische Geschichte zugeschnitten ist und es damit für uns quasi unmöglich ist eine humorvolle Situation bei z.B. Hunden zu erkennen. Es wäre allerdings für unsere Beobachtung deutlich günstiger, wenn es außer uns noch Tierarten gäbe, die sich ähnlich schnell entwickeln, die sozusagen eine Mode entwickeln und mit den Jahren neue Verhaltensmuster. Diese würden dann ebenfalls über Inkongruenzen lachen, aber es wären eben Inkongruenzen, die deren Geschichte und deren Verhaltensmuster beinhalten. Und sie würden sicherlich nicht lachen, sondern es anders zum Ausdruck bringen. Insofern stelle ich es mir unter diesen Umständen fast unmöglich vor durch Beobachtung festzustellen, dass andere Arten ebenfalls Humor besitzen. Dass jedes Lebewesen es jedoch theoretisch hat steht eigentlich außer Zweifel.

Die Frage warum bei uns denn ausgerechnet das Lachen als Reaktion auf einen Rückfall in alte Verhaltensmuster auftritt werden wir später noch erschöpfend beantworten. Vorher wollen wir noch einmal (sozusagen zur Wiederholung) durch bekannte Lach-Situationen gehen und überprüfen, ob denn nun wirklich alles mit Rückfällen erklärbar sei (oder ob wir uns zu weit aus dem Fenster gelehnt haben und instinktiv die Fälle ausgeblendet haben, die uns nicht passten).

Wir können z.B. die in der Einleitung dargestellte, ein wenig spontane und unsortierte Auflistung von Situationen durchgehen, die ein Lachen auslösen. Da wäre z.B. der Fahrradfahrer in der Berliner S-Bahn, der eine Bierflasche in seiner Getränke-Halterung am Rahmen hatte. Ein wirklich klarer Rückfall. Wir hatten ja gesagt, dass es wichtig sei, dass dieser Rückfall vom Rückfallenden unbemerkt bleibt. Ob er es denn tatsächlich ist, kann der Lachende natürlich nicht sagen. Aber diese Einschätzung muss beim Lachenden zumindest vorhanden sein, so wie sie bei mir vorhanden war, als ich die Bierflasche sah.

Die Frau, die im ICE dem sehr unzivilisiert aussehenden Mann (bei dem man instinktiv nach einem Geldstück in der Hosentasche sucht wenn man an ihm vorbeiläuft – dass so jemand ICE fährt ist doch ungewöhnlich) vorschlägt, er solle ein Taxi nehmen, als er sie nach einer bestimmten Adresse in Berlin fragte, erlitt klarerweise einen Rückfall in ihre alten Verhaltensmuster. Für sie (und für alle anderen) war die Situation, dass so ein Mensch ICE fährt etwas Neues. Nur fiel sie zurück auf „ihre" gewohnten Etagen: Taxi rufen und einsteigen. Aus Ihrer (unsicheren) Tonlage und Körpersprache ging klar hervor, dass sie in dieser Situation den Rückfall nicht bemerkte. Hätte sie ihm absichtlich ein Taxi vorgeschlagen um ihn vorzuführen, hätte sicher niemand gelacht. Sie hätte ihn vorführen können, wenn das Auftreten des Mannes den Schluss erlaubt hätte, dass er selbst gar nicht merkt, dass er gegenüber den anderen Fahrgästen irgendwie rückständig ist. Dann hätten die Fahrgäste vermutlich auch gelacht, und zwar über ihn. Da aber die Diskrepanz zum Rest der Gesellschaft allzu deutlich war hatte man nicht das Gefühl, dass dieser Unterschied von dem Mann nicht bemerkt war. Zudem bemerkte man anhand der unsicheren Stimme der Frau, dass diese sozusagen in genau der „richtigen" Verfassung war jeden Fallstrick mitzunehmen.

Der Witz mit dem Arzt-Patient-Gespräch, in dem der Arzt verkündet, dass der Patient übergewichtig sei und auf die Entgegnung des Patienten „er wolle noch eine zweite Meinung einholen" sofort nachsetzte, dass er zudem hässlich sei erfordert m.E. keine weitere Erklärung. Der Arzt erlitt klarerweise einen Rückfall. Unbemerkt, jedoch gibt es stets die zweite Variante: Der Arzt tut so, als wäre der Rückfall unbemerkt, d.h. er macht einen Witz.

Und wenn ich das richtig überblicke, dann sind tatsächlich alle Fälle, die wir in der Einleitung aufgezählt haben abgedeckt: Wortwitze, Jackpot-Gewinner, schmutzige Kinder-Hände. Vielleicht haben wir über die Lach-Situationen von Kindern zu wenig gesagt, aber bislang ging es ja nur darum zu prüfen, ob alle Situationen, in denen Kinder lachen von unserem Modell abgedeckt werden. Ja, tun sie, und ich will nicht alle Fälle einzeln durchgehen, denn es ist immer dasselbe. Selbst das lachen über fäkale Angelegenheiten gehört dazu, denn diese stellen ebenso einen Rückfall in alte Verhaltensmuster dar wie schmutzige Hände oder nicht vorhandene Tischmanieren, über die Kinder sehr gern lachen. Nicht unterschlagen sollte man vielleicht noch das sogenannte Kuckkuck-spiel, auf englisch peek a boo, bei dem (meist) die Mutter das Kleinkind zum Lachen bringt indem sie ihr Gesicht versteckt, oder wahlweise nur mit der Hand verdeckt (und dabei evtl. durch die Finger schielt oder Ähnliches) und anschließend unvermittelt wieder ihr "normales" Gesicht zeigt. Dieses Spiel wird oft zur Erklärung der Struktur eines Witzes herangezogen, indem dann Dinge wie Erwartungshaltung und Überraschung zugrundegelegt werden. Dies ist auch kaum als falsch zu bezeichnen, denn das sind die Prinzipien der Inkongruenz, welche vielen komischen Situationen und Witzen innewohnen, so denn auch irgendwie bei diesem Spiel. Nur kommt man mit dieser Beschreibung eben nicht sehr weit. Viel, sehr viel weiter (siehe 2. Teil dieses Buches) kommt man mit dieser Beschreibung: Für das Kind ist das Verstecken des Muttergesichts eine neue Verhaltensweise der Mutter, welche dann unvermittelt in ihr altes, dem Kinde wohlbekanntes Verhaltensmuster zurückfällt, was wiederum vom Kind mit einem Lachen quittiert wird. Ob die Mutter dabei "Kuckuck" oder etwas anders sagt ist unerheblich, denn dieses Spiel existiert in vielen Kulturen und Sprachen.

Es wäre vermutlich an der Zeit uns zurückzulehnen und mit unserer Theorie zufrieden zu sein, wären da nicht noch zwei Kleinigkeiten, nämlich zum einen die Situationen, in denen wir lachen, welche aber nicht auf mentalen sondern physischen Triggern beruhen, und zum anderen – das wird aufmerksamen Lesern nicht entgangen sein – das Lachen beim Stolpern. Es scheint gerechtfertigt, die Klasse der Situationen gesondert zu betrachten, bei denen wir durch körperliche Aktionen zum Lachen verleitet werden – allerdings fehlt beim Stolpern doch ein verständiges Argument, warum dies wirklich gesondert betrachtet werden sollte. Es ist ja schon ein Lachen, welches durch einen geistigen Akt – also durch einfaches Hinsehen – getriggert wird. Da wir gesagt haben, dass Lachen stets das Aufmerksam-machen auf einen unbemerkten Rückfall ist, kommen wir jetzt ein wenig in Verlegenheit. Welchen unbemerkten Rückfall soll dies denn darstellen? Und vor allem: wieso unbemerkt? Wenn jemand stolpert, dann merkt er oder sie es doch sofort, egal ob derjenige sich böse verletzt oder nur ein wenig strauchelt. Ein Aufmerksam-machen ist da doch gar nicht nötig. Und welchen Rückfall soll dies denn darstellen? Es scheint, als reden wir hier eher von einem wohlbemerkten Hinfall als von einem unbemerkten Rückfall. Wie soll das denn in unser Schema zu packen sein, ohne dass wir uns die Blöße geben müssen unsere Theorie so weit zu verbiegen, als dass diese Situation hineinpasst? Oder sollen wir unsere Theorie verwerfen und uns anderen Dingen zuwenden, nur weil wir ein Gegenbeispiel gefunden haben? Im Gegenteil – wir werden bald sehen, dass sich – mit etwas Ausdauer und Sturheit –dieses Problem in Wohlgefallen auflösen wird. Mehr noch, die Lach-Situation, bei der jemand stolpert wird sich als Dreh- und Angel-Punkt unserer gesamten Humor-Theorie herausstellen.

Es bleiben dennoch all jene Situationen, in denen wir lachen weil mit unserem Körper etwas passiert. Einige „moderne" Theorien machen es sich ja sehr leicht, indem sie meinen durch verbale Umformulierungen beides unter einen Hut zu bringen. Neulich las ich den Satz, dass ein Witz „an der Sprachhaut kitzelt". Dieser Satz stellt eigentlich auch einen Rückfall dar, nur vielleicht einer anderen Art. Aber es stellt sich mir manchmal dennoch die Frage ob solche Sätze wirklich ernst gemeint sind, so nach dem Motto: Wenn meine Theorie das faktisch nicht hergibt, dann verbiege ich meine Sprache so lange bis es zumindest sprachlich so aussieht, dass beides in eine Theorie passt. Auf der anderen Seite kann ich solche Leute verstehen, denn der Zusammenhang zwischen Humor und Kitzligkeit ist eben hochgradig nicht-trivial, sodass wir im Folgenden noch einige Vorarbeit leisten müssen, um den Zusammenhang zu klären. Diese Mühe wollte (oder konnte) sich bislang offensichtlich keiner machen. Vorweg kann ich sagen, dass der Zusammenhang zwischen Kitzeln und Humor konkret darstellbar und in weiten Teilen relativ streng begründet werden kann. Ähnlich unserer bisherigen Humor-Theorie müssen wir jedoch etwas weiter ausholen um diesen Zusammenhang begründen zu können.

Lachen, physischer Teil: Kitzligkeit und Karussells

Um die letzte Lücke zu schließen, wollen wir uns nun dem Gelächter widmen, welches rein körperlich ausgelöst zu sein scheint. Den Grund herauszufinden, warum wir in solchen Situationen lachen ist gar nicht so schwierig. Man muss erstens nur alle Situationen strukturiert aufzeigen, in denen gelacht wird, dann ergibt sich die Erklärung fast von selbst. Dazu ist es notwendig, dass man wirklich keine Situation unterschlägt, nur das Kitzeln zu betrachten reicht nicht. Zweitens sollte man versuchen den Humor (zunächst) zu vergessen. Das ist vermutlich der schwierigere Teil, denn man möchte ja nur zu gerne eine Verbindung sehen. Dazu sollte man sich jedoch in Geduld üben. Der Zusammenhang wird (wie es beim Humor üblich ist…) plötzlich und überraschend erscheinen.

Gehen wir also alle Situationen kurz durch, die uns aus der Einleitung bekannt sind, wieder sortiert nach Kindern und Erwachsenen. Kinder lachen beim: Rutschen, Schaukeln, Rennen (sprich schnellen Bewegungen), Kitzeln. Erwachsene lachen beim: Kitzeln, starken Beschleunigungen (Achterbahn) und das war es auch schon.

Es lohnt sich vielleicht diese Dinge in einer Tabelle darzustellen.

Lach-Situation	Empfänglichkeit Kind	Empfänglichkeit Erwachsener
Kitzeln	ja, ganzer Körper	ja, prädisponierte Stellen
Schaukeln	ja	nein oder sehr schwach
Rennen / schnelles Bewegen	ja	nein
Achterbahn fahren	ja	ja
Rutschen	ja	nein

Wie bereits erwähnt lachen Erwachsene beim Schaukeln (wenn sie es denn tun) eigentlich nicht, wenn wir es jedoch mit dem Schaukeln übertreiben (in diversen

Attraktionen auf dem Oktoberfest) dann tun sie es doch. Daher ist es zulässig diese Kategorie mit der Achterbahn zusammenzufassen zu sagen wir „körperliche Beschleunigungen erfahren". Auch wird man ohne Beschränkung der Erkenntnis die Kategorien Rennen „schnell bewegen" und Rutschen zusammenfassen dürfen. Es würden demnach lediglich drei Kategorien übrigbleiben:

Lach-Situation	Empfänglichkeit Kind	Empfänglichkeit Erwachsener
Kitzeln	ja, ganzer Körper	ja, aber schwächer, außer an einigen Stellen
körperliche Beschleunig	ja	ja, aber schwächer
Rennen / schnelles Bewegen	ja	nein, gar nicht

Was fangen wir nun damit an? Nun, wir bemühen nun die bereits von langer Hand vorbereitete biogenetische Regel, also die Rekapitulationstheorie und unterstellen, dass sie pro Merkmal in voller Schönheit gilt (das wäre ja so ungefähr ein Merkmal, wann ich lache und wann nicht). Schaut man sich die Tabelle an, ist das auch gar nicht so abwegig, sieht man ja, dass bei Kindern diese Eigenschaften klar auftreten, bei Erwachsenen jedoch teilweise schwächer werden und teilweise gar nicht mehr auftreten. Man ahnt hier also eine Entwicklung von „wurde früher gebraucht" bis hin zu „wird heute nicht mehr gebraucht". Es scheint also eine frühe Menschheitsepoche gegeben zu haben, in der es wichtig war, dass wir in diesen Situationen lachten und diese Wichtigkeit ist später, vor allem heute eben nicht mehr gegeben. Beobachter, die genau hinschauen entdecken jedoch noch eine kleines, jedoch entscheidendes Detail: Bei den ersten beiden Kategorien (Kitzeln und Beschleunigungen) wird die Erscheinung mit der Entwicklung deutlich schwächer, beim Rennen verschwindet sie ganz (kein Erwachsener lacht beim Rennen). Das könnte man, wenn man wollte folgendermaßen interpretieren: Das Lachen in den Situationen Kitzeln und „körperliche Beschleunigung" ist in späteren menschlichen Entwicklungsstufen nicht mehr notwendig gewesen, das Lachen beim Rennen war jedoch definitiv nicht erwünscht. Zu beachten ist dabei, dass wir Erwachsene bei den anderen beiden Kategorien zwar noch lachen, wir es jedoch nicht mögen (Kitzeln kann eine Folter sein und auch auf der Achterbahn wird uns schlecht). Das könnte dahingehend interpretiert werden, dass in späteren Entwicklungsphasen Situationen meiden sollten, in denen wir gekitzelt werden bzw. körperliche Beschleunigungen erfahren, wenn dies aber dennoch eintritt, dann sollte sichergestellt sein, dass das Lachen auch kommt.

Unsere Vorgehensweise ist folgende: Wir suchen eine Situation, in der es vorteilhaft war, dass unsere frühen Vorfahren beim Kitzeln, bei körperlichen Beschleunigungen und beim schnellen (fort-)bewegen lachten. Wenn es denn möglich ist, so eine solche Situation anzugeben, und gleichzeitig einen plausiblen Grund anzugeben, warum denn dabei gelacht werden sollte, so wäre das ja schon die halbe Miete. Aber es geht noch weiter: Wir Erwachsenen zeigen ja, wie unsere Tabelle zeigt, ein etwas anderes Bild. Es muss also für eine befriedigende Theorie unabdingbar sein, dass wir Gründe angeben können, warum jedes einzelne Lachen (also Kitzeln, Beschleunigungen und Rennen) sich evolutionär so verhalten hat, wie wir es in obiger Tabelle notiert haben, das heißt, dass unsere späteren Vorfahren sich aus irgendwelchen Gründen anders verhalten haben oder verhalten mussten (oder, wie wir später zeigen werden: anders verhalten wollten).

Wenn darüber hinaus, aus dem unterstellten Szenario Folgerungen getroffen werden können, die Details unserer heutigen Physiologie erklären, für die wir bislang keine Erklärung hatten, dann kann dieses Szenario als nahezu bewiesen angesehen werden. Ja ja, ich weiß, Beweise gibt es nur in der Mathematik, und manchmal noch nicht einmal da. Aber welches Wort sollen wir denn sonst benutzen? Sagen wir, dass dieses Szenario dann schwer von der Hand zu weisen wäre.

Das Leben auf den Bäumen: Lachen als Hupe

Nun muss man ja zugeben, dass die Überschrift schon einiges verrät. Aber wir wollen die Sache dennoch langsam angehen. Welche Situation kann es im Leben unserer Vorfahren gegeben haben, in der sie a) körperliche Beschleunigungen erfuhren b) sich schnell (fort-)bewegt haben und c) gekitzelt wurden, evtl. sogar alles drei gleichzeitig. Es ist wirklich nicht schwer, zumindest wenn man mit offenen Augen durch den Zoo läuft, diese Situation auszumachen. Allerdings muss man dazu doch ein wenig seine Phantasie bemühen: Unsere Vorfahren lebten ja, so glauben wir heute, auf Bäumen. Als Kind hatte ich einen Bericht darüber gesehen, wie für eine Gorilla-Familie in einem Zoo ein ganz tolles Gehege aufgebaut wurde – mit ganz vielen Bäumen und Pflanzen usw.. Als diese Familie dann schließlich ins Gehege gelassen wurde waren am nächsten Tag keine Bäume oder Pflanzen wirklich zu sehen – es war alles kahlgerupft – kein Zoo schafft es dauerhaft eine dichte Vegetation in Affengehegen aufrechtzuerhalten. Wenn man also am Affengehege eines heutigen Zoos vorbeiläuft darf man sich nicht täuschen lassen. Eigentlich leben diese Affen, und damit vermutlich auch unsere Vorfahren in (sehr) dicht bewaldeten Gebieten, nicht in solchen kahlen Käfigen mit ein paar angedeuteten Baumstämmen. Und wenn man diese Vorstellung denn vor sich hat, dann fehlt nicht viel und man kann sich gut vorstellen wie unsere Vorfahren sich durch die Bäume schwingen. Nicht so wie im heutigen Gehege, sondern durch Bäume, deren Blattwerk so dicht ist, dass man kaum einen Meter nach vorn sehen kann.

Gehen wir der Reihe nach die Tabelle durch. Wenn so ein Vorfahre von uns sich durch eine Baumkrone mit dichtem Blattwerk schwingt, so erfährt er a) körperliche Beschleunigung (das Schwingen von Ast zu Ast, das Wenden um einen Ast oder Stamm, teilweise freier Fall usw.), b) schnelle Bewegungen (das ist die Frage: wie schnell waren unsere Vorfahren im Baum; ich weiß es nicht, unterstelle aber eine substantielle Geschwindigkeit) und c) Kitzeln – Oha! Wer soll denn da kitzeln? Natürlich das dichte Blattwerk. Das ist bei einer Bewegung durch dichte Baumkronen nicht zu vermeiden. Für viele Leser mag das vielleicht deswegen überraschend sein, weil ein jeder das Kitzeln mit einem Kitzeln durch eine andere Person verbindet. Vermutlich ist dem so, weil wir uns heute nicht mehr nackt durch dichtes Blattwerk bewegen und daher das Kitzeln durch eine andere Person die einzige Möglichkeit ist, so etwas noch zu erfahren. Aber jeder kann dies ausprobieren: Blätter kitzeln, vor allem wenn man diese an unseren prädisponierten Stellen (unterm Arm oder Fußsohle) vorbeiziehen lässt. Aber wir dürfen nicht vergessen: Wir reden von einer Epoche, die derjenigen entspricht, die laut biogenetischer Regel mit dem Verhalten von unseren Kindern korrespondiert, und diese sind im sehr jungen Alter überall kitzlig.

Kommen wir jedoch zu den anderen beiden Punkten. Körperliche Beschleunigungen erfahren unsere Vorfahren dabei klarerweise, daran gibt es eigentlich keine Zweifel. Man läuft ja nicht schnurgerade durch die Bäume, sondern schwingt sich von Ast zu Ast, ähnlich einer heutigen Schaukelbewegung. Ich erwähnte es bereits in der Einleitung: Wer ein Kind auf einer Schaukel relativ stark (vor allem beim ersten mal) anschaukelt, der wird ein merkliches Lachen oder sagen wir besser Kichern des Kindes wahrnehmen. Darüber können also keine Zweifel entstehen. Der letzte Anhaltspunkt, die schnelle Fortbewegung ist selbstverständlich auch gegeben, denn wenn die Fortbewegung im Baum aus einem Schwingen von Ast zu Ast besteht, dann folgt rein physikalisch eine gewisse Minimalgeschwindigkeit.

Diese Erklärung ist ja schon relativ zufriedenstellend, denn sie zeichnet sich durch folgende Eigenschaften aus: Erstens passt sie in das allgemein angenommene Bild der Geschichte unserer Menschheit. Zugegebenermaßen ist dies jedoch ein mittelmäßig gutes Argument, da wir ja in diesem Buch doch gezeigt haben oder zeigen werden, dass so manch andere Annahme dieser Art sich eher als falsch herausstellt. Aber dass unsere Vorfahren Lebewesen waren, die auf Bäumen leben hatte wie gesagt schon Darwin abgeleitet und ich will ganz ehrlich sein – nichts was er behauptete hat sich bislang als wirklich falsch herausgestellt. Das liegt vermutlich daran, dass er in der Lage war Beobachtungen von Interpretationen und Schlussfolgerungen klar zu trennen. Im Grunde besteht sein Werk kaum aus Schlussfolgerungen, bis auf einige wenige, unter denen sich die Aussage befindet, dass die Arten nicht zeitgleich durch Gott geschaffen worden sind, sondern durch eine Evolution entstanden sind. Der Rest sind eigentlich nur Beobachtungen.

Zweitens brauchten wir nur eine Annahme für alle drei Erscheinungen. Nicht so vorteilhaft wäre es, wenn wir z.B. fürs Kitzeln und Rennen jeweils getrennte Situationen aufzeigen müssten. Dann hätten wir auch später separate Erklärungen für die jeweilige Situation zu liefern (warum wir eben da als Erwachsene nicht mehr lachen).

Drittens hat unsere Annahme eine innere Konsistenz: wir mussten die drei Kategorien (kitzeln, schnell fortbewegen und beschleunigen) nicht künstlich zusammentun, sondern sie passen sehr natürlich zusammen. Und viertens können wir einen sehr guten Grund angeben warum bei dieser Aktion gelacht werden musste (siehe im Folgenden).

Wir halten also fest: Unsere Vorfahren schwangen sich durch die Bäume und lachten dabei. Wieso aber eigentlich? Hätten sie sich nicht still durch das Blattwerk hindurch bewegen können? Erinnern wir uns daran, dass wir von einem relativ dichten Blattwerk sprachen und wir sprachen bereits von einer Art Minimal-Geschwindigkeit, welche sich eben ergibt wenn man sich schwingend fortbewegt (Pendelgesetz) und mit welcher sich unsere Vorfahren durch das Blattwerk bewegten aber viel Phantasie ist nicht nötig um sich vorzustellen wie oft es zu Zusammenstößen kam, was einen Absturz und sogar den Tod beider „Kollisionspartner“ bedeuten könnte. Das Lachen diente also als eine Art Hupe! Tatsächlich hört man das bei einigen Affenarten im Zoo noch heute. Aber es muss schon ein wirklich schnelles Fortbewegen sein, meist in so einer Art Fangen-Spiel. Bislang dachte ich immer, dass es im Affen-Gehege mit einer Art Aufregung einhergeht („halt, der hat meine Banane geklaut..“), aber so ist es nicht. Wenn die Affen sich gemächlich durch die Äste hangeln tun sie es lautlos. Geht es zur Sache, sind sie laut. Vielleicht täuscht es, aber es sind vielleicht eher die kleinen Affenarten bei denen es vermehrt zu beobachten ist. Bei denen ist auch eine deutlich größere Geschwindigkeit zu verzeichnen als bei so einem Gorilla, der sich doch dagegen relativ träge fortbewegt.

Im Übrigen tun wir heute dasselbe, nämlich beim Autofahren. Vielleicht nicht in unseren nördlich-westlicheren Breiten, wer jedoch einmal in Rom oder Athen motorisiert unterwegs war wird feststellen, dass die Hupe ein unerlässliches Mittel zur Vermeidung von Zusammenstößen ist. Ein ehemaliger Kollege berichtete mir Beifahrer gewesen zu sein in entweder Dehli oder Mumbay (ich habe vergessen welche Stadt es genau war) und sagte, dass man ohne zu hupen in dem dortigen Verkehr quasi unsichtbar wäre (eine klassische Frage im Physik-Vordiplom lautet: Das

Kind steht hinter einem Baum als die Mutter es ruft; wieso hört das Kind die Mutter, sieht sie aber nicht?).

Schnelle Fortbewegungen durch dichtes Blattwerk waren also sehr gefährlich und es ist natürlich nicht bewiesen, aber sehr naheliegend, dass das Lachen als eine Art Hupe zur Vermeidung von Zusammenstößen diente. Wenn wir nun aber zeigen könnten, dass unter Zuhilfenahme der Rekapitulationstheorie die weitere Entwicklung der „Menschheit" (falls man in diesem Stadium bereits davon sprechen kann) was das Merkmal „Lachen" betrifft nahtlos und konsistent in die weitere Entwicklung der menschlichen Ontogenese einbetten kann, so wäre man doch einem „Beweis" recht nahe. Und genau dieses wollen wir jetzt demonstrieren.

Der Abstieg von den Bäumen: Warum wir kitzlig sind

Wenn wir die weitere Entwicklung unserer Vorfahren weiterdenken, so muss es ja irgendwann einen Punkt gegeben haben, wo wir von den Bäumen herabstiegen. Darwin folgerte es ja aus der Embryonalentwicklung des menschlichen Fußes. Wir folgern es aus dem Verhalten unserer Kinder. Schaut man sich auf dem Spielplatz um, so muss man feststellen, dass dieser einem Affengehege recht nahe kommt; da gibt es Schaukeln (im Affengehege meist Seile), jede Menge Klettergelegenheiten und die Rutsche stellt meines Erachtens ebenfalls eine Bewegung dar, die unsere Vorfahren vollführten, also so eine Art halber Sturzflug. Was das Kitzeln der Kinder betrifft, so wird dies auf einem Spielplatz nicht geboten, da muss Papa zu Hause nachhelfen. Ich glaube ich erwähnte es bereits, dass sehr kleine Kinder es mögen gekitzelt zu werden und quasi am ganzen Körper kitzlig sind. Im Laufe des Älterwerdens ändert sich das: Die meisten Körperstellen stumpfen ab, es bleiben jedoch die Achselhöhlen und Fußsohlen unterstützt von sagen wir halb-kitzligen Stellen wie Bauch oder Seiten. Für folgende Aussage habe ich kaum ein Beleg, jedoch scheint es so zu sein, dass sich die Menschen in zwei Gruppen aufteilen: Diejenigen, die eher am Bauch kitzlig sind, und diejenigen, die eher an den Seiten kitzlig sind. Das lässt sich im späteren Verlauf dieses relativ schön zeigen, nur steht eine Bestätigung noch aus (wie müsste die denn aussehen? Eine Kitzligkeits-Umfrage?). Ich vergaß dabei den Schritt, also die Innenseite der Oberschenkel in der Nähe des Genitalbereiches, ich unterstelle, dass jeder dort kitzlig ist.

Kommen wir jedoch zurück zur weiteren Entwicklung. Was passierte denn, wenn wir von den Bäumen herabsteigen und uns nur noch auf oder teilweise auf dem Boden fortbewegten? Auf diese Fragestellung wollen wir versuchen eine strukturierte Antwort zu erarbeiten. Dazu gehen wir die drei Lach-auslösenden Umstände (also Kitzeln, Beschleunigungen, schnelle Fortbewegung) einen nach dem anderen durch und überlegen wie sich dieses Verhalten denn verändern müsste oder könnte. Generell ist jedoch davon auszugehen, dass dieses akustische Warnsignal, welches das Lachen ja auf den Bäumen darstellte nicht mehr gebraucht wurde. Ob es darüber hinaus auch unerwünscht war, ist (mal wieder) nicht zu beweisen, aber es liegt doch nahe, dass dem so war. Vielleicht wollte man keine wilden Tiere auf sich aufmerksam machen, denen man ja jetzt auf dem Boden quasi ausgeliefert war, vielleicht kostete es auch unnötig Energie. Vielleicht aber kam man sich dabei einfach nur blöd vor. Wir werden im weiteren Verlauf dieses Buches zeigen, dass Letzteres der Fall war.

Beginnen wir jedoch mit den körperlichen Beschleunigungen. Bei einer Fortbewegung auf dem Boden kommen solche Beschleunigungen ja nicht mehr vor (wir schwingen uns ja nicht mehr von Ast zu Ast). Daher ist es nicht notwendig, dass sich der Reflex (oder der Trieb, das Verhaltensmuster …) zurückbildet. Er kann abgeschwächt werden, muss es aber nicht. Im Grunde kann es bleiben wie er ist, bei der Fortbewegung auf dem Boden stört es nicht weiter, weil das Lachen dadurch ja gar nicht getriggert wird. Vergleichen wir das mit der obigen Tabelle, so stellen wir fest, dass dies genau das Verhalten von Erwachsenen in diesem Belang repräsentiert: Das Verhaltensmuster bei körperlichen Beschleunigungen zu lachen ist immer noch vorhanden, wie man an jeder Achterbahn hören kann.

Schauen wir uns die nächste Kategorie an, nämlich die schnelle (Fort-)Bewegung.

Diese findet ja auf dem Boden immer noch statt, die „Menschen" sind auf dem Boden sicherlich nicht nur umher geschlendert. Nun hatten wir gesagt, dass das Lachen nicht mehr erwünscht sei, daraus folgt jedoch, dass sich dieser Trieb zurückentwickeln muss. Genau das sehen wir in obiger Tabelle bestätigt: Erwachsene lachen nicht beim Rennen, nicht ein bisschen. Wir sehen also, dass sich die heutige Entwicklung des Lachens vom Kind zum Erwachsenen nahtlos in ein prähistorisches Szenario einbetten lässt. Und wir sehen noch etwas: Ein einmal erworbener Trieb verschwindet nicht so einfach. Es gibt keinen Grund und es hat keinen Vorteil, dass ein Kind beim Rennen noch lacht. Es tut es dennoch. Offensichtlich kann dieser Trieb nur dadurch verschwinden, dass sich ein nennen wir es Unterdrückungstrieb "darüberlegt". Dieses Schema, dass ein einmal erworbener Trieb nicht einfach so wieder verschwinden kann scheint eine fundamentale Tatsache zu sein. Haeckels Grundregel scheint auf ein Merkmal angewendet also wunderbar bestätigt zu sein, denn es scheint klar, dass buchstäblich kein Mensch diesen Trieb mehr braucht, wir schleppen ihn in der Kindheit jedoch immer noch mit, und das wird sich auch in ferner Zukunft, so wir Menschen noch existieren, nicht ändern.

Es scheint also tatsächlich so zu sein, dass ein Trieb, wenn er es denn erst einmal in unser Erbgut geschafft hat, dort für immer erhalten bleibt. Ein neuer Trieb stellt sich in der Ontogenese hinten an, so wie es die Rekapitulationstheorie will. Um ihn wieder loszuwerden muss ein neues Verhalten angelernt werden, nämlich eines, welches diesen Trieb schlicht unterdrückt, also eine Art Unterdrückungstrieb wie wir es oben nannten. Von diesen Unterdrückungstrieben gibt es eine ganze Reihe wie wir später sehen werden. Diese Unterdrückungstriebe gehorchen jedoch den selben Gesetzen wie alle anderen Triebe.

Es bleibt noch ein Punkt offen, nämlich die Kitzligkeit. Dieser Punkt ist mit Abstand am interessantesten.

Wenn wir behaupten, dass ein dichtes Blattwerk uns beim „Flug" durch die Bäume gekitzelt hat, und wir unterstellen, dass wir sowohl Hände als auch Füße zum greifen von Ästen gebraucht haben, so folgt daraus, dass wir damals am ganzen Körper kitzlig waren. Zumindest ist es nicht schwer sich vor seinem geistigen Auge einen Affen vorzustellen, der sich durchs Blattwerk schwingt und bei dem fast jede Körperstelle irgendwann ein oder mehrere Blätter streift. Bestätigt wird dies durch die Kitzligkeit unsere Kinder, die ja im Gegensatz zu uns Erwachsenen überall kitzlig zu sein scheinen.

Jetzt haben wir aber folgende Situation: Unser Vorfahre steigt von den Bäumen hinab und bewegt sich auf dem Boden weiter fort. Es ist wohl nicht falsch anzunehmen, dass die Äste der Bäume bis auf den Boden reichen, will sagen, dass unser Vorfahre immer noch mit vorbeistreifenden Blättern irgendwie in Kontakt kam. Jetzt wird es spannend. Wir hatten ja darüber hinaus gesagt, dass das Lachen bei der Fortbewegung auf dem Boden nicht mehr erwünscht war, woraus folgt, dass dieser Kitzligkeits-Trieb sich zurückentwickeln musste. Zumindest an den Körperstellen, welche immer noch mit Blättern in Berührung kamen. Bei den übrigen Körperstellen kann er bleiben.

Wir wollen nun im Folgenden untersuchen, welche Körperstellen dies denn sind. Dazu stellen wir uns einfach einen heutigen Menschen vor (der damalige "Mensch" sah sicherlich anders aus, wir wissen jedoch nicht genau wie – in Ermangelung eines besseren Modells benutzen wir den heutigen Menschen in dem Glauben nicht allzu viel falsch zu machen), der durch einen dichten Wald läuft. Man kann sich einfach mit der Vorstellung behelfen, dass derjenige, der durch den Wald läuft vollständig mit roter Farbe angemalt ist, und dass diese Farbe, wenn ein Blatt denn unseren Menschen berührt, an den Blättern haften bleibt und somit unseren damaligen Menschen an jener Stelle von der Farbe befreit. Unsere Testperson ist also komplett rot gefärbt und läuft kreuz und quer durch einen Wald. An den Stellen seiner Haut jedoch, welche durch vorbeistreifende Blätter berührt werden, dort löst sich die Farbe ab. Die Stellen hingegen, an die die Blätter der Bäume nur schlecht oder gar nicht herankommen, diese bleiben mehr oder weniger rot.

Wie sieht der „Mensch“ danach aus? Fassen wir noch einmal unsere Erwartungshaltung zusammen: Die Bedingung war ja, dass unser Mensch jetzt nicht mehr lachen sollte wenn er auf dem Boden läuft und sich nicht mehr von Ast zu Ast schwingt. Der “Trieb” zu lachen darf dann ja nicht durch kitzelnde Blätter ausgelöst werden, das heißt die Haut, welche immer noch von Blättern gekitzelt wird muss in einem gewissen Sinne abstumpfen. Sollte es Körperstellen geben, die beim Laufen durch einen dichten Wald nicht (oder sehr schlecht) von Blättern berührt werden (können) so besteht hier zunächst keine Notwendigkeit einer Abstumpfung: diese Körperstellen können nach wie vor kitzlig bleiben.

Lassen wir also unsere vollständig rot gefärbte Testperson in Gedanken (aufrecht) durch den Wald mit den säubernden Blättern gehen (auf schwarz-weiß-Bildschirmen bzw. Ausdrucken erkennt man im Folgenden leider nur Graustufen). Das ungefähre Ergebnis ist in folgendem Bild dargestellt:

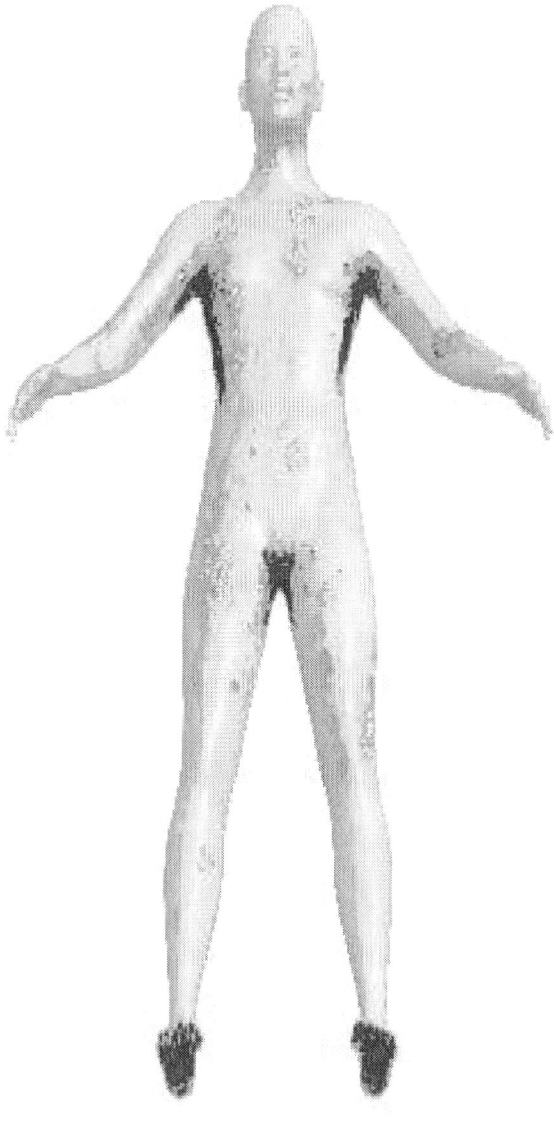

Bild 11: Kitzligkeits-Verteilung beim Abstieg von den Bäumen in dichten Wäldern und gleichzeitigem aufrechten Gang

Man sieht deutlich, dass es einige Stellen gibt, wo die Blätter nicht so recht hinkommen nämlich: Unter den Achseln, im Schritt und an den Fußsohlen.

Nach unseren Voraussetzungen dürfen diese Körperregionen ja kitzlig bleiben, denn es besteht keine "Gefahr", dass durch sie ein Lachen verursacht wird, wenn unser Vorfahr auf dem Waldboden herumlief. Und, wie wir ja wissen, blieben sie es bis heute. Für mich ist dies etwas, was einem Beweis dieses prähistorischen Szenarios sehr nahe kommt.

Genau wie die kosmische Hintergrundstrahlung ein Nachhall des Urknalls darstellt, stellen unsere heute kitzligen Körperstellen einen Nachhall des Abstiegs von den Bäumen dar: Unsere Herkunft ist damit quasi bewiesen.

Es ist vielleicht an der Zeit sich zurückzulehnen und im Geiste noch einmal die Argumente und Schlussfolgerungen durchzugehen, die uns zu dieser doch schwerwiegenden Aussage geführt haben. Wir haben zunächst alle Situationen aufgezählt, bei denen das Lachen nicht durch einen Witz oder ähnliche mentale Rezeptionen ausgelöst werden, sondern durch körperliche Reize. Diese haben wir unterteilt in solche, die bei Erwachsenen auftreten und solche, die bei Kindern auftreten. Wir haben die biogenetische Grundregel unterstellt und geschlussfolgert, dass das Kinderlachen eine frühere Epoche der Menschheit darstellt als das Lachen bei Erwachsenen. Wir haben das Lachen unserer Vorfahren, die beim Fortbewegen auf den Bäumen ein akustisches Signal benutzten um nicht zusammenzustoßen angenommen. Unterstützt wurde diese Annahme durch die innere Konsistenz dieses Szenarios: alle körperlichen Reize, die bei Kindern ein Lachen auslösen ergaben einen praktischen Sinn wenn man sie denn auf das Leben auf den Bäumen zurückspielt (wir erinnern uns, es waren drei Haupt-Reize, die gleichzeitig beim schnellen Fortbewegen durch die Bäume ausgelöst werden, genau wie heute bei Kindern – die Wahrscheinlichkeit, dass hier drei mal zufällig eine Fehlinterpretation vorliegt, ist extrem gering). Wir haben dann den historischen Abstieg von den Bäumen mit der Forderung gekoppelt, dass beim Laufen auf dem Boden nicht mehr gelacht wird. Diese Koppelung ergibt als Schlussfolgerung alle Eigenschaften des erwachsenen Menschen, welche das Lachen ausgelöst durch körperliche Reize betrifft.

Es sind also nicht nur unsere kitzligen Körperstellen, wir können alle körperlichen Lach-Eigenschaften vom heutigen Erwachsenen erklären, wenn man ein urzeitliches Szenario des Lebens und Abstiegs von den Bäumen unterstellt. Um keine Missverständnisse aufkommen zu lassen: Aus den heutigen Lach-Eigenschaften von Erwachsenen folgt nicht zwingend unser Ur-Szenario, das haben wir hier nicht gezeigt. Rein theoretisch könnte es noch ein anderes Ur-Szenario geben, woraus unsere heutigen Eigenschaften folgen (also zum Beispiel warum wir unter den Armen kitzlig sind). Aber die Wahrscheinlichkeit ist doch verschwindend gering.

Der aufrechte Gang

Es gäbe an dieser Stelle noch viele Fragestellungen zu untersuchen, ich möchte mich jedoch auf die folgende beschränken: Gingen wir sofort aufrecht, als wir von den Bäumen kamen oder erst "auf allen Vieren"? Diese Frage ist deshalb interessant, weil sie sich mit den uns nun zur Verfügung stehenden Mitteln beantworten lassen müsste. Lassen wir doch einfach mal unsere Testperson wie oben durch den Farb-Wald laufen, jedoch nicht im aufrechtem Gang. Dazu sollte man sich vielleicht ein wenig mit einer Skizze behelfen, sodass man eine Idee davon bekommen könnte wie das ungefähr ausgesehen hat. In Ermangelung eines besseren Modells greifen wir der Einfachheit halber auf die Anatomie eines heutigen Menschenaffen zurück:

Bild 12: sicherlich sahen wir nicht aus wie Gorillas - für die Vorstellung des vierbeinigen Ganges ist diese Skizze jedoch ausreichend

Mit diesem Bild im Kopf kann man sich relativ leicht vorstellen, an welche Stellen die Blätter nun nicht mehr so recht hinkamen, wenn so ein Gorilla durchs dichte Blattwerk lief nämlich vorderer Hals, Bauch, und evtl. die Hände:

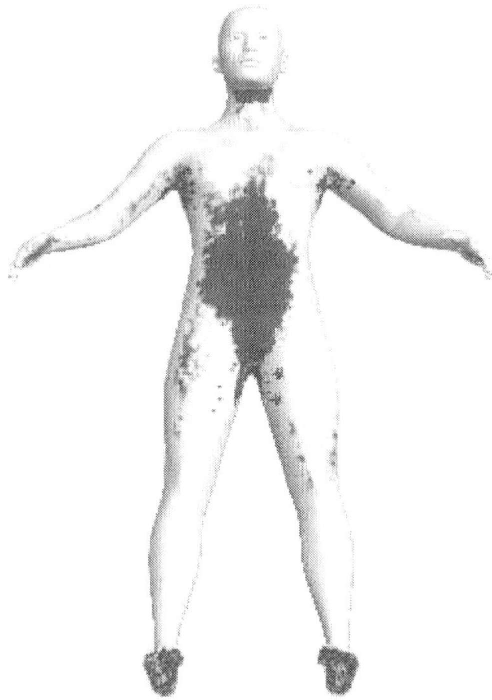

Bild 13: Kitzligkeits-Verteilung beim Abstieg von den Bäumen und anschließendem vierbeinigen Gang

Das Bild sieht jetzt nicht grundsätzlich anders aus (Achselhöhlen, Schritt und Füße bleiben wie zuvor) aber es kommen noch einige Körperregionen hinzu: Hände (je nach dem, ob ich unterstelle, dass sich unsere Testperson mit den Handflächen fortbewegte oder eher auf den Knöcheln), Bauch, und Hals. Die Seiten wären in diesem Szenario nicht mehr so kitzlig wie in obigem (aufrecht gehenden) Szenario. Die Frage ist auch, ob wir in der Phase, wo wir noch nicht aufrecht durch den Urwald liefen uns bereits das Lachen abgewöhnt haben, oder erst mit dem aufrechten Gang. Wenn nicht, dann wären unsere Bäuche heute nicht mehr oder weniger kitzlig als unsere Rücken, aber das ist nicht der Fall. Es muss also schon phasenweise auf das Lachen verzichtet worden sein, als wir noch auf allen Vieren durch den Wald liefen.

Der Vollständigkeit halber erwähnen wir noch die dritte Variante: Wir liefen erst auf allen Vieren durch den Wald, gewöhnten uns da schon unser Lachen ab und liefen anschließend (ebenfalls im dichten Wald) aufrecht:

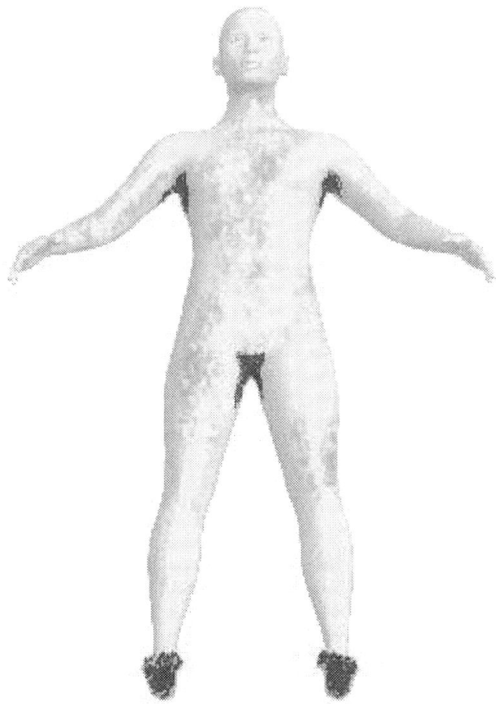

Bild 14: Kitzligkeits-Verteilung beim Abstieg von den Bäumen, erst vierbeinigen und anschließendem zweibeinigen Gang in dichten Wäldern

Der Unterschied zum ersten Bild ist sehr klein: einzig die Seiten wären weniger kitzlig, denn diese wären ja schon beim vierbeinigen Gang abgestumpft, danach wären Bauch und Hals beim zweibeinigen Gang abgestumpft. Anhand dieses Bildes wird es vermutlich schwierig festzustellen, ob wir uns erst das Lachen abgewöhnten als wir erst aufrecht gingen oder bereits vorher.

Was hier weiterhelfen würde, wäre eine Datenbank der Kitzligkeit: Welche Menschen sind heute wo kitzlig, am besten noch sortiert nach Herkunft (also z.B. welcher

Kontinent). Leider ist so etwas nicht zu finden und ich glaube kaum, dass es so etwas gibt. Was bleibt sind lokale Beobachtungen: Ich bin eher am Bauch kitzlig, meine Frau eher an den Seiten (der Unterschied ist recht groß), nicht aber am Hals. Allein diese zwei Beobachtungen zeigen jedoch, dass die beiden Fälle tatsächlich gegeben hat (vergleiche Bild 11 und 13). Zwar ist mein Bauch (und ehrlich gesagt auch meine Handflächen) lange nicht so kitzlig wie meine Fußsohlen, aber dies ist durchaus erklärbar: Da wir alle früher oder später aufrecht liefen, sollte sich ja mehr oder weniger die Kitzligkeits-Verteilung in Bild 11 irgendwann einstellen, es sei denn, dass die Wälder, in denen wir dann schließlich aufrecht liefen nicht mehr so dicht waren.

Gehen wir die Szenarien noch einmal strukturiert durch:

Szenario 1) Die Wälder sind dicht, wir steigen von den Bäumen herab und gewöhnen uns das Lachen auf vier Beinen ab und laufen danach im dichten Wald aufrecht: das ergäbe Bild 14.

Szenario 2) Die Wälder sind dicht, wir steigen von den Bäumen herab und gewöhnen uns gleichzeitig mit dem aufrechtem Gang das Lachen ab: das ergäbe Bild 11.

Szenario 3) Die Wälder sind dicht, wir steigen von den Bäumen herab und laufen erst auf allen Vieren, wobei wir uns das Lachen abgewöhnen. Dann lichten sich die Wälder (weil sie evtl. von selbst ausdünnen, oder weil wir in andere Gegenden gezogen sind) und wir gehen dann erst aufrecht (=Savannen-Hypothese). Das ergäbe Bild 13. Es scheint also zumindest in einigen Fällen eine Koinzidenz zwischen dem Lichten der Wälder und dem aufrechtem Gang zu existieren. Allerdings nur in einige Fällen, ergo kann das Lichten der Wälder nicht allgemein ursächlich für den aufrechten Gang gewesen sein. Den tatsächlichen „Grund" für den aufrechten Gang werden wir im nächsten Kapitel sozusagen enthüllen.

Szenario 4) Die Wälder haben sich bereits gelichtet als wir von den Bäumen herabstiegen. Dann wären wir am ganzen Körper ähnlich kitzlig wie z.B. an den Füßen. Scheidet daher eigentlich aus.

Wie bereits argumentiert, trifft das Bild 13 nie in voller Schönheit zu, denn Bäuche sind (nach meinem Wissen) nie so kitzlig wie Achselhöhlen. Daher kann die Savannen-Hypothese zumindest nicht allgemeingültig zutreffen, zumal es ja Menschen gibt, die eher Bild 11 repräsentieren. Aber dennoch ist z.B. mein Bauch sagen wir halb so kitzlig wie meine Füße, das spricht einfach dafür, dass sich die Wälder bereits anfingen zu lichten, als meine Vorfahren anfingen aufrecht zu gehen. Was meine Vorfahren betrifft, so scheint das Bild klar zu sein: Sie stiegen von den Bäumen und liefen vierbeinig. Dabei gewöhnten sie sich das Lachen ab. Als sich die Wälder lichteten fingen sie an aufrecht zu laufen. Der noch kitzlige Bauch stumpfte ebenfalls ab, aber nicht mehr so stark, da das Blattwerk nicht mehr so dicht war.

Bei meiner Frau scheint das anders zu sein, denn ihre Seiten sind sehr kitzlig: Ihre Vorfahren haben sich das Lachen erst abgewöhnt, als sie aufrecht durch den dichten Wald liefen oder, was man eher vermuten könnte, sie haben es gleichzeitig getan (sich also gleichzeitig mit dem aufrechten Gang das Lachen abgewöhnt), denn es ist doch sehr unwahrscheinlich, dass sich hier eine andere Reihenfolge ergeben sollte als bei meinen Vorfahren, wenn auch nicht beweisbar. Die Reihenfolge ist also: Abstieg von den Bäumen – Abgewöhnung des Lachens – aufrechter Gang.

Ja, hätte man doch einen "Atlas der Kitzligkeit". Ich bin mir sicher, dass man daran sehr viel ablesen könnte was die Entstehung des aufrechten Ganges betrifft. Zumindest sieht man recht klar, dass der Abstieg von den Bäumen in den Details nicht einheitlich ist. Es gibt also keinen "Ur-Affen", der irgendwo auf der Welt von den Bäumen herabstieg und dessen Nachfahren wir alle sind. Die Frage, ob die ersten Menschen aus Afrika oder anderswo herkommen stellt sich vermutlich nicht. Der Abstieg von den Bäumen und der aufrechte Gang verbreitete sich offensichtlich durch andere Mechanismen. Welche das genau sind ist an dieser Stelle nicht schlussendlich festzumachen, jedoch wird es immer schwerer sich vorzustellen, dass dies durch Mutation und natürliche Selektion passiert ist: Es müsste also an unterschiedlichen Orten zu unterschiedlichen Bedingungen die gleiche Mutation und der gleiche Selektionsmechanismus gewirkt haben.

Nehmen wir einmal ein Zeitalter an, in dem unsere Vorfahren alle auf den Bäumen lebten. Nehmen wir weiter an, dass ein (nennen wir ihn noch) Affe per zufälliger Mutation den starken Drang besitzt von nun an auf der Erde zu leben. Er oder sie hätte dadurch einen Vorteil (findet mehr Nahrung, so wie man sich das gemeinhin vorstellt) und vermehrt sich sehr rasch. Er oder sie würde sich wirklich sehr rasch vermehren, denn die Konkurrenz auf dem Boden ist ja kaum vorhanden (dieses Prinzip ist wohlbekannt; setzt man Tiere in einer neuen Umgebung aus, so vermehren sie sich zunächst tatsächlich exponentiell und verdrängen andere Lebewesen, man denke z.B. an den Viktoria-Barsch; schon Darwin selbst fiel z.B. auf, dass ihn die Vegetation von St. Helena stark an seine englische Heimat erinnerte, was er darauf zurückführte, dass Pflanzen, die aus England mitgenommen wurden sich stark und ungehindert vermehren konnten). Dann wäre aber der Nachhall dieses Abstiegs (die Kitzligkeit unserer Haut) bei allen Menschen gleich, falls es in dem Mutations-Selektions-Prozess überhaupt einen Nachhall gibt, denn die Theorie von Mutation und natürlicher Selektion kennt keine Rekapitualtion. Da wir jedoch alle etwas unterschiedliche Kitzligkeits-Grade aufweisen, vor allem was den Bauch und die Seiten betrifft folgt daraus, dass wir entweder mit einem anderen Verhaltensmuster von den Bäumen herabgestiegen sind und lernten aufrecht zu laufen, oder wir haben es in unterschiedlichen Gegenden getan oder beides. Natürlich ist es nicht auszuschließen, dass Mutation und natürliche Selektion eine Rolle spielten, aber unter diesen Bedingungen wirklich schwer vorzustellen, wenn man ehrlich zu sich ist.

Nun sollte man nicht allzu viel Energie darauf verwenden festzustellen wie es damals denn nicht war. Vielmehr wollen uns die Frage stellen wie es denn wirklich war. Ohne es an dieser Stelle (schon) beweisen zu können drängt sich folgendes Bild auf: Einer unserer Urahnen war das, was wir heute so als "Alpha-Tier" bezeichnen würden. Er (oder sie?) bestimmte, "wo es langgeht". Eines Tages verfiel er auf die Idee nur noch aufrecht gehen zu wollen (tatsächlich nur das – er hatte keine sachlichen Gründe). Andere wollten ihm nicht nachstehen und haben es sich einfach abgeguckt, und die Gruppe, die dazugehören wollte wurde immer größer. Diejenigen, die in anderen Gebieten auf Bäumen lebten und bereits etwas andere Gewohnheiten hatten wurden irgendwann auch von dieser Mode ergriffen. So lassen sich die unterschiedlichen Grade der Kitzligkeit relativ gut erklären. Mit reiner Mutation und Selektion lässt sich dies eben nicht, oder zumindest deutlich schwieriger. Eigentlich ist es gar nicht so verwunderlich, dass eine ganze Gesellschaft ein neues Verhalten lernt, tun wir es doch auch heute noch. Nur ist das aufrechte Gehen und das nicht-mehr-Lachen heute nicht mehr angelernt: es ist vererbt. Dieses Szenario ist, wie zuvor erwähnt, bereits von anderen Biologen "erahnt" worden. Wir werden im Folgenden zeigen, dass man dies auch belegen kann.

Die Geburtsstunde des Humors

Nun ist die Behauptung, dass wir heute aufrecht gehen, weil unsere Vorfahren es einfach so wollten, aus einer Art Mode heraus, ohne sachlichen Grund, ohne Vorteil usw. immer noch nicht mehr als eine Behauptung. Eine naheliegende zwar, aber ein stichhaltiger Beleg steht noch aus. So einen Beleg konnten wir bei der Hypothese, dass unsere Vorfahren auf Bäumen lebten vorlegen, nämlich als Nachhall des Abstiegs: unsere Kitzligkeit. Die Frage, dies sich ja nun aufdrängt, ist ob es auch für den aufrechten Gang einen Nachhall gibt, und wenn ja, wie kann man daraus den Schluss ziehen, dass der aufrechte Gang nicht aus einer Notwendigkeit heraus entstand, sondern von uns aus, weil wir es einfach so wollten. Klare Antwort: Ja, man kann herleiten, dass es keine sachliche Notwendigkeit gab und ja, es gibt so einen Nachhall, einen gewaltigen sogar!

Wir können analog zum letzten Beispiel vorgehen: Wir unterstellen, dass der aufrechte Gang wie eben beschrieben statt fand, als reine Mode bzw. als ein neues Verhaltensmuster auf das wir halt so verfielen und fragen, welche Konsequenzen dies hätte haben können, welche wir heute immer noch wahrnehmen. Stellen wir uns also folgendes Szenario vor: Einer unserer Vorfahren, oder besser eine Gruppe unserer Vorfahren geht bereits aufrecht durch den Wald. Auf die, die es nicht tun, oder noch nicht tun wird gewissermaßen bzw. buchstäblich herabgeschaut (woher kommt das Wort herabschauen eigentlich?), soweit unsere Vorstellung. Was passiert aber nun, wenn innerhalb der Gruppe, die bereits aufrecht geht jemand "schwach" wird, und ohne es zu merken anfängt auf allen Vieren zu laufen? Wir unterstellen ja, dass es ja nur eine Mode ist – und das Laufen auf zwei Beinen strengt an. Und wenn es denn nicht aus Angst oder Hunger oder anderen Überlebens-Notwendigkeiten getan wird, dann kann es durchaus passieren, dass man es nicht mehr tut ohne es zu merken, sozusagen wenn die Konzentration nachlässt. Was würde dann passieren? Die Gruppe würde sicherlich denjenigen darauf aufmerksam machen. Nicht zu böse, denn er oder sie gehört ja zur Gruppe. Aber auch nicht ganz ohne Spott, demjenigen soll ja doch deutlich gemacht werden wie rückständig er ist. Was würde man demjenigen zurufen, wenn "man" denn damals schon hätte reden können? "Psst, Vorsicht, Du hast dich eben unbemerkt auf die Vorderfüße fallen lassen"? Das wäre vermutlich zu schwach. Man würde, wenn man es mit einer ähnlichen Situation von heute (in einfacher Gesellschaft wohlgemerkt) vergleicht, noch etwas übertreiben und rufen: "Guckt mal alle, der da lebt im Geiste vermutlich noch auf den Bäumen". Wenn also der aufrechte Gang so motiviert gewesen war wie unterstellt, als "Mode", wäre das eine adäquate Reaktion. Wenn man jedoch weiter annimmt, dass zu jener Zeit noch keine Sprache entwickelt war, was tat man dann stattdessen, wenn man bemerkt, dass jemand unbemerkt in den vierbeinigen Lauf fällt und ihm mitteilen will, er könne ja gleich zurück auf die Bäume gehen? Richtig, man machte einfach das Geräusch, das man damals eben machte, wenn man sich auf Bäumen fortbewegte: "Hahaha".

Wer aufmerksam war, dem ist nicht entgangen, dass ein Fall, in dem viele Menschen lachen, den wir in der Einleitung schilderten noch auf seine Erklärung wartet. Wir hatten den Humor identifiziert als den akustischen Hinweis auf einen unbemerkten Rückfall in ältere Verhaltensmuster, wir haben erklärt warum man beim Kitzeln und Achterbahn fahren lacht, wir hatten jedoch zwei Dinge nicht geklärt: Erstens, warum man bei einem Witz tatsächlich lacht (und nicht die Nase hochzieht, oder einen Sprung macht oder durch die Zähne pfeift oder was auch immer) und zweitens die Erklärung des Lachens beim Stolpern. Wir hatten anfangs bereits ausgeführt, dass es nicht das Stolpern allein ist, sondern dass man darunter gewissermaßen alle "Probleme beim normalen Gehen", so hatten wir es glaube ich bezeichnet, subsumieren kann. Insbesondere sind wir im vorletzten Kapitel dem Problem begegnet, dass nicht festzustellen war, was am Stolpern denn unbewusst sein soll. Und tatsächlich können wir uns jetzt ohne Probleme vorstellen, dass ein Übergang vom zweibeinigen zum vierbeinigen Gang tatsächlich unbewusst passieren kann bzw. wirklich und oft passiert ist. Das Wort „Stolpern" wäre demnach zu ersetzen mit dem Ausdruck „sich unbewusst auf die Vorderpfoten fallen lassen", was sich von dem rein kinematischen Vorgang des heutigen Stolperns kaum unterscheidet. Zudem, und das ist entscheidend passiert beides unbewusst bzw. unbemerkt. Noch wichtiger ist jedoch der Umkehrschluss: Wenn das "Lachen" in diesem Falle der Hinweis auf ein unbewussten Rückfall in alte Verhaltensweisen war (und es spricht alles dafür) so folgt daraus, dass der Übergang zum aufrechten Gang ein **bewusster Akt** war. Dass er keine sachlichen Gründe hatte folgt aus der Natur unseres Lachens: Wir "lachen denjenigen aus", damals wie heute. Wir "fanden es lustig" wenn es jemandem passierte. Das wäre definitiv nicht der Fall wenn es einen Nachteil per se, also einen sogenannten Selektionsdruck gegeben hätte. Im nächsten Kapitel werden wir diesen Umstand noch ein wenig näher untersuchen, es steht jedoch bereits jetzt fest: Es gab keinen sachlichen Grund, und dafür spricht auch die allgemein angenommene "Gutartigkeit" des Lachens, wie wir es bereits erörtert haben: Der Lachende denkt üblicherweise: "Du bist gerade in den vierbeinigen Lauf unbemerkt zurückgefallen, es ist aber nicht schlimm". Gäbe es einen externen/sachlichen Grund, so würde das Lachen kaum passen, denn es wäre in diesem Sinne eben "schlimm".

Ich glaube ich liege nicht ganz falsch mit der Annahme, dass jeder Leser bereits verstanden hat an welchem Punkt wir angekommen sind: Wir haben den Nachhall der Phase der Menschheit, in der sie lernte aufrecht zu gehen identifiziert. Es ist unser Humor schlechthin. Es ist das Lachen als Reaktion auf etwas komisches/witziges/wie man es auch immer bezeichnen will. Und tatsächlich, das Schema dieses ersten prähistorischen Witzes ist immer noch das selbe wie heute: Es ist das Aufmerksam-Machen auf einen evolutionsbiologischen Rückfall in alte Verhaltensmuster, nämlich dass jemand aufrecht laufen wollte, jedoch ohne es zu bemerken dann doch auf allen Vieren lief. Andere Individuen machen denjenigen darauf aufmerksam: „hahaha". Die Struktur dieser historischen Szene entspricht genau der, die wir für den klassischen Humor abgeleitet haben. Wenn bei „Pappa ante Portas" Heinrich Lohse alias Loriot sich als pensionierter Chef-Einkäufer im Tante-Emma-Laden benimmt als wäre er immer noch Einkäufer einer großen Firma, so lachen wir: Es ist ein unbemerkter Rückfall (in seine alten Verhaltensmuster) auf den wir ihn aufmerksam machen. Wenn bei „Leben des Brian" Reg alias John Cleese zwar alle fortschrittlichen Dinge, welche die Römer eingeführt haben aufzählt, jedoch nach altem Muster die Römische Besatzungsmacht nur beschimpft ohne sich der aufgezählten Vorteile bewusst zu werden, dann lachen wir: Wir machen ihn auf diesen Rückfall aufmerksam.

Verstehen können wir den Zusammenhang jedoch nur deshalb, weil wir vorher abgeleitet haben, dass unsere Vorfahren beim Fortbewegen auf den Bäumen gelacht haben während sie es auf dem Boden nicht mehr taten. Ohne diese Information wäre es unmöglich zu verstehen, wieso sich ausgerechnet das Lachen als Reaktion auf etwas Komisches herausgebildet hat.

Ich glaube, dass der Übergang zum aufrechten Gang ein gewaltiger Akt war. So gewaltig, dass sein Nachhall noch heute viele hundert male am Tag gehört wird. Ich glaube weiter, dass wir heutigen Menschen es immer noch im Gefühl haben (dass es ein gewaltiger Akt war), denn der Übergang zum aufrechten Gang hat sehr viele Leute beschäftigt, es gibt unzählige Theorien, Karikaturen und Aufsätze. Die Frage, wieso wir von den Bäumen hinabstiegen scheint schon weniger interessant. Dabei gibt es sicher mehr solcher Fragestellungen, z.B. warum wir unser Fell verloren haben oder warum wir anfingen Sex nur noch abseits der Gesellschaft zu haben und vieles mehr. Diese ganzen Übergänge verliefen jedoch scheinbar unspektakulär. Der aufrechte Gang nicht, der kostete wohl viel Zeit, Mühe und Energie und das spüren wir irgendwie noch heute. Dass der aufrechte Gang tatsächlich in einem gewissen Sinne „aufwändiger“ war, als alle anderen „Phasenübergänge“ der Menschheit liegt daran, dass dieser Übergang extrem viel Bewusstsein gekostet hat. Wie das zu verstehen ist wird im 2. Teil des Buches genauer hergeleitet. Vorgreifend kann man jedoch schlussfolgern, dass diese Einzigartigkeit dieses Aktes unseren Geist damals so in Schach gehalten hat, dass er es heute immer noch tut: Dutzendmal am Tag!

Es ist ratsam sich auch an dieser Stelle noch einmal zurückzulehnen und die Argumente zu rekapitulieren, mit denen wir die Entstehung des Humors so wie wir ihn heute kennen mit dem aufrechten Gang verknüpften. Das Wesen des Humors haben wir ja bereits entschlüsselt, es ist stets der akustische Hinweis auf einen unbemerkten Rückfall in ältere Verhaltensmuster auf der zurückgelegten Linie durch die Evolution. Das Wesen des Lachens haben wir auch entschlüsselt, es war ein akustisches Warnsignal bei der Fortbewegung durch die Bäume. Darüber hinaus haben wir hergeleitet, dass mit dem Verlassen der Bäume auch das Lachen bei der Fortbewegung abgelegt wurde. Die Frage, warum sich dieser Hinweis ausgerechnet im Lachen manifestiert hat kann also damit beantwortet werden, dass es eben eine Epoche gegeben hat, in der dieses akustische Signal selbst schon einen Rückfall darstellte, quod erat demonstrandum. Anders kann man es nicht interpretieren.

Es macht sicherlich Sinn noch ein wenig bei den Details der damaligen Zeit zu verweilen. Das Gesagte bedeutet streng genommen, dass das Lachen beim Gehen auf dem Waldboden bereits ein Hinweis auf einen Rückfall in alte Verhaltensmuster war, jedoch auf den eigenen. Wer laut lachend auf dem Boden lief, der galt als ein wenig zurückgeblieben. Eine komische Situation war das im heutigen Sinne jedoch noch nicht. Es ist schwer abzuschätzen wie lange das so lief, aber vermutlich hat sich gerade in dieser Phase der Menschheit das Lachen als ein Zeichen für Rückständigkeit etabliert. Diese Übergangsphase muss zumindest so lange gedauert haben, dass sich das Lachen als Zeichen für Rückständigkeit quasi fest in uns eingebrannt hat. Und zwar so fest, dass wir es beibehielten und in der nächsten Übergangsphase der Menschheit anwendeten mit dem großen Unterschied, das diesmal auf den Rückfall eines anderen hingewiesen wurde. So entstand der Humor, daran kann es keinen Zweifel geben. Es ist auch nicht auszuschließen, dass sich diese beiden Übergangsphasen überlappten. Einige liefen bereits aufrecht, während die ewig gestrigen noch lachend durch den Wald liefen. Ließ sich jemand unbewusst auf die Vorderfüße fallen, so wollten wir demjenigen zu verstehen geben, dass er sich ja fast so benimmt wie eben diese ewig gestrigen, die lachend durch den Wald rennen: "Du hast vergessen 'hahaha' zu machen."

Wir wenden dieses Muster übrigens heute noch an. Wer keine Tischmanieren hat, dem wird sprichwörtlich nachgesagt, dass er “isst wie ein Schwein”. Natürlich tut er dies nicht, es ist völlig übertrieben es mit einem Schwein zu vergleichen. Man holt jedoch gerne der übertriebenen Darstellung halber den Vergleich ein paar Etagen tiefer hervor. Ein lautes “Hahaha” wenn jemand aus Versehen vierbeinig läuft scheint sich also mit heutigem Sozialverhalten durchaus zu vertragen. Zudem ist der Vergleich mit den Tischmanieren recht passend. Niemand stirbt, wenn er oder sie nicht "zivilisiert" mit Messer und Gabel isst, denn wir essen ja dennoch zeitweise mit der Hand (ein Brot, ein Stück Pizza, ein Würstchen usw.). Auch hört man oft an unsere Kinder gerichtete Ermahnungen am Essenstisch "aufrecht zu sitzen" und ich glaube die Analogie zu unserer prähistorischen Aufforderung "aufrecht zu gehen" ist nicht von der Hand zu weisen: Beides hat keinen überlebensnotwendigen Grund.

Wir haben also aus der Annahme, dass der Übergang zum aufrechten Gang als eine Art Mode entstand, so wie Moden heute entstehen, zwei Dinge abgeleitet: Dass man bei einem Witz lacht und (das nicht zu vergessen) dass man lacht, wenn jemand stolpert (wahlweise wenn ein Clown im Zirkus etwas behäbig geht). Das Wort Mode ist vielleicht nicht ganz treffend, denn Moden unterstellt man, dass sie kommen und gehen. Es ist vermutlich treffender es mit einer heutigen Entwicklung der Gesellschaft zu vergleichen (was heißt vergleichen, es ist genau dasselbe!). Man denke an die schon öfters erwähnten Fernsehreportagen aus den 70er Jahren, die wirklich sehr amüsant sind. Wir sehen dort Leute, die, ohne es zu bemerken, ein oder zwei Etagen in der Entwicklung tiefer agieren. Das sonstige Verhalten dieser Leute lässt jedoch darauf schließen, dass sie selbst der Meinung sind sich an der Spitze der Entwicklung zu befinden, dieses "tiefer agieren" also nicht bemerken (dies ist notwendig, sonst wird nicht gelacht). Genau das ist der Umstand der uns lachen lässt.

Etwas unsauber, jedoch auch nicht ganz unzutreffend kann man auf die Frage nach dem Grund des aufrechten Ganges sagen: Es war ein Witz.

Nachwort und Schluss

An dieser Stelle soll der eigentliche Teil des Buches enden. Eigentlich heißt, dass es das erklärte Ziel war eine Theorie des Lachens aufzustellen, die wenig postuliert jedoch viel erklärt. Ob dies gelungen ist, muss der Leser entscheiden. Die Postulate, die wir benötigten waren durchweg keine künstlich aufgebauten Postulate über das Lachen selbst, sondern elementare Prinzipien der Evolution, von denen kein einziges Prinzip wirklich neu war. Was auf der Output-Seite der Theorie vorzufinden ist, also was die Theorie alles erklären kann, so konnten wir tatsächlich alle Lach-Situationen erklären und fanden überdies Dinge vor, mit denen wir gar nicht gerechnet haben wie z.B. den Beweis für den Abstieg von den Bäumen und sogar die Erklärung des aufrechten Ganges. Damit soll denn auch diesem Teil des Buches genüge getan sein.

Vieles, sehr vieles ist nicht erwähnt worden: Über das Lächeln haben wir fast gar nichts gesagt, nicht über das Lächeln aus Verlegenheit, aus Überlegenheit, aus Angst, warum Kleinkinder angelächelt werden, warum Japaner die Hand vor ihren Mund halten beim Lachen, und überhaupt all die sozialen Spielarten des Lachens und Lächelns der heutigen Zeit. Dieses Buch wurde jedoch geschrieben, um fundamentale Prinzipien der Natur zu beschreiben und die eben aufgeführten Aspekte qualifizieren sich nicht dazu. Wer dieses Buch zu Ende liest, sollte vielmehr in der Lage sein selbst über all die eben aufgezählten Aspekte zu urteilen und sie wissenschaftlich einordnen zu können.

Nicht zuletzt deswegen wäre es sträflich an dieser Stelle aufzuhören, denn der rote Faden, den wir in den Händen halten führt uns immer weiter und weiter, man braucht ihm nur zu folgen. Dieses soll im Anschluss geschehen. Die Zweiteilung erfolgt deshalb, weil der folgende Teil einen etwas höheren spekulativen Anteil hat. Während ich den Inhalt des ersten Teils, also die Erklärung des Lachens und die damit verbundene Erklärung des aufrechten Ganges als quasi wasserdicht ansehen würde folgt mit dem zweiten Teil ein Heer an Schlussfolgerungen, die allesamt schwer von der Hand zu weisen sind.

Teil 2: Schlussfolgerungen

Die in diesem Teil erörterten Aussagen schließen sich nahtlos an den ersten Teil dieses Buches an.

Bewusste Evolution

Nun haben wir gezeigt, dass der aufrechte Gang ohne eine externe Notwendigkeit entstanden ist, er war für das nackte Überleben nicht notwendig, wobei man zugeben muss, dass man eine Weile braucht um "auf diesen Trichter" zu kommen wie man so sagt. Man könnte ja auch denken, dass es Gefahren für sich und evtl. für die Gruppe mit sich bringt, wenn man nicht aufrecht läuft und es lohnt sich diesen Aspekt noch einmal zu beleuchten um kein schlechtes Gewissen zu haben. Dazu ist es aber vorteilhaft, wenn man noch ein oder vielleicht zwei Schritte in der Entwicklung zurückgeht und sich fragt warum wir uns eigentlich das Lachen abgewöhnt haben als wir von den Bäumen herabstiegen. Auch hier könnte man zunächst denken, dass es evtl. Gefahren mit sich bringt, vielleicht lockt man wilde Tiere an oder dergleichen. Angenommen es wäre so. Angenommen es hätte einen Einfluss auf Leben und Tod und daher wäre es überlebensnotwendig keine Laute von sich zu geben, wenn man auf dem Boden geht und sich nicht mehr durch die Baumkronen schwingt. Dann ist es jedoch unerklärlich, dass eine Epoche später, als wir schon aufrecht durch den Wald liefen es plötzlich wieder "erlaubt" war dieses Geräusch zu machen, nämlich wenn jemand stolpert (heißt in der Regel, er ließ sich auf die Vorderfüße fallen und ging weiter ohne es wahrzunehmen). Dass in dieser Epoche die wilden Tiere oder welche Gefahren auch immer plötzlich verschwanden ist aus meiner Sicht sehr unwahrscheinlich. Viel wahrscheinlicher ist das oben aufgezeigte Szenario: Einige liefen bereits aufrecht als andere noch vierbeinig und lachend durch den Wald liefen, diese beiden Übergangsphasen der Menschheit also überlappten. Man vergesse zudem nicht Haeckels Regel: Kinder liefen demnach stets auf vier Beinen durch den Wald, als die Erwachsenen auf die Idee kamen aufrecht zu gehen und sie liefen lachend durch den Wald, als die Erwachsenen sich bemühten es nicht mehr zu tun.

Viel wahrscheinlicher ist es also, um es mit einfachen Worten zu sagen, dass es einfach nicht mehr en vogue war ständig dieses rückständige Affengeräusch zu machen, wenn man über den Waldboden lief. Das heißt, dass auch diese Phase der Entwicklung keinesfalls durch Mutation und natürliche Selektion entstanden ist, sondern durch eine aktive und Bewusste Entscheidung. Noch nicht einmal das Wort "Anpassung" wäre hier angemessen und ich bin mir nicht sicher ob selbst Lamarck so weit ging, dass er von einer Änderung ohne Grund sprach. Sein Werk ist zu umfangreich (und ich habe es nicht gelesen) aber ich vermute, dass auch bei ihm stets externe Gründe (also Umwelteinflüsse, Feinde usw.) für aktive Anpassungen gesorgt haben, die dann an die Nachkommen weitervererbt werden sollten (wobei man sich dann zurecht fragt, was denn genau eine aktive Anpassung sei, wenn sie denn von extern getriggert wird). Zudem zeigt es, dass unsere Vorfahren sich bereits darüber bewusst waren, dass sie beim Fortbewegen durch die Bäume dieses Geräusch machten. Und es spricht auch kaum etwas dagegen anzunehmen, dass sie denn auch wussten warum sie dies tun, da ihnen offensichtlich klar war, dass man es auf dem Boden nicht mehr braucht, denn beim Zusammenstoß fällt man nicht mehr in die Tiefe.

Es ist also sehr wahrscheinlich, dass bereits das Abgewöhnen des Lachens beim Abstieg von den Bäumen ein willentlicher Akt war, keine Notwendigkeit. Nichts spricht dann auch gegen die Annahme, dass auch das Angewöhnen des Lachens beim

Aufstieg auf die Bäume ein bewusster Akt war, auch wenn es hier tatsächlich eine Notwendigkeit gab, denn wenn zwei Affen in ihrem Tempo aufeinander stießen und tief fielen, so kann das durchaus den Tod bedeutet haben. Der Vergleich mit dem heutigen Straßenverkehr ist vielleicht nicht ganz deplatziert, denn es sterben ja nicht gleich alle, die die Verkehrsregeln nicht beherrschen und die anderen bleiben übrig, sondern wir lernen diese aktiv und wenden sie an.

Was den aufrechten Gang betrifft, so könnte man sicherlich noch einmal prüfen, ob es wirklich auszuschließen ist, ob sachliche Sekundärgründe vorlägen, die einen Vorteil des aufrechten Ganges begründen. Es gibt ja, wie in der Einleitung dargelegt die ein oder andere Theorie, welche einen nachvollziehbaren sachlichen Grund angibt, weshalb es vorteilhafter gewesen sein soll aufrecht zu gehen, z.B. die sogenannte Nahrungsmittel-Transport-Hypothese, die ich persönlich am einleuchtendsten finde. Wer nicht aufrecht läuft, der kann nichts transportieren. Dazu passt aber das Lachen nicht. Wenn jemand ohne es zu merken auf vier Beinen läuft, statt auf zwei, dann muss er oder sie doch zwangsläufig die Dinge fallen lassen, welche er in den Händen trägt. Wenn es so war, dann sind alle unsere Erklärungen über das Lachen falsch, aber so falsch können die ja nicht sein, da wir ja, wie gezeigt, einige stichhaltige Belege vorweisen können. Die Nahrungsmittel-Transport-Hypothese kann kaum ein Beleg dieser Art vorweisen, es ist halt lediglich eine Hypothese. Im Übrigen scheint es nicht unangebracht darauf hinzuweisen, dass sowohl alle Hypothesen den aufrechten Gang und den Abstieg von den Bäumen betreffend als auch alle bisherigen Lach-Theorien keine Belege dieser Art vorweisen können, die wir hier darlegen. Wie eingangs erwähnt, definiert sich die Qualität einer Theorie durch ihre Vorhersagekraft, also das Verhältnis von Eingangs-Postulaten zu den Schlussfolgerungen. Bei fast allen anderen Hypothesen über den aufrechten Gang gibt es keine andere Schlussfolgerung, als eben die, dass wir heute aufrecht gehen. Von daher erscheint es mir ehrlich gesagt gegenstandslos an dieser Stelle noch einmal zu prüfen, ob es nicht doch eher vorteilhaft war aufrecht zu gehen weil z.B. die Luft oben frischer ist. Oder anders gesagt: Wenn es externe Gründe für den aufrechten Gang gegeben hätte, dann würde sich ja ein Nicht-Einhalten dieser Fortbewegungsweise eben durch diesen externen Grund offenbaren (dass man die Dinge verliert, welche man in der Hand hält, dass man nichts mehr sieht oder dergleichen). Ein spöttisches „Hahaha“ passt dann kaum bis gar nicht ins Bild bzw. wäre völlig überflüssig. Es müsste allenfalls ein sagen wir “warnendes” “hahaha” sein, um auf eventuell baldige Folgen des vierbeinigen Ganges aufmerksam zu machen (für den Fall also, dass sich die Konsequenz des nicht-aufrechten Ganges erst später und damit vielleicht zur Unzeit und zum Nachteil der Gruppe offenbart). Unser Lachen hat jedoch mitnichten einen warnenden oder auch mahnenden Charakter, denn wie wir ja bereits wissen, ist unser Lachen der akustische Hinweis auf einen unbemerkten Rückfall in alte Verhaltensmuster auf der Ahnenlinie unserer Evolution, wie wir es an vielen Beispielen festmachen konnten. Es müsste also in dieser Prähistorischen Situation ein Lachen sein, welches eine große Ausnahme darstellen würde was wenig glaubhaft ist.

In unserer etwas längeren Definition von Humor nahmen wir es ja bereits vorweg, dass es sich stets um einen harmlosen Rückfall handeln muss. Jeder Leser mag dies bestätigt finden bei im Grunde jeder beliebigen lustigen Situation. Wenn meine Tochter geistesabwesend die Straße überquert ohne nach links und rechts zu schauen, so ist das definitiv ein unbemerkter Rückfall in alte Verhaltensmuster, nur gelacht habe ich hierbei noch nie (denn es ist alles andere als harmlos).

Viel spannender und ergiebiger als den übrigen Theorien des aufrechten Ganges entgegen zu argumentieren ist es also hinsichtlich des Blickes in die Vergangenheit, wenn man ein wenig in sich "hineinfühlt". Man stelle sich einfach eine Situation vor, in der jemand stolpert und in der wir lachen (hat sicherlich jeder schon einmal erlebt, selbst Personen – zu denen gehöre ich – die nicht so empfänglich dafür sind). Man versuche sich den Gefühlszustand zu merken, in dem man dann ist und auf die prähistorische Situation zu übertragen: Wir gehen aufrecht durch den Wald, einer fängt an auf allen Vieren zu laufen ohne es zu merken. Wir lachen ihn aus. Was fühlen wir dabei? Wir fühlen eben nichts böses, so nach dem Prinzip "Du Bösewicht bringst uns durch deine Rückständigkeit in große Gefahr". Nein wir fühlen eher so etwas wie "Schaut mal wie blöd der ist, der merkt ja gar nicht, dass er geistig noch auf den Bäumen lebt – hahaha". Und damit haben wir diesen Moment der Menschheitsgeschichte gefühlsmäßig vollständig erfasst. Da erübrigen sich eigentlich alle weiteren sachlichen Erklärungen.

Natürlich könnte man nun unterstellen, dass sich auch unser Gefühl über die Jahrmillionen geändert hat und es wird schwer, wenn nicht unmöglich ein Gegenargument zu finden. Aber ohne solche Annahmen wird es eben schwer überhaupt etwas über frühe Epochen zu sagen. Wer sagt uns denn, dass Fossilien, die über Millionen oder vielleicht hunderte Millionen von Jahren nicht ihre Form verändert haben, geschrumpft sind, verzerrt worden sind, vielleicht sogar größer geworden sind. In einem Zeitraum von vielen Millionen Jahren kann ich mir quasi alles vorstellen. Es ist aber doch unwahrscheinlich und wie gesagt, wenn wir solche simplen Dinge nicht mehr annehmen können, dann wird es wirklich sehr schwer. Zudem müsste die biogenetische Regel gerade hier nicht gelten, sodass in der Gesamtheit die Wahrscheinlichkeit, dass es sich damals nicht so zugetragen haben soll wie hier dargestellt verschwindend gering ist.

Man darf jedoch nicht den Fehler machen zu glauben, dass der Humor erst mit dem aufrechten Gang entstanden ist. Ja, in dieser heutigen Form schon, aber die Fähigkeit (vermutlich aller Lebewesen) zu erkennen, dass jemand einen Rückfall in alte Verhaltensmuster auf seiner Ahnenlinie durch die Evolution erleidet oder erlitten hat, die gab es vermutlich schon immer, seit dem ersten Lebewesen. Es ist allem Anschein nach eine Konstante der Evolution und unterliegt selbst nicht einer Änderung. Wie sich das Erkennen eines Rückfalls äußert, das mag sich ändern, nicht aber das darunterliegende Prinzip.

Wir hatten einen ersten Hinweis darauf, dass der Abstieg von den Bäumen kein singuläres Ereignis war, welches durch eine spontane Genmutation verursacht wurde, dadurch gefunden, dass wir anhand der heute individuell vorhandenen Kitzligkeit darauf schließen konnten, dass unterschiedliche Populationen an unterschiedlichen Orten auf unterschiedliche Weise die Bäume verließen. Wäre es ein singuläres Ereignis, wären alle Menschen an allen Körperregionen gleich kitzlig. Aber es treten nun einmal verschiedene Muster auf. Interessanterweise benutzte der Physiker Max Delbrück eine ganz ähnliche Methode zu zeigen, dass Bakterien eine spontane Mutation zeigen und nicht aufgrund von Umwelteinflüssen mutieren (also tendenziell das Gegenteil). Beide Fälle ergeben nämlich eine andere statistische Verteilung, die man messen kann und so mit der Theorie vergleichen kann. Das Ergebnis dieses Experiments (das sogenannte Luria-Delbrück-Experiment) war sehr eindeutig, sodass niemand mehr ernsthaft die Tatsache bezweifelte, dass Evolution sich durch Mutation und natürliche Selektion auszeichnet. Ich bezweifele dies auch nicht grundsätzlich, kann mir aber gut vorstellen, dass je weiter entwickelt ein Lebewesen ist, desto mehr spielt die aktive Änderung eine Rolle und desto weniger Mutation und (natürliche)

Selektion. Wir werden später noch einmal darauf zurückkommen.

Vielleicht müssen wir jedoch bei der Aussage, dass das Erlernen des aufrechten Ganges ein bewusster Akt war etwas präziser sein, denn korrekte Formulierung wäre: Wir haben gezeigt, dass das Erlernen des aufrechten Ganges den selben Gesetzen gefolgt ist wie das heutige Erlernen einer neuen, persönlichen Verhaltensweise.

Ein Aspekt verdient jedoch noch eine ganz besondere Betrachtung, nämlich die Tatsache, dass diese Änderungen, welche unsere Vorfahren bewusst einleiteten (und auch wir heute noch bewusst einleiten) vererbt werden. Vererbt heißt insbesondere, dass sie nicht durch Erziehung oder sonstige Weitergabe von Wissen von einer Generation zur anderen weitergegeben werden. Dass neue Verhaltensweisen weitergegeben werden bestreitet tatsächlich niemand, nur wurden bislang recht phantasielose Konzepte (“Meme”) dazu eingeführt. Offensichtlich hat sich niemand getraut zu behaupten, dass angelerntes Verhalten tatsächlich körperlich vererbt wird. Aber es gibt nun einmal keine andere Schlussfolgerung. Niemand würde heute behaupten, dass der aufrechte Gang unseren Kindern anerzogen wird. Genauso das Lachen beim Kitzeln. Ich habe zudem meiner Tochter nie gesagt, dass „große Kinder nie beim Rennen lachen, bitte versuche Dir das abzugewöhnen“. Dass ein unbemerktes Zurückfallen in den vierfüßigen Gang mit dem Hinweis "geh doch gleich zurück auf die Bäume" quittiert wird zeugt ebenfalls von einer damals sehr bewussten Handlung (desjenigen, der diesen Hinweis gibt). Da wir aber seit Jahrtausenden über den Ursprung des Humors rätseln kommen wir nicht umhin festzustellen, dass dieser Hinweis, diese damalige bewusste Handlung bereits schon weit ins Unbewusste gerutscht ist – es wird zumindest schwer daran zu zweifeln. Wir können also feierlich festhalten:

A) Es gibt menschliche Eigenschaften, wie der aufrechte Gang oder das Lachen bei einem Witz, welche aktiv durch eine gesellschaftliche Entwicklung erlernt wurden, ohne einen sachlich-technischen Grund

B) Diese Eigenschaft wird ohne Erziehung bzw. anderweitige Wissens-Weitergabe (körperlich) vererbt.

Das heißt:

angelerntes Verhalten von Gestern sind die Triebe von heute
bzw.
angelerntes Verhalten von heute sind die Triebe von morgen

Allerdings scheint es sehr lange zu dauern bis erlernte Eigenschaften zu einem angeborenen Trieb werden. Wie das genau realisiert wird ist schwer zu sagen. Vermutlich wird sexuelle Selektion eine sehr große Rolle spielen, denn das ist der einzige aktive Eingriff in die Evolution welchen wir derzeit kennen. Allerdings ist kaum vorstellbar, dass diese es alleine vermag, denn sie kann ja „nur“ selektieren, es muss aber auch etwas zum selektieren da sein. Zudem erklärt es Phänomene wie Rekapitulation nicht. Aber was ist eigentlich genau der Unterschied zwischen einem erlernten Verhalten und einem Trieb? Niemand würde sich vermutlich dagegen wehren ein erlerntes Verhalten als „bewusst“ zu bezeichnen und ein Trieb als „unbewusst“. Nur hilft uns das weiter? Ob alle unserer heutigen Triebe oder Reflexe mal aktiv erlernt wurden ist an dieser Stelle schwer zu sagen. Es gibt Beispiele wie unsere Atmung, die sich gewissermaßen im Übergangsbereich zwischen bewusst und unbewusst befinden, bei der ich mir durchaus vorstellen kann, dass wir sie aktiv erlernten beim Übergang vom Wasser auf das Land. So abwegig ist die Vorstellung nicht, denn dieser Übergang hat sicherlich auch einige Jahrmillionen in Anspruch genommen und irgendwie mussten unsere Vorfahren ja auch “wissen”, ob sie jetzt gerade Luft holen können, weil sie sich an Land befinden, oder eben nicht, weil sie im Wasser waren. Sie taten es also nach unseren Maßstäben aktiv und bewusst.

Wer weiß, vielleicht war der Herzschlag auch bewusst gesteuert in ganz frühen Epochen unserer Entstehung. Das ist an dieser Stelle natürlich nicht zu beweisen, aber fest steht meiner Meinung nach, dass es außer dem Lachen noch mehr Triebe geben muss, die früher bewusst erlernt worden sind, auch wenn wir es nur beim Lachen bzw. beim aufrechtem Gang herleiten konnten.

Recherchiert man ein wenig im Internet zu diesem Thema so findet man – wen wundert's – dass es tatsächlich bereits Hypothesen diesbezüglich gibt, nämlich dass der Mensch bewusst die Evolution lenkt. Wie im Vorwort dieses Buches bereits dargelegt: es ist über Evolution eigentlich schon fast alles gesagt worden, nur war es nicht immer wissenschaftlich begründet oder motiviert und die Aussage, dass unser Bewusstsein die Evolution steuert ist so eine. Mir persönlich ist es ehrlich gesagt völlig gleichgültig ob die Evolution durch natürliche Selektion stattfindet oder ob meinetwegen Gott die Welt in sieben Tagen erschuf, auch damit könnte ich gut leben. Aber darum soll es hier nicht gehen. Es soll einzig darum gehen welche Gesetzmäßigkeiten aus Beobachtungen und Schlussfolgerungen streng abgeleitet werden können und die Aussage, dass Menschen ihre Evolution bewusst steuern können ist so eine Aussage. Wem dies gefällt, weil er oder sie ein wenig religiös gepolt ist und natürliche Selektion noch nie mochte, den muss ich allerdings enttäuschen: Auch Tiere können bewusst ihre Evolution steuern, es gibt zumindest kein Argument dagegen. Zudem ist mit keinem Wort gesagt, dass es keine natürliche Selektion gibt, im Gegenteil, sie spielte sicher eine große Rolle.

Die Fixierung auf die natürliche Selektion als das dominierende Prinzip der Evolution war für die Entwicklung unserer Gesellschaft sicherlich nicht ohne Folgen. "Sieh an, man hat uns alle belogen" soll der Schüler eines georgischen Priesterseminars gerufen haben, als er die "Entstehung der Arten" gelesen hatte. Der Name dieses Schülers war Iossif Wissarionowitsch Dschugaschwili, der spätere Josef Stalin. Vermutlich meinte auch er lediglich den Tatbestand, dass es überhaupt eine Evolution gab allerdings sollte es mich sehr wundern wenn sich das Prinzip der natürlichen Selektion nicht quasi als Rechtfertigung für seine kommenden Taten in sein Bewusstsein eingeschlichen hat. Bei Adolf Hitler ist die Berufung auf das "Kampf ums Dasein"-Prinzip wohlbekannt, obwohl er sich meines Wissens nie direkt auf Darwin berufen hatte. Genauso bekannt sind die Folgen seiner Herrschaft, in der er ziemlich konsequent dieses "Prinzip" anwendete. Es mutet schon sehr absurd an und stellt für die Naturwissenschaft ein kleines Armutszeugnis aus, dass wir uns heute im Jahr 2017 gesellschaftlich nahezu vollständig von jenem Prinzip gelöst haben, während es in der Biologie nach wie vor ein fast allein-herrschendes Prinzip darstellt: Gesellschaftlich bekämpfen wir niemanden, niemand wird "natürlich ausselektiert" oder ähnliches. Im Gegenteil: Wir helfen Kranken (in Deutschland jährlich mit >200mrd €), sozial Schwachen (ebenfalls mit hunderten Milliarden €) und überhaupt, wir leben so, wie wir leben wollen, geben uns Gesetze und Regeln, welche zumindest zu einem großen Teil dem sprichwörtlichen Willen des Volkes folgen. Von natürlicher Selektion kaum noch eine Spur. Einzig in der Biologie stellt die natürliche Selektion (noch) das dominierende Prinzip da.

Der aufrechte Gang ist nur ein Argument dafür, dass erlernte Verhaltensweisen die Triebe von heute sind (allerdings womöglich das schwerwiegendste). Man darf nicht vergessen, dass wir herausfanden, dass der Humor Triebe genau so behandelt wie kürzlich erlernte Verhaltensmuster. Ein plötzlicher Bezug zur Sexualität (also ein evtl. unbemerkter Rückfall) verursacht genau das selbe Lachen wie ein Rückfall in persönlich erlernte, ältere Verhaltensmuster (z.B. der bereits oft erwähnte Herr Lohse alias Loriot im Tante-Emma-Laden). Niemand wird bestreiten, dass Herr Lohse den Beruf des Chef-Einkäufers erlernt hat und ebenso wird niemand bestreiten, dass Sexualität *nicht* erlernt wird. Der Humor behandelt beides jedoch völlig gleich.

Wir kommen damit allerdings zu einer extrem wichtigen und interessanten Schlussfolgerung, nämlich dass das, was wir in unserem persönlichen Leben als "Gewöhnung" ansehen nichts anderes sein kann, als eben derselbe Mechanismus, welcher dafür sorgt, dass im Laufe der Evolution Triebe aus unseren Verhaltensweisen werden. Jeder erinnert sich sicherlich an seine erste Stunde als Fahrschüler — es gab sehr sehr viel Neues zu lernen, es war nahezu unmöglich sich auf alles gleichzeitig zu konzentrieren, sei es Straßenverkehr, Gangschaltung, Pedale, Anweisungen des Fahrlehrers usw.. Wenige Jahre später sind wir sichere Autofahrer, sämtliche eben erwähnte Handlungen geschehen vollständig unbewusst. Wenn wir also sagen, dass das das selbe ist wie ein evolutionsbiologisch erworbener Trieb, dann brauchen wir nur die Mechanismen unserer Gewöhnung zu studieren um zu wissen wie Evolution funktioniert.

Natürlich erhebt sich jetzt die Frage in welchem Zusammenhang unserer geistige Evolution mit unseren körperlichen Merkmalen steht. Mangels tiefgehender Analyse möchte ich dazu nur wenig sagen. Grundsätzlich gibt es jedoch vier Möglichkeiten: Erstens, die geistige Evolution ist sozusagen führend und der Körper passt sich dieser wie auch immer an, zweitens die körperliche Evolution ist sozusagen führend und unsere Psyche folgt ihr nur oder drittens es erfolgt beides Hand in Hand (bzw. ist gar untrennbar) oder viertens ist völlig unabhängig voneinander. Wenn wir uns jedoch auf den Standpunkt stellen, dass das Ableben des bereits beschriebenen Tötungstriebs den selben Gesetzen und Mechanismen gehorcht wie das aufkommen des aufrechten Ganges (und das ist ja eines unserer großen Ergebnisse) und wir sehen, dass diese Änderung des Tötungstriebes vollständig unabhängig von körperlichen Entwicklungen war und ist, dann folgt zumindest der Ausschluss von Möglichkeit drei. Überhaupt können wir uns mit dieser Erkenntnis auf die Beobachtung unserer geistigen Entwicklung der letzten dreitausend Jahre beschränken und damit spricht eigentlich auch vieles gegen die Möglichkeit zwei. Man darf nicht vergessen, dass Möglichkeit zwei das Grundkonzept des bewussten Akts stark ins Wanken bringt, denn was soll denn noch ein bewusster Akt sein wenn wir denn zeitgleich behaupten, dass unser (geistloser) Körper unseren Geist eigentlich steuert. Möglichkeit vier scheidet wohl sicher aus.

Diese Ausführungen stellen wie gesagt keine tiefgründige Analyse dar und die Gesetze der Evolution unseres Körpers sollen hier nicht weiter betrachtet werden. Allerdings könnten wir es uns an dieser Stelle (eigentlich entgegen unseren eigenen Prinzipien, denn dieses Buch sollte ja selbsterklärend sein) einfach machen und Darwin referenzieren: Der "Gebrauch und nicht-Gebrauch von Körpertheilen führt zu deren Abänderung" und "es ist unmöglich, sich diesem Schlusz zu entziehen". Wenn dem also so ist und wir festgestellt haben, dass der wiederholte Gebrauch und nicht-Gebrauch von Körperteilen aktiv durch unser Bewusstsein bestimmt wird, dann gibt es nur eine Schlussfolgerung:

Unsere Evolution folgt unseren bewussten Entscheidungen. Wir werden zu dem, was wir werden wollen.

Ein evolutionäres Strukturmodell der Psyche

Die soeben gewonnenen Erkenntnisse sollten zur besseren geistigen Aufnahme in einer Skizze festgehalten werden, welche folgendermaßen aussehen könnte:

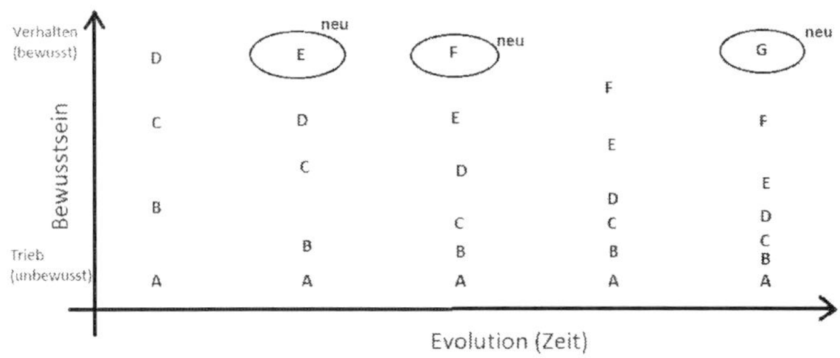

Bild 15: Ein evolutionäres Strukturmodell der Psyche

Gezeigt ist die zeitliche Entwicklung eines charakterlichen Merkmals im Laufe der Evolution. An die Abszisse könnte man also "Zeit" schreiben, gemeint ist jedoch die Zeitentwicklung in großen Maßstäben, also die der Evolution. Die Ordinate würde man nach dem zuvor Gesagten dahingehend beschriften, dass sich weiter oben im "Merkmalsstrang" die angelernten Handlungen befinden während sich unten die besagten Triebe befinden. Da nun aber unbestreitbar ein Trieb als "unbewusst" und ein erlerntes Verhalten eben als bewusst bezeichnet wird ist es am naheliegendsten sein die Ordinate schlicht mit der Größe "Bewusstsein" zu beschriften. Dies scheint wie der Vorstoß in eine neue Dimension, ist jedoch lediglich eine Umformulierung des bereits Gesagtem. Niemand wird behaupten wollen, dass Triebe bewusst wären und man neues Verhalten eher unbewusst lernt. Im Grunde ist das doch der einzige Unterschied zwischen Verhalten und Trieb.

Die Größe Bewusstsein an der Ordinate können wir qualitativ einschränken. Bewusstsein = 0 würde also völlig unbewusst bedeuten – Herzschlag zum Beispiel, so abwegig ist das nicht. Und am anderen Ende wird es sicher auch eine Begrenzung geben, denn der Volksmund kann ja auch nicht so falsch liegen, wenn er sagt, dass man nur eine Sache gleichzeitig machen kann (gemeint ist natürlich: man kann nicht zwei Sachen bewusst gleichzeitig machen). Die einzelnen Verhaltensweisen oder Triebe spielen sich also in einem relativ starren Intervall ab von sozusagen 0 bis zum maximal möglichen Bewusstsein.

Was sehen wir weiter? Zunächst einmal sehen wir hier die aus unserem Orientierungsprinzip abgeleitete Regel für geistige Einzelmerkmale repräsentiert: Eine neue Verhaltensweise stellt sich stets "oben" an und übertrumpft mit ihrem Verhalten die darunterliegenden anderen Verhalten, die man dann schon Verhaltensmuster oder gar Triebe nennen könnte. Und diese neue Verhaltens-weise tut noch etwas, und das wussten weder Haeckel noch Darwin und auch nicht Freud: Sie schiebt die in diesem Merkmalsstrang bereits vorhandenen Verhaltensmuster in den unbewussten Bereich, denn eine große Erkenntnis dieses Buches ist ja, dass angelernte Verhalten von gestern Triebe von heute sind (z.B. der aufrechte Gang). Und so entwickelt sich ein geistiges Merkmal im Laufe der Evolution: neue Verhalten kommen hinzu, unterdrücken die bereits vorhanden und schieben sie in den unbewussten Bereich. Die neuen Verhalten werden wiederum von noch neueren übertrumpft und werden so irgendwann zu Trieben usw.. Die einzelnen Triebe bzw. Verhaltensmuster sind hier beispielhaft mit großen Buchstaben dargestellt. In dem dargestellten Merkmalsstrang wäre also das Verhalten "A" das unbewussteste also triebhafteste, wohingegen das Verhalten E (zumindest zu Anfang) neu erlernt wurde, also noch bewusst steuerbar wäre. Im nächsten Evolutionsschritt würde ein weiteres Verhalten (nennen wir es F) hinzukommen, welches ja nach unserer Regel die darunter liegenden Verhalten zu Trieben werden lässt, also in den unbewussten Bereich schiebt. Das Verhalten E, welches vorher noch als bewusst steuerbar anzusehen war ist nun deutlich tiefer gerutscht, entzieht sich also langsam dem bewussten Zugriff. Nach diesem Muster geht es immer so weiter.

Darüber hinaus kann man feststellen, dass unser Bewusstsein die Triebe bzw. Verhalten in beide Richtungen beeinflussen kann, sowohl diese begünstigen als auch entgegenwirken. Je neuer ein Trieb ist, desto mehr kann er bewusst gesteuert bzw. beeinflusst werden und umgekehrt. Da wir unterstellen, dass unser Bewusstsein endlich ist, kann es lediglich einen oder sagen wir sehr wenige Verhalten auf einmal beeinflussen. Für die anderen Verhalten scheint es stets eine „Standard-Einstellung“ zu geben, welche das Verhalten bestimmt (sprich wenn ich nicht über meine Atmung nachdenke, hole ich ein paar mal die Minute Luft, das wäre der Standard).

Es gibt einige wenige Stellen in diesem Buch, wo ich den Leser dazu einlade nicht weiterzulesen, sondern das Gesagte auf sich wirken zu lassen und es in Ruhe noch einmal geistig zu rekapitulieren. Dieses hier ist so eine Stelle, denn dieses Modell, welches wir gewonnen haben und in Bild 15 verbildlicht haben hat meines Erachtens weitreichende Konsequenzen für die Psychologie und Evolution, führt es doch die Psychoanalyse vollständig auf sehr allgemeine evolutionäre Prinzipien zurück. Dabei enthält sie in Vergleich zum letzten Kapitel nichts wirklich neues, sie erklärt lediglich wie die Natur unsere Forderung implementiert, dass die neuen Verhaltensweisen, welche evolutionär hinzukommen die alten sozusagen "ins Archiv" schieben und zwar in der Form, dass angelerntes Verhalten aus grauer Vorzeit die Triebe von heute sind.

Da wir nun schon so frei über "Bewusstsein" bzw. bewusst/unbewusst reden, wie verhält sich denn dieses Modell im Vergleich zum Modell unseres Altmeisters Sigmund Freud? Bekannterweise heißen die Hauptakteure seines Strukturmodells der Psyche: Ich, Ich-Ideal, und Es. Das „Es“ bezeichnete laut Freud (vereinfacht gesagt) die Triebe, die uns ja eher unbewusst steuern, während das Ich sozusagen den Alltag schmeißt und das Über-Ich (oder Ich-Ideal) mehr oder weniger das repräsentiert, was so die Gesellschaft (Eltern, Freunde und sonstige sogenannte Mit-Erzieher) will das wir tun, nicht so sehr wir selbst wollen. Diesen Akteuren schrieb er gewisse

Bewusstseinsstufen zu, wobei zum großen Teil das Es dem Unbewussten zugeschrieben wird und die anderen beiden Elemente Begriffen wie bewusst bzw. vorbewusst. Diese Zuordnung ist allerdings nicht ganz so eindeutig wie es hier dargelegt wird. Dennoch schreibt Freud die Entstehung des Es der Kindheit zu, welches laut Rekapitulationstheorie eben unsere Triebe rekapituliert. Sein "Strukturmodell der Psyche" wurde von ihm im Laufe seines Lebens jedoch mehrmals revisioniert und ich habe mich oft gefragt, ob er zum Schluss selbst noch den Überblick hatte in dieser fast schon seifenoper-artigen Inszenierung der Akteure unserer Psyche. Solche Revisionierungen sind natürlich um so leichter, je unpräziser die verwendeten Begriffe sind. In seiner ursprünglichen Dreiteilung ging es wohl lediglich um drei Abstufungen von Bewusstsein, nämlich bewusst, unbewusst, vorbewusst. Dabei hätte er es meines Erachtens belassen sollen. Die "neu" eingeführten Begriffe Ich, Über-Ich und Es entsprechen nicht genau der eben genannten Bewusstseins-Einteilung. Der Grund für diese Revisionierung ist (so vermute ich) das merkwürdige Verhalten unseres Sexualtriebes, welcher Freud offensichtlich stark in den Bann zog. Der Sexualtrieb bzw. Sexualtriebstrang, so werden wir sehen, benimmt sich genau so wie jeder andere Trieb in unserem Modell in Bild 15, stellt daher keine Ausnahme dar. Allerdings hat er eben darüber hinaus spezielle Eigenheiten, welche natürlich vorhanden sind, aus denen man jedoch keine allgemeingültigen Schlüsse für die Psyche ziehen kann. Diese maßlose Überbewertung des Sexualtriebes ist tatsächlich ein großer Schwachpunkt von Freuds Theorie.

Der größte Schwachpunkt seiner Arbeit ist jedoch die Tatsache, dass er zwar von Darwins Werken der Überlieferung nach sehr beeindruckt war (meine Ausgabe von „Descent of Men" enthält eine Bewertung Freuds: „one of the most significant books ever written" steht auf dem Cover) dessen Erkenntnisse jedoch nie substantiell in seine Werke einflossen. In einem Text (ich weiß nicht mehr in welchem) schildert Freud z.B. das Leiden eines Kindes beim Weggang der Mutter und dessen Freude beim Wiederkehren. Das Kind spielte dann tagsüber mit seinen Puppen die "Weggangs-Szene", nicht die "Wiedersehens-Szene", was Freud verwunderte. Übersetzt hieß Freuds Fragestellung ja eigentlich warum Kinder "Krieg spielen und nicht Frieden spielen". Darwin hätte mit einem Achselzucken gesagt, dass eben die Völker, bei denen die Kinder Krieg übten (=spielten) den anderen, die Frieden spielten auf Dauer überlegen waren. Freud war noch nicht "auf diesen Trichter" gekommen.

Das zeigt eben auch die fehlende Verbindung seines psychologischen Strukturmodells zur Evolution. Wenn man unterstellt, dass es einen Urknall gab, dann ist es fast gegenstandslos sich darüber Gedanken zu machen warum das Universum heute aussieht wie es aussieht ohne den Urknall mit einzubeziehen. Und genau so verhält es sich mit der Psyche und der Evolution.

Wenn man es sich denn einfach machen will, und das werden wir tun, dann ziehen wir sozusagen einen "Mittelwert" seiner Theorien zur Psyche und vereinfachen die Sachlage dahingehend, dass wir schlicht das "Es" mit dem Unbewussten gleichsetzen, welches sich in der Kindheit ausbildet, und das Ich bzw. Über-Ich mit jeweils höheren Bewusstseinsstufen.

Damit können wir dann Freuds Modell mehr oder weniger in unserem identifizieren:

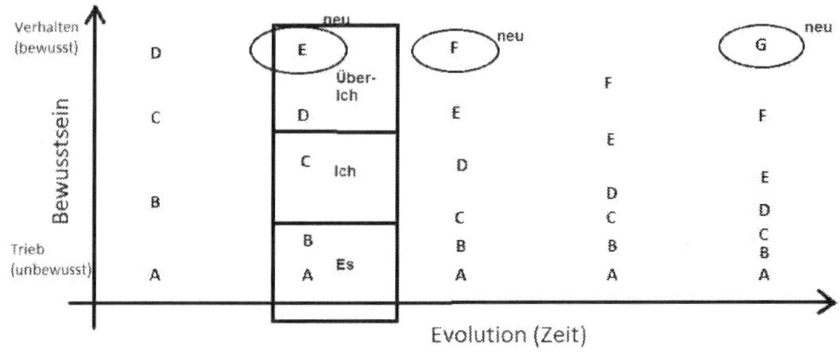

Bild 16: Freuds Modell der Psyche als Spezialfall unseres Modells für eine Zeitscheibe der Evolution

Freuds Modell kann also als Spezialfall von unserem Modell angesehen werden: nämlich für eine Zeitscheibe der Evolution, sozusagen für t=const. (Fast) jede physikalische Theorie enthält die vorhergehende als Grenzfall. Die Einsteinsche Relativitätstheorie enthält die Newtonsche Gravitationstheorie als Grenzfall für schwache Felder, welche sich zeitlich nur wenig ändern. Genau so verhält es sich hier: Für kleine zeitliche Änderungen erkennen wir Freuds Strukturmodell der Psyche wieder.

Das, was Freud z.B. „Verdrängung" oder teilweise auch „Zensur" nannte entspricht in unserm Modell einfach der Aussage, dass evolutionsbiologisch neue Verhaltensweisen stets die alten übertrumpfen (und ins Unbewusste schieben). Oder mit anderen Worten: das Bewusste Verhalten siegt stets über dem unbewussten Verhalten. Ein in der Evolution also gewöhnlicher Vorgang. Für Schlagworte wie „Objektbesetzung" oder „Ödipuskomplex", von denen es in Freuds Schriften nur so wimmelt, können wir keine Entsprechung anbieten. Diese scheinen jedoch sehr spezielle Ausprägungen eines sehr speziellen Triebes zu sein, nämlich des menschlichen Sexualtriebes, von daher kann es wenig wundern, dass wir diese hier nicht identifizieren könnten.

Unser Modell ist allgemeiner als Freuds, weil es zusätzlich ein Gesetz für die zeitliche Entwicklung dieser ganzen Topik angibt. Zudem können wir ziemlich genaue Regeln angeben wie sich die einzelnen Triebe bzw. Verhaltensmuster innerhalb eines Merkmals-Stranges zueinander verhalten. Es wird klar, dass die Aufteilung in besagte Bewusstseins-Klassen für jedes Merkmal einzeln erfolgt. Wenn ich mich nicht täusche, sah Freud die Einteilung der Psyche in unbewusst, vorbewusst und bewusst sozusagen als absolut an (nicht aufgeteilt in Merkmale und auch nicht zeitlich veränderlich). In unserem Modell gibt es diese Einteilung zwar grundsätzlich auch, sie ist aber nicht mehr absolut: Sie trifft für jedes Merkmal einzeln zu und hängt zudem von der evolutionären Zeit ab. Unsere Seele ist ist also anzusehen als eine Schar von Merkmalen, für welche es jeweils eine kontinuierliche Einteilung in verschiedene Bewusstseinsebenen gibt. Und diese Merkmale sind lernfähig, neue Verhaltensmuster können sich jederzeit bilden und verdrängen die alten Muster im selben Merkmal in den unbewussten Bereich. Zudem vergisst ein Merkmal nichts: Sämtliche Verhaltensmuster werden irgendwann zu Trieben und verbleiben in unserer Seele für immer.

Es ist aber schon eine erstaunliche Tatsache, dass wir so mehr oder weniger Freuds Modell aus evolutionären Prinzipien hergeleitet haben, wo Freud doch von einem völlig anderen Hintergrund ausgegangen ist. Freud war Arzt, sein „Beobachtungsmaterial" waren seine Patienten. Evolution kommt in seinen Werken nicht vor. Dass das Ich das Es „zensiert" (oder verdrängt, oder in Schach hält oder wie man es auch immer bezeichnen will) entspricht wie schon oft erwähnt der Tatsache, dass evolutionsbiologisch neue Verhaltensmuster die älteren übertrumpfen und ins Unbewusste drängen. Um das herauszufinden mussten wir Millionen Jahre in die Vergangenheit schauen und drei mal "um die Ecke" denken. Zudem haben wir es von einem sehr hohen Prinzip abgeleitet: Natura non facit saltus, nicht in nullter und auch nicht in erster Ordnung. Freud dagegen hatte "nur" Patienten interviewt.

Vielleicht macht es Sinn die einzelnen Stationen noch einmal aufzuzählen, die uns bis hierher geführt haben: Aus Linnés Prinzip folgte unser Orientierungsprinzip, daraus wiederum, dass wir Informationen bzw. evolutionsbiologische Eigenschaften unserer Ahnen in uns tragen. Zusammen mit der Beobachtung, dass wir uns im Laufe der Evolution ja ändern folgte, dass neue Eigenschaften die alten verdrängen müssen, nicht ersetzen. Aus der schwer erarbeiteten Tatsache, dass Lachen der akustische Hinweis auf einen unbemerkten Rückfall in alte Verhaltensmuster auf der Ahnenlinie darstellt und wir heute beim Stolpern lachen, folgt, dass wir damals gelacht haben beim unbemerkten Rückfall in den vierbeinigen Gang. Dass der vierbeinige Gang einen unbemerkten Rückfall darstellt ist nicht weiter bemerkenswert bis auf das Wörtchen „unbemerkt". Da uns im weiteren Verlauf klar wurde, dass man ohne Verlust der Allgemeinheit das Wörtchen „unbemerkt" durch „unbewusst" ersetzen kann folgt schlussendlich, dass der Übergang zum Zweibeinigen Laufen ein bewusster Akt war. Heute ist der zweibeinige Gang fast vollständig unbewusst. Für das geistige Merkmal, die Körperfunktion „Fortbewegung" war damit also gezeigt: Bewusst erlernte Verhalten von gestern sind die Triebe von Heute. Puh. Natürlich haben wir diesen Sachverhalt lediglich für das Merkmal „Fortbewegung" abgeleitet und eigentlich müsste man sich nun die Mühe machen es für andere geistige Merkmale zu untersuchen bzw. abzuleiten, so man es denn bei anderen Merkmalen in dieser Weise schafft. Das könnte natürlich zu einer Lebensaufgabe werden, allerdings sagt mir mein Gefühl, dass wir hier nicht allzu viel falsch machen, wenn wir behaupten, dass dieser Umstand für jedes geistige Merkmal gilt. Dass neue Eigenschaften die alten verdrängen folgt ja fast direkt aus dem Orientierungsprinzip, da hatten wir mit unserem Merkmal „Fortbewegung" noch nichts zu schaffen. Nur die Tatsache, dass neue Verhaltensweisen bewusst erlernt werden und die alten zu Trieben werden lässt, also die Art und Weise wie diese Verdrängung stattfindet, das haben wir tatsächlich nur für den aufrechten Gang gezeigt. Man müsste nun also, wenn man denn den Advocatus Diaboli spielen wollte, behaupten, dass alle anderen geistigen Merkmale sich durch Mutation und Natürliche Selektion evolvieren. Dagegen spricht aber, dass dieses Prinzip nicht Haeckels Regel erklärt. Zudem müsste man behaupten, dass gerade dieses Verhaltensmuster – die Fortbewegung – eine große Sonderrolle genießt, was für mein Dafürhalten argumentativ schwer zu rechtfertigen wäre.

All diese Betrachtungen stellte Freud nicht an, er redete lediglich mit seinen Patienten. Dennoch kam er auf sein Modell, was doch eine erstaunliche Leistung darstellt. Den aufrechten Gang hatte er dazu auch nicht im Blick, sondern in erster Linie den Sexualtrieb, dann wären es also schon zwei Verhaltensmuster, welche eine große Ausnahme darstellen müssten (während alle anderen durch Mutation und Natürliche Selektion entstanden sein müssten). Dass der Teil der Seele, nämlich das Ich oder meinetwegen das Über-Ich, welches den Sexualtrieb zensiert bzw. verdrängt eine bewusste Handlung ist, während der Sexualtrieb an sich unbewusst ist, das steht bei Freud auf jeder zweiten Seite. Dass sich das Es in der Kindheit ausbildet steht dort auch und wenn wir Haeckels Regel unterstellen, dann steht sinngemäß auch bei Freud, dass der eigentliche Sexualtrieb evolutionsbiologisch älter ist, auch wenn es nicht wörtlich dort steht. Um das anzuzweifeln müssten man Haeckels Regel anzweifeln. Das kann man natürlich tun, man kann á la Wittgenstein alles anzweifeln, nur sagt man sich dann implizit von jeder Erkenntnis frei. Wie auch immer, das einzige, was bei Freud nicht steht, auch nicht versteckt, ist unsere Aussage, dass Verhaltensmuster zu Trieben werden, allerdings ist dies das einzige Fehlende Puzzle-Teil um behaupten zu können, dass der Sexualtrieb (-Strang) den gleichen Gesetzen genügt wie der Fortbewegungs-Trieb. Zu behaupten, dass das ganze Puzzle falsch konzipiert ist, nur weil wir das letzte Teil vermissen, wäre dumm, alldieweil wir schon ein ganz analog aufgebautes Puzzlespiel gelöst haben. Nein, wir können uns relativ sicher sein, dass sowohl der Sexualtrieb als auch der Fortbewegungstrieb genau die gleiche Struktur aufweisen, welches durch unser Modell beschrieben wird. Nun müsste der Advocatus Diaboli behaupten, dass genau diese zwei Triebe, welche wir eingehend betrachtet haben (d.h. wir den Fortbewegungs- und Freud den Sexualtrieb) große Ausnahmen sind, falls ihm dann noch jemand zuhören würde. Derjenige, der immer noch meint, dass Triebe wie Sexualität durch Mutation und natürliche Selektion in die Welt gekommen sind und vererbt werden, der solle mir bitte die Argumentationskette hierfür nochmals darlegen und zusenden. Nein, wir haben allen Grund zur Annahme, dass alle menschlichen (und tierischen, siehe nächsten Absatz) Triebe so aufgebaut sind wie hier dargelegt und durch bewusstes Verhalten erlernt wurden, so weltbild-erschütternd dies vielleicht klingen mag.

Unser Modell der Psyche ist aber noch in einem bemerkenswerten Punkt allgemeiner als Freuds: Es gilt grundsätzlich auch für Tiere. Zwar haben wir unsere Erkenntnis über Triebe und Verhaltensweisen aus Betrachtungen über unsere direkten Vorfahren gewonnen, allerdings reden wir da von Lebewesen, die sich in einem Mordstempo und fortwährenden „huhuhu"-Rufen durch die Bäume schwangen. Wenn für diese unser Modell gilt, dann wird sicher niemand bestreiten, dass es auch für andere Tiere, z.B. die heutigen Affen gilt. Und damit gibt es schlussendlich kein Argument gegen die Annahme, dass dieses Modell eine Gesetzmäßigkeit der Evolution darstellt, welche für alle Lebewesen gilt. Das konnte Freud von seinem Modell nicht behaupten, denn er leitete viele Dinge von unserem menschlichen Sexualtrieb ab, und der weicht ja von dem der anderen Tiere teilweise deutlich ab.

Dass die „Seele“ irgendwie mehrgeteilt ist zieht sich ja durch unsere Welt-Literatur-Geschichte, von Platon über Stevenson bis Freud. Nach unserem jetzt erhaltenen Modell ist diese jedoch nicht wirklich dreigeteilt, sondern bildet im mathematischen Sinne eine Schar von Kurven, die man wenn man denn will in beliebig viele Abschnitte unterteilen könnte (also die Ahnenlinie vom ersten Lebewesen dieses Planeten bis zu uns). Nun bringt aber eine beliebige Unterteilung dieser Kurve vermutlich keinen großen Erkenntnisgewinn, genauso wie eine beliebig filigrane Einteilung unserer bereits vielzitierten dreitausend-jährigen Kulturgeschichte keinen großen Erkenntnisgewinn brächte, sodass es gerechtfertigt ist diese ebenfalls in drei Teile aufzuteilen, also ungefähr Antike, Mittelalter und Neuzeit (irgendwie lieben wir Menschen die Zahl drei). Natürlich gibt es das frühe Mittelalter, die Spätantike usw. aber das sind eher uninteressante Details. Daher scheint Freuds Einteilung genau in diesem Sinne adäquat: Es, Ich, und Ich-Ideal.

Rückfälle können ja pro Merkmal stattfinden, nicht im Verhalten als Ganzes. Sie können bewusst (der Herr im Auto an der Ampel neben mir, der bewusst in der Nase bohrt weil er glaubt niemand sieht ihn – nicht komisch) oder unbewusst (der Bundestrainer der sich vor einem Millionenpublikum im Schritt kratzt und das vor Aufregung gar nicht bemerkt – extrem komisch). Es scheint so zu sein, dass für Verhaltensmuster, welche bei Ihrer Ausübung noch eine Starke Unterstützung des Bewusstseins brauchen ein Rückfall in alte Verhaltensmuster immer dann passieren kann, wenn sozusagen das Bewusstsein abgelenkt wird und sich mit einem andern Merkmal beschäftigt. Dies ist bereits ein deutliches Zeichen dafür, dass unser Bewusstsein beschränkt ist, worauf wir später noch zurückkommen werden. Rückfälle können also eigentlich nur aus neuen Verhaltensweisen ausgehen. Verhaltensweisen, welche bereits sehr unbewusst sind können keinen Anlass zum Rückfall geben: Es kann uns nicht mehr passieren, dass wir aus Versehen den zweibeinigen Lauf verlassen und vierbeinig weitergehen: Der aufrechte Gang ist bereits unbewusst geworden.

Wie in der Einleitung erwähnt, findet sich in Freuds Schrift über den Witz sich der folgende brilliante Satz: „Ein vorbewusster Gedanke wird für einen Augenblick der unbewussten Bearbeitung überlassen, und deren Ergebnis wird alsbald von der bewussten Wahrnehmung erfasst“. Bezeichnet man nun den Übergang vom (Vor-?) Bewußten zum Unbewußten gemäß unserer obigen Analogie als Rückfall, den man (oder meist andere) alsbald wieder bewusst wahrnimmt, so entspricht das ja genau unserer Definition. Da Freud jedoch die Evolution nicht mit einbezog bzw. konkreter gesagt das Unbewusste nicht mit der evolutionsbiologischen Vergangenheit gleichsetzte, konnte er viele Aspekte des Humors (also Komik in seinem Sprachgebrauch) nicht hinreichend erklären. Das wollte er m.E. auch nicht und er hatte dann auch (im Gegensatz zu einigen anderen) so viel Charakter sich nicht der Lächerlichkeit preiszugeben den Anwendungsbereich seiner Theorie gewaltsam auf Dinge auszuweiten bei denen er glaubte, dass die dort nicht hingehörten (also z.B. Kitzeln, Stolpern usw.).

Rückblickend auf unser Ur-Szenario des unbewussten vierbeinigen Ganges wird auch der Freudsche Aspekt der Entspannung immer klarer, denn natürlich war es eine Entspannung in den vierbeinigen Gang zurückzufallen: Die Fortbewegung wird unbewusst, das Bewusstsein wird entlastet (es kann sich anderen Dingen zuwenden). Und was macht der Lachende? Er simuliert (oder tut es tatsächlich?) einen noch tieferen Rückfall, nämlich in die Zeit wo wir bei der Fortbewegung noch lachten. So nach dem Motto: "Du entspannst Dich? Das kann ich besser." Das heißt, dass es nicht fern liegt zu sagen, dass dem Lachen selbst tatsächlich eine bestimmte Entspannung innewohnt, auch wenn der Vorgang heute bereits so weit ins Unbewusste gerutscht ist, dass wir es nicht mehr so richtig wahrnehmen. Überhaupt wird jetzt erst so richtig klar wieso es so schwer war das Wesen des Humors zu ergründen, denn der Umstand, dass diese damalige bewusste Reaktion vollständig unbewusst geworden ist führte eben dazu dass wir heute lachen wenn "irgend etwas mit dem Gehen schiefgeht" oder jemand stolpert oder "evolutionsbiologisch rückständig ist", man ihm also in diesem Sinne überlegen ist, oder eben unseren vielbetrachteten unbemerkten Rückfall in alte Verhaltensmuster erleidet. Der Übergang dieser Reaktion ins Unbewusste hat diese Reaktion zerstückelt und mechanisiert, das Ur-Szenario geriet vollständig in Vergessenheit und es blieben lediglich die eben aufgezählten (unbewussten) Lach-Gründe, sozusagen als überbleibende Fetzen des evolutionsbiologischen Verdrängungsprozesses ins Unbewusste. Nun wird auch die Aussage aus dem ersten Teil des Buches klar, wo wir behaupteten, dass für Verhaltensmuster stets gilt: einfacher=primitiver=gewohnter=älter, denn dies beschreibt genau den Umstand, dass unsere Verhaltensmuster beim Übergang ins unbewusste mechanisiert werden und als unbewusste Handlungen natürlich viel einfacher (bzw. gewohnter) erscheinen. Kein Wunder also dass viele Hypothesen über das Lachen entwickelt wurden welche sich im Inhalt wenig überlappten, denn der Zusammenhang wurde über die Jahrmillionen vollständig vergessen.

Landgang, Mondlandung und Survival of the Fittest

Eigenartiger Weise folgt aus dem Gesagten jedoch, dass eigentlich jede Gruppe von Lebewesen sich selbst stets an der Spitze der eigenen Entwicklung sieht. Dass die Betrachtungsweise immer relativ ist folgt allein aus dem berühmten Sieges-Lachen. Dieses hatten wir ja damit erklärt, dass der Sieger es nicht so wahrnimmt, dass er nun eine Stufe höher steht als die anderen, sondern er benimmt sich genau so, als hätten die anderen (Besiegten und Zuschauer) einen Rückfall erlitten. Relativ gesehen ist das ja das selbe. Jede Gruppe von Lebewesen würde dann die Merkmale ihrer Ahnenlinie in ein Es, ein Ich und ein Über-Ich einteilen können. Wir dürfen nicht vergessen, dass unsere von heute aus gesehen scheinbar primitiven Vorfahren, die es gerade eben geschafft haben auf zwei Beinen zu laufen, sich für die Spitze der Entwicklung hielten (denn sie belächelten die, die es noch nicht konnten). Die Einteilung ist also immer relativ. Unsere auf-zwei-Beinen-zu-lernen-gehenden Vorfahren hätten vermutlich das Laufen auf allen Vieren mit dem Ich identifiziert, das aufrechte Gehen mit dem Über-Ich (also die aktuelle herrschende gesellschaftliche Norm, die jedoch noch nicht in einen Trieb übergegangen ist) und das Lachen auf den Bäumen (oder vermutlich noch weiter zurückliegende Triebe) mit dem Es identifiziert. Heute ist ja das gehen auf zwei Beinen ein angeborener Trieb (so würde es zumindest jeder benennen).

Dieses führt zu einer schon öfter angedeuteten kuriosen Vorstellung. Es würde bedeuten, dass die Tiere, die wir für noch so primitiv und triebgesteuert halten, sich selbst nicht dafür halten, sondern meinen, dass deren Verhalten, für deren Dafürhalten bewusst gesteuert ist. Selbst bei einem Hund, einem Huhn, vielleicht sogar bei einem Hamster, ja einem Käfer. Und einer Milbe? Schwer vorstellbar, aber nach dem Gesagten kaum auszuschließen. Wir werden später noch einmal darauf eingehen.

Riskieren wir doch einmal die Übertragung dieses Prinzips auf noch ältere menschliche Epochen. Nehmen wir unseren sogenannten Landgang, also das Zeitalter, wo unsere Vorfahren, wie man diese denn auch bezeichnen sollte, das Wasser verließen. Wenn wir also annehmen, dass es genau so ablief wie beim aufrechten Gang (und es wird nun schwer Argumente dagegen zu finden) und damit wie bei einer fast beliebigen heutigen neuen gesellschaftlichen Entwicklung, so gelangen wir zu dem folgenden recht gewöhnungsbedürftigen Bild:

Unsere Vorfahren, die im Wasser lebten (ich stelle mir hierbei ein fischartiges Wesen vor, das tatsächliche Bild mag sicher abweichen) verließen bewusst das Wasser, eben weil sie es so wollten. Es war einfach „in“ mal kurz an die Oberfläche zu gehen, sofern man dies irgendwie konnte. Die, die es nicht taten oder konnten galten als rückständig, wurden belächelt, machten es also nach. Ein paar hunderttausend Jahre oder vielleicht auch Millionen Jahre später schafften es manche für kurze Zeit vollständig an Land zu sein. Das waren die Stars, die auf die anderen herabschauten. Sie taten dies bewusst, denn sie mussten ja mindestens „mitbekommen“ (also sich bewusst werden) wie lange sie ohne Kiemenatmung auskommen um dann wieder ins Wasser zurückzukehren. Alles gewollt und bewusst. Eine externe Notwendigkeit ist hier auch wieder sehr schwer auszumachen und es würde mich nicht wundern wenn es auch hier tatsächlich keine gibt.

Wenn man sich unsere “heutigen” vielzitierten dreitausend Jahre dokumentierter

Kulturgeschichte ansieht, so hat die Menschheit doch den einen oder anderen ähnlichen Schritt unternommen, z.B. die Entdeckung Amerikas, die erste Weltumsegelung oder die Landung auf dem Mond. Waren Christoph Columbus, Ferdinand Magellan oder Armstrong & Aldrin zu ihrer Expedition aufgebrochen weil sie Hunger litten oder arm waren? Im Gegenteil, sie segelten für die spanische Krone bzw. die USA, das reichste und mächtigste Land der jeweiligen Epoche. Da diese Dinge doch recht gut dokumentiert sind wissen wir, dass es keinen sachlichen, überlebensnotwendigen Grund gab.

Dieses dokumentierte Wissen wird in ein paar Millionen Jahren jedoch nicht mehr zur Verfügung stehen. Das einzige was zählen wird sind unsere zukünftigen Denkmuster. Wenn das heutige Denkmuster in vielen Millionen Jahren, wenn man denn den Weltraum längst besiedelt hat noch bestand hätte, würde man versuchen Gründe auszumachen wieso der erste Mensch auf den Mond kam und meinen, dass es auf der Erde keine Nahrung mehr gab oder ähnliches.

Doch eigentlich sind die Gründe für die Mondlandung wenn man ehrlich ist die gleichen wie für den aufrechten Gang, es wird an dieser Stelle sehr schwer es zu bezweifeln. Darüber darf nicht täuschen, dass man von der reinen Begriffsbelegung her die Mondlandung mit Worten wie Forschergeist, Abenteuer, Wissenschaft usw. belegt. Der Inhalt, so es einen gibt, ist genau der gleiche.

Wieso gibt es so unzählige Science-Fiction-Filme, in denen irgendwelche Stahlkolosse durch den endlosen interstellaren Raum gleiten, die in ihrer Gesamt-Ästhetik sagen wir sehr begrenzt sind. Jedes Kind will Astronaut werden, aber nicht weil es auf der Erde nichts mehr zu essen gibt. Es ist schwer es in Begriffe zu fassen, nennen wir es "Abenteuerlust", nennen wir es "den anderen voraus sein", "Geltungsdrang", was auch immer. Ich habe keinen der Astronauten persönlich gekannt noch persönlich gesehen, aber stellen wir uns einmal die Situation vor, wir sitzen im Restaurant und Neil Armstrong (so er denn noch lebte) betritt den Raum. Die Vorstellung, dass jener Mann schon einmal auf der Mondoberfläche spazierte, der jetzt drei Tische weiter sitzt löst doch unbestreitbar eine Bewunderung, ja fast einen gewissen Zauber aus. Und diese Bewunderung, dieser Zauber war derselbe, den diejenigen unserer Vorfahren erfuhren bzw. verbreiteten, die schon für kurze Zeit an Land sein konnten, während andere noch quasi hilflos im Wasser schwammen.

Der zu erwartende Einwand gegen die Behauptung, dass wir aus den gleichen Gründen damals aus dem Wasser kamen wie heute auf dem Mond landeten wäre ja, dass man sagt, dass wir heute bewusst auf den Mond fliegen, unsere im Wasser lebende Vorfahren dieses Bewusstsein ja noch nicht hatten, diese wären ja lediglich triebgesteuert gewesen. Wenn jedoch dieses Buch eines geleistet hat, dann zu zeigen, dass dies nicht stimmt: Der aufrechte Gang wurde bewusst erlernt, so wie wir heute bewusst zum Mond fliegen. Aus der Tatsache, dass der aufrechte Gang heute unbewusst von Statten geht folgt nicht, dass die Evolution bei unseren Vorfahren damals per natürlicher Selektion einfach einen Trieb gegen den anderen tauschte, so wie man sich das gemeinhin vorstellt: Nein, unsere Vorfahren verdrängten einen Trieb (um in Freuds Nomenklatur zu sprechen) durch eine neue, bewusste Verhaltensweise.

Wir würden heute den Jagdinstinkt eines Raubtieres als Trieb bezeichnen, der nach unserem Verständnis völlig oder größtenteils unbewusst, also triebhaft abläuft. Wir hingegen kaufen unsere Lebensmittel im Supermarkt oder meinetwegen im Bio-Laden ein und meinen natürlich (ich vermute kein Leser hat sich bislang diese Frage überhaupt gestellt) dass das eine vollständig bewusste Handlung sei. Wenn in ferner Zukunft unsere Nahrungsversorgung vollständig automatisiert sein wird – was nicht undenkbar ist, vielleicht haben wir irgendwelche Gerätschaften implantiert, welche uns dauerhaft versorgen – dann wird unsere Körperfunktion "Nahrungsmittel beschaffen bzw. aufnehmen" vollständig unbewusst werden. Und wenn wir in besagter ferner Zukunft Aufzeichnungen von heute besitzen werden, dann werden wir selbstverständlich den heutigen Besuch im Supermarkt als triebhaft bezeichnen, denn wir werden es ja mit der in der Zukunft völlig unbewussten Körperfunktion "Nahrungsmittel aufnehmen" vergleichen. Unser Besuch im Supermarkt ist also genauso viel oder wenig triebhaft wie die Jagd eines heutigen Raubtieres.

Selbstverständlich ist mit alldem nicht gesagt, dass sämtliche Entwicklungen ohne Grund von Statten gingen, viele, vielleicht sogar der größere Teil wird einen überlebensnotwendigen Grund haben. Aber ein ebenfalls großer Teil eben nicht, und ich kann mir gut vorstellen, dass im Laufe der Entwicklung dieser Teil immer größer geworden ist. Es mag sicherlich auch Dinge geben, welche sich so an der Grenze zwischen begründet bzw. grundlos befinden, der Übergang ist fließend. Wen es z.B. wundert, dass von ihren Männern misshandelte Frauen immer wieder zu denen zurückkehren, dem sei gesagt, dass dies nur deswegen so ist, weil die "Frau" es vermutlich hunderttausende oder vielleicht sogar Millionen Jahre so gemacht hat, aber nicht weil sie es wollte, sondern weil es vermutlich unter Zwang geschah bzw. es keine andere Möglichkeit für sie gab. Und dieses Verhalten ist in den unbewussten Bereich gerutscht, und wird heute also vollführt auch wenn kein Zwang mehr da ist, mehr braucht man an Erklärung meines Erachtens nicht. Ob dies nun für die Frau vorteilhaft oder "begründet" ist kann man bezweifeln, jedenfalls tat sie es so lange, dass sie es heute unbewusst tut. Es befreit mich auch ein wenig von jener Denkstruktur, welche besagt, dass jeder unserer heutigen Charakterzüge irgendwann einmal einen evolutionsbiologischen Vorteil darstellte. Ich gehe stark davon aus, dass das nicht stimmt. Wie im vergangenen Kapitel dargelegt ist es eher so: **Jeder heutige Trieb ist deswegen vorhanden, weil er über eine sehr lange Zeit bewusst vollführt wurde und dabei ist es völlig egal aus welchem Grund, ob unter Zwang, ob aus überlebensnotwendigen Umständen heraus, ob aus dem Umstand heraus einem bereits unbewussten gewordenen Trieb zu befriedigen, ob aus Neugier oder langer Weile – es spielt alles keine Rolle.**

Der Umstand jedoch, dass wir über lange Zeit eine bewusste Handlung vollführt haben weil wir dadurch einen bereits unbewusst gewordenen Trieb befriedigten wird nach billigem Ermessen der am häufigsten vorkommende sein. So ergibt sich z.B. die ungewöhnliche Struktur unseres Sexualtriebes, welche wir später, zwar nicht im Detail, jedoch in seiner Grobstruktur untersuchen und erklären werden.

Die Triebe, welche durch einen überlebensnotwendigen Grund in die Welt kamen lassen sich den letzten Kapiteln folgend relativ leicht unterscheiden: Bei Rückfällen aus Verhaltensmustern, welche überlebensnotwendig sind lachen wir nicht — bei den übrigen schon.

Worüber wir jedoch noch nicht gesprochen haben ist, ob es sozusagen eine „interne" Notwendigkeit gibt, ein von der Evolution unabhängiges, ja die Evolution treibendes, inneres Bestreben eines jeden Lebewesens sich in irgendeine Richtung fortzuentwickeln. Das klingt sehr nach Lamarck, aber ich bin mir wie gesagt nicht wirklich sicher ob er eine Evolution ohne sachlichen Grund zugelassen hat.

Von einer Evolution ohne Grund sprach zumindest Darwin nicht. Zumindest ohne „externen“ Grund. Dabei ist es längst an der Zeit einzusehen, dass wir Lebewesen einen freien Willen haben und dieser nicht von externen Gründen abhängt (vergleiche „free-will-theorem“). Und, was das wichtigste ist, dieser Wille eines Lebewesens manifestiert sich irgendwann in Zuständen der toten Materie. Nicht umgekehrt. So banal das klingt: Wann ich meinen rechten Arm hebe, entscheide nur ich. Darwin schob im Grunde sämtliche Änderungen der Arten soweit ich das überschaue auf externe Gründe, also Umwelt-Einflüsse. Diese sind und waren sicher vorhanden, aber genauso sicher ist es, dass wir einen inneren Drang (um nicht das Wort Trieb zu benutzen) haben uns weiterzuentwickeln, (fast?) egal welche Umweltbedingungen wir vorfinden. Es fällt mir recht schwer diesen Drang zu beschreiben. Er darf aber zumindest nicht dazu führen, dass wir zu große Sprünge machen. Was wir ja scheinbar wollen sind leichte Variationen. Wir wollen also etwas anders sein als die anderen, aber keineswegs zu viel. Ob es ein höheres Gesetz gibt, welches angibt in welche Richtung es global gehen muss, diese Frage wollen wir versuchen in einem späteren Kapitel zu beantworten.

Man kann die Angst – oder besser gesagt ein großes Unbehagen – vor einem freien Willen an vielen aktuellen Diskussionen miterleben. Ein Beispiel ist die Diskussion um unsere Ernährung (Bio-Lebensmittel usw.). Schaut man sich allein die sachlich-technischen Gründe an, so wird es sehr schwer wenn nicht unmöglich Argumente für Bio-Landwirtschaft zu finden. Berechnungen, wonach die Fläche der Weltkugel bei Weitem nicht ausreicht um uns alle bio-zu-ernähren habe ich zwar nicht nachgeprüft, wenn man sich jedoch die Tier-Dichte auf einem Bio-Bauernhof angeschaut hat, so sieht man, dass man diese Rechnung gar nicht anfangen muss: ich glaube sofort, dass die Fläche der Welt nicht ausreicht. Ich persönlich glaube auch nicht, dass wir ungesünder oder kürzer leben wenn wir synthetisch-industriell gefertigte Lebensmittel zu uns nehmen. Aber genauso kann ich sagen, dass ich das persönlich einfach nicht will. Ich will nicht, dass Hühner auf dem Fließband geboren werden, mit synthetischer Kraft-Nahrung und jeder Menge Antibiotika für kurze Zeit druckbetankt werden um dann einige Zeit später auf einem anderen Laufband elend zu sterben. Diese Tiere können kaum laufen so groß ist ihr Brust-Muskel. In öffentlichen Diskussionen um jenes Thema kann ich es kaum mit ansehen wenn Befürworter der Bio-Landwirtschaft versuchen Argumente auf technisch-sachlicher Ebene zu finden und dabei natürlich kläglich scheitern. Es gibt dafür kein Argument, außer dass wir es eben so wollen.

Rückblickend auf die Natürliche Selektion bleibt dennoch die Frage, inwiefern das hier dargestellte Prinzip der — nennen wir es "bewussten Evolution" — es rein funktional mit der Natürlichen Selektion aufnehmen kann. Kann es diese funktional ersetzen, sprich im Ergebnis das Selbe leisten? Denn falls nicht, hätten wir ein konzeptionelles Problem, denn wir hätten zwar ein neues Prinzip eingeführt, allerdings nur um eine neues Ziel zu verfolgen. Für die alten Ziele (Überleben durch bessere Anpassung) bräuchten wir nach wie vor die alten Prinzipien, nämlich die Natürliche Selektion.

Vergleichen wir dazu nochmal die beiden Prinzipien. Die Natürliche Selektion dient nach allgemeinem Verständnis dazu, dass sich eine Art im Laufe der Evolution besser an veränderte Umweltverhältnisse anpasst. Beispielhaft heißt das Folgendes: Gegeben sei eine Art, welches ein Merkmal besitzt, welches wiederum die Eigenschaft A besitzt. Diese Art lebt unter der Umweltbedingung (nennen wir sie genauso) A. Im Laufe der Zeit verändern sich die Umweltbedingungen zur Bedingung B. Die Natürliche Selektion umfasst nach heutigem Verständnis folgenden Sachverhalt: Einige Individuen jener Art besitzen *per Zufall* (also z.B. durch eine Gen-Mutation) im betrachteten Merkmal die Eigenschaft B, welche für die Umweltbedingungen B besser geeignet ist. Diese Individuen vermehren sich stärker als die Individuen mit der Eigenschaft A, welche schlussendlich aussterben. Bevor wir darauf eingehen, was unsere bewusste Evolution in diesem Falle tut ist es nicht billig ein diesbezüglich konzeptionelles Problem bei der Natürlichen Selektion hinzuweisen, nämlich das Problem des Zeitverlaufes. Die Frage ist nämlich zu welchem Zeitpunkt die Eigenschaft B per Zufall erscheinen muss. Theoretisch erst wenn die Umweltbedingung B tatsächlich vorliegt. Praktisch ist dies jedoch kaum vorstellbar, denn mangels Kristallkugel und eben der Tatsache, dass die Eigenschaft B nur per Zufall vorliegt scheint es nahezu unvorstellbar, dass die Eigenschaft B tatsächlich rechtzeitig zur Umweltbedingung B vorliegt.

Aus diesem Problem gibt es zwei Auswege. Der erste Ausweg ist folgender: das Aufkommen der Umweltbedingung B "triggert" sozusagen das Aufkommen der Eigenschaft B in dem betreffenden Merkmal. Nun ist dies jedoch genau das, was die Natürliche Selektion nicht will, denn das wäre sozusagen eine aktive Anpassung. Der zweite Ausweg, der nach meinem Verständnis heute vertreten wird besagt, dass die Eigenschaft B bereits *vor* dem Eintreten der Umweltbedingung B vorliegt. Die Eigenschaft B trat also schon lange Zeit vor der Umweltbedingung B per Zufall auf und lauerte sozusagen auf ihren Einsatz. Grundsätzlich ist das vorstellbar, jedoch folgt daraus, dass auch hier grundsätzlich nicht Eigenschaft A gegen Eigenschaft B getauscht wird, sondern es würde ja Eigenschaft B hinzukommen und die Eigenschaft A erst einmal bestehen bleiben, so wie es sich aus unserem Orientierungsprinzip ergibt. Das ist eine erstaunliche Schlussfolgerung, denn das hießt ja, dass selbst die Natürliche Selektion sich brav an dieses Prinzip halten müsste. Das wäre noch kein gutes Argument gegen Natürliche Selektion, allerdings ist folgendes eines: Wenn denn die Eigenschaft B bereits vor dem Auftreten der Umweltbedingung B vorliegt, so müsste man auch fordern, dass zu allen anderen möglichen Umweltbedingungen die entsprechenden Eigenschaften bereits vorliegen müssen, also für jede denkbare Veränderung es bereits einige (vermutlich nicht wenige) Individuen gibt, welche diese Eigenschaft bereits besitzen. Dies spricht eigentlich gegen jede Vernunft. Man darf nicht vergessen, dass mit "Umwelt" nicht so sehr das Wetter gemeint ist sondern Feinde und Futter. Vor allem Feinde können mannigfaltig in ihrem Verhalten variieren. Das für jede dieser Fälle eine kleine Population in einer jeden Art zur Verfügung steht, welche die entsprechende Eigenschaft bereits besitzt halte ich für nahezu ausgeschlossen. Was bleibt ist die Variante, dass die Mutationen von den Umweltbedingungen "getriggert" werden, was dann eben nicht mehr Natürliche Selektion genannt würde.

Wir kommen also rein programmatisch nicht um die Forderung herum, dass Umweltbedingungen eine Änderung der Eigenschaft eines Merkmals einer Art in einer noch zu spezifizierenden Weise triggern (oder "aktivieren", "beeinflussen" etc.) muss. Was macht denn nun unser Prinzip der bewussten Evolution? Hier wird ja tatsächlich eine neue Verhaltensweise durch Umweltbedingungen getriggert, nämlich eine neue, bewusste Verhaltensweise. Im Gegensatz zur Natürlichen Selektion wird diese neue Verhaltensweise von der Art sozusagen intrinsisch getestet: Es kann jederzeit auf das alte Verhaltensmuster zurückgegriffen werden, denn wir sagten ja, dass neue Verhaltensweisen stets im bewussten Bereich liegen und diese dort in beide

Richtungen beeinflusst werden können (begünstigt oder unterdrückt). Empfiehlt sich jedoch diese neue, bewusste Verhaltensweise für das tägliche Überleben, so wissen wir was passiert: sie rutscht in den Unbewussten Bereich und verdrängt das darunterliegende ältere Verhaltensmuster.

Wir sehen also, dass das Prinzip der bewussten Evolution das Prinzip einer immer besseren Umweltanpassung tatsächlich beinhaltet, und es vielleicht sogar besser realisiert: Es muss keine Population sterben, welche nicht angepasst ist, denn nach dem dargelegten Muster passen sich ja alle an (oder niemand, wenn es dann doch zu schnell geht mit den Umweltveränderungen). Die oben geschilderten konzeptionellen Probleme werden damit ebenfalls umgangen. Einzig den Umstand, dass die geistige Evolution die körperliche nach sich zieht können wir nicht darlegen. Hier ziehen wir uns tatsächlich nur auf die Aussage Darwins zurück.

Unterstellt man, und diese Annahme ist naheliegend, dass der Selbsterhaltungs- bzw. Fortpflanzungstrieb einer der ältesten menschlichen und tierischen (und pflanzlichen?) Triebe ist, vielleicht sogar der älteste, dann folgt witzigerweise das Kampf-ums-Dasein-Prinzip: Wir versuchen zu überleben, weil wir unseren ältesten Trieb befridigen müssen. Unsere Theorie wäre dann also deutlich allgemeiner als das bisherig angenommene Prinzip der natürlichen Selektion. Das Prinzip folgt einerseits daraus, andererseits folgt daraus auch, dass es eben noch mehr Triebe gibt, welche wir befriedigen wollen, so wie wir es in unserer heutigen Lebensweise wiederfinden.

Modell unseres Sexualtriebs

Nun haben wir an Freuds Modell viel herumgemäkelt, wobei einer der Haupt-Kritikpunkte der war, dass er einen recht speziellen Trieb zur Ableitung seines Modells zugrunde legte, nämlich den (männlichen) Sexualtrieb. Dass wir es besser können, wollen wir in diesem Kapitel zeigen nämlich indem wir den Weg in der anderen (richtigen) Richtung beschreiten: Aus unserem Modell, welches aus sehr allgemeinen Prinzipien gewonnen wurde sollen die Eigenschaften des menschlichen Sexualtriebes modelliert werden. Wir werden also sowohl den männlichen als auch den weiblichen Sexualtrieb mit den Werkzeugen unserer Theorie modellieren und anschließend schauen, welche Eigenschaften daraus folgen. Zwar werden unsere Aussagen kaum so detailliert sein wie Freuds, wir werden wesentlich allgemeiner bleiben – allerdings glaube ich kaum, dass diese Aussagen in einer nächsten Ausgabe revisioniert werden.

Sexualtrieb des Mannes. Schauen wir also einmal was das eben gewonnene Strukturmodell der Psyche in Bezug auf diesen Trieb leisten kann, der ja unser prominentester (und vermutlich auch für den Leserkreis interessantester – das ist keinesfalls abwertend gemeint) Trieb ist. Dass der Sexualtrieb des Mannes (deutlich?) stärker ist als der der Frau muss vermutlich nicht angezweifelt werden. Wieso das so ist und was das genau bedeutet soll im folgenden als Folgerung aus unserem Modell gewonnen werden. Die nun folgenden Überlegungen gelten zunächst für den Sexualtrieb des Mannes.

Triebe wie Sex und Gewalt, so muss man wohl zugeben, kommt dem recht nahe, was oben besprochene Autoren (Platon, Freud, Stevenson) bereits versucht haben zu beschreiben: Es ist etwas, was sozusagen „in uns schlummert" und „geweckt" werden kann. Damit ist nicht so sehr eine Aktivierung des Triebs durch z.B. den Anblick einer sich entkleidenden Frau gemeint. Vielmehr lag es im Interesse der benannten Autoren festzustellen, dass es Triebe gibt, welche bewusst geweckt werden können, und so wird das jeder Mann sicher auch bestätigen. Das ist für unser Zusammenleben ja unabdingbar, denn es gibt nur wenige Gelegenheiten, bei denen dieser Trieb „zur Anwendung" kommen kann oder auch kommen muss. Das bedeutet nicht nur, dass der Trieb zur Unzeit (also die meiste Zeit über) unterdrückt werden muss, sondern genauso, dass er zur richtigen Zeit präsent sein muss.

Wie könnte man diesen Sachverhalt in unser soeben gewonnenen Strukturmodell der Psyche darstellen? Wiederholen wir jedoch noch einmal, was wir bislang gefunden haben. Wir sagten, dass Triebe, zumindest wenn sie das selbe Merkmal betreffen sich nicht einfach ändern, sondern durch andere, neue Triebe, die sich gewissermaßen „oben drauf setzen" übertrumpft (also verdrängt) werden. Diese neueren Triebe übertrumpfen stets die älteren und unsere letzte Erkenntnis bestand in der Tatsache, dass je neuer diese Triebe sind, desto bewusster sind sie und je älter, desto unbewusster (siehe Bild 15).

Wenn also der Sexualtrieb bewusst aktiviert bzw. deaktiviert werden kann, so muss dieses durch ein Trieb geschehen, welcher sich noch im bewussten Bereich befindet, zumindest zum größten Teil. Daraus folgt jedoch, dass dieser Unterdrückungs-Trieb ein evolutionsbiologisch neuerer Trieb sein muss, der den Sexualtrieb folglich unterdrückt, denn wir hatten ja gesagt, dass neuere Triebe die älteren übertrumpfen (nicht umgekehrt). Wir gelangen also zu einem recht einfachen Modell unseres (männlichen) Sexualtriebes:

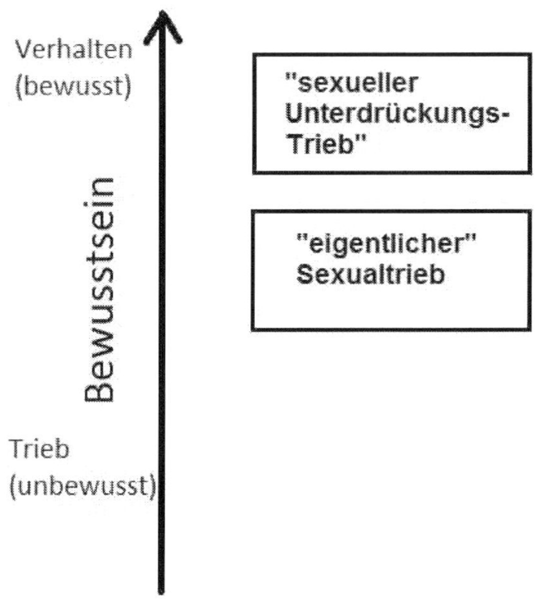

Bild 17: ein einfaches Modell des männlichen Sexualtriebes: der eigentliche Sexualtrieb im unbewussten Bereich und ein Unterdrückungstrieb im bewussten Bereich

Im oberen Bereich, also im entwicklungsbiologisch neueren und damit bewussteren Bereich befindet sich das, was man quasi als eine Art sexuellen Unterdrückungstrieb bezeichnen könnte. Für solche Triebe haben wir ja schon recht viele Beispiele kennengelernt. Dass Erwachsene beim Rennen nicht mehr lachen wird sicherlich durch einen ganz ähnlichen Mechanismus erreicht, nämlich durch einen entwicklungsbiologisch neueren Trieb, der den darunterliegenden einfach unterdrückt. Der Unterschied zum Sexualtrieb ist jedoch der, dass der Trieb, der das Lachen beim Erwachsenen (beim Rennen) unterdrückt selbst schon in den unbewussten Bereich gerutscht ist. Beim Sexualtrieb ist das offensichtlich nicht so: Der Unterdrückungstrieb liegt zum größten Teil im bewussten Bereich, folglich kann er durch eine bewusste

„Handlung“ gesteuert werden, also selbst wieder eliminiert werden.

Dieses Modell ist zugegebenermaßen sehr grob und man würde bei genauerer Beobachtung und Recherche mit der nun vorhandenen Theorie ein wesentlich filigraneres Modell erstellen können. Aber für unsere weitere Betrachtung sollte dieses vereinfachte Modell durchaus reichen. So simpel diese Modell auch ist, es ergeben sich daraus doch einige denkwürdige Konsequenzen. Zunächst ist es aber nicht billig festzustellen, dass wir keine neuen Annahmen machen mussten, um mit unseren Werkzeugen den Sexualtrieb zu modellieren, was für eine Theorie stets ein gutes Zeichen ist. Dass dieses Modell dem Freudschen nicht ganz unähnlich ist liegt auf der Hand jedoch hat Freud den entwicklungsbiologischen Hintergrund nur teilweise verstanden, daher konnte er nicht die Konsequenzen aus seinem Modell ziehen, die wir jetzt ziehen können.

Als erstes darf man eine sehr bedeutende Konsequenz ziehen: Jede Änderung an dem Verhalten – wie auch immer diese geartet sein kann – welche wir heute bezüglich Sexualität an den Tag legen würde sehr schnell zu einem Absterben des Sexualtriebes führen. Wieso sollte das so sein? Ganz einfach: In unserem Modell wäre ja jede Neuerung ein Trieb, welcher sich sozusagen an die Spitze setzt und alle darunter liegenden Triebe eines Merkmals in den unbewussteren Bereich schiebt. Da jedoch unser Sexaualtrieb-Unterdrückungs-Trieb derzeit noch an der Spitze, im bewussten Bereich steht, würde dieser weiter in den unbewussten Bereich rutschen. Jeder Leser versteht sicher was es bedeutet wenn ein Trieb, der den Sexualtrieb unterdrückt unbewusst wird: Er kann nicht mehr bewusst gesteuert werden und würde dadurch permanent wirken. Der Sexualtrieb wird dann also permanent unterdrückt und würde somit verschwinden.

Solange wir uns also sexuell fortpflanzen darf sich an dieser Konstellation nicht das geringste ändern. Da jedoch der Sexualtrieb sicherlich nicht erst seit ein paar Millionen Jahren besteht, sondern höchstwahrscheinlich seit mehreren hundert Millionen Jahren folgt daraus wiederum, dass der Sexualtrieb an sich, welcher sich unter unserem Unterdrückungstrieb befindet in dieser Form schon sehr sehr sehr alt sein muss, sich also seit der Zeit seiner Entstehung nicht geändert hat. Genauer gesagt: seit der Zeit, in der wir gelernt haben den Sexualtrieb zu unterdrücken. Dafür spricht auch, dass in unserer Ontogenese vor der Entstehung des Sexualtriebes in der Pubertät quasi nichts existiert: Ein 6-jähriges Kind weiß gar nicht, was Sexualität ist. Wenn unser Sexualtrieb Vorläufer hätte, dann müsste sich das ja in der Kindheitsphase widerspiegeln. Mir kann niemand erzählen, dass ein Kind in diesem Alter eine welch auch immer geartete Beziehung zur Sexualität hat, obwohl Freuds sogenanntes Phasenmodell dies behauptet (orale Phase, anale Phase usw.). Das, was wir heute beim Sex tun oder tun wollen, das tun wir schon seitdem wir vermutlich noch aussahen wie Leguane oder ähnliches. Sicherlich hat sich unser Aussehen in der Zeit geändert, sicherlich auch unsere Anatomie und vielleicht auch Details der Befruchtung, welche nicht direkt mit unserem Sexualtrieb zu schaffen haben, aber nicht dieser Trieb selbst. Dies soll keine Aussage sein, welche ich dogmatisch verteidigen würde, fest steht jedoch, dass diese Aussage direkt aus unserem Modell folgt. Und wenn man ganz ehrlich ist scheint vieles tatsächlich darauf hinzudeuten, nämlich die nicht wenigen Verhaltensweisen welche sich bei der Sexualität abspielen und welche heute kaum bis gar nicht zu erklären sind, zumindest wenn man die Fortpflanzung als Ziel der Sexualität ansieht. Wen es also wundert, warum es (sehr) viele Dinge bei der Sexualität gibt, bei welchem der Zusammenhang zur Fortpflanzung entweder schwer zu erkennen ist oder schlussendlich nicht vorhanden ist, dem sei gesagt, dass der

Sexualtrieb eben steinalt ist und es somit kaum möglich sein wird alle seine Facetten mit irgendwelchen heutigen Vorteilen bei der Fortpflanzung zu erklären. Es ist nicht auszuschließen, dass der Trieb sogar so alt ist, dass er aus einer Zeit stammt, wo wir die Anatomie unserer Fortpflanzungsorgane nicht wiedererkennen würden. Der Sexualtrieb hat sich seit dem nicht mehr geändert, weil die Evolution nach dem jetzt dargelegtem Muster dazu einfach nicht in der Lage ist, selbst wenn sie es wollte.

Es gibt jedoch noch weitere Konsequenzen aus diesem Modell, welche teilweise kurios anmuten, es jedoch bei weiterem Nachdenken nicht sind. Eine Konsequenz ist nämlich, dass dieses Merkmal „Sexualtrieb“ in unserem Modell stets ein bewusstes „Endstück“ haben muss. Das soll folgendes bedeuten: Der Unterdrückungstrieb, welcher heute den Sexualtrieb unterdrückt und sich im bewussten Bereich befindet ist ja neuer als der darunterliegende eigentliche Sexualtrieb. Das heißt, dass es Zeiten gegeben haben muss (die vermutlich sehr sehr weit zurückliegen), in denen dieser Unterdrückungstrieb noch nicht vorhanden war. Daraus folgt jedoch, dass in diesen Zeiten der Sexualtrieb als solcher eine bewusste Handlung war. Dieses mutet wie gesagt ein wenig kurios an, aber es verhält sich meiner Meinung nach wie mit den anderen bereits diskutierten Merkmalen bzw. deren Triebfolgen. Wir bilden uns stets ein, dass unsere Handlunge heute so wohlüberlegt, intelligent, ja – bewusst – sind und unterstellen implizit, dass unsere Vorfahren es vor hundert Millionen Jahren nicht waren. Tatsächlich gibt es kein Argument dafür, jedoch, wie dieses Buch ausführlich gezeigt hat, sehr gute Argumente dagegen. Daraus würde aber tatsächlich folgen, dass sexuelle Handlungen schon immer bewusst eingeleitet werden, denn es muss immer eine bewusste Komponente an der Spitze stehen. Dass Nachkommen stets bewusst gezeugt wurden, das will ich damit gar nicht sagen, denn dies unterstellt ja, dass wir den Zusammenhang zwischen dem Sexualakt und dem Erscheinen von Nachkommen immer verstanden haben, was kaum vorstellbar ist. Vielmehr wurde stets der unbewusste Trieb, welcher sich jeweils an der Spitze des Triebstranges befand durch eine bewusste Handlung befriedigt.

Kommen wir jedoch zurück zur Konstellation in Bild 17. Wenn es tatsächlich so passieren sollte, dass eine wie auch immer geartete Änderung sich an die bewusste Spitze des Sexualtrieb-komplexes setzt, dann wird der eigentliche Sexualtrieb an sich schnell verschwinden. Solange wir uns sexuell fortpflanzen darf das also nicht passieren. Nun ist es jedoch so, dass sich seit einigen Jahren (eigentlich schon Jahrzehnten) die künstliche Befruchtung etabliert hat. Laut deutschem IVF-Register sollen bereits 2,5% aller lebend geborener Kinder in Deutschland künstlich befruchtet worden sein (2014). Man kann heute grundsätzlich Kinder zeugen ohne Sexualtrieb. Was dies laut unserem obigen Modell bedeutet kann sich jeder ausrechnen: unser Sexualtrieb wird verschwinden, daran besteht kaum ein Zweifel. Die Frage ist nur wie schnell. Ich wage an der Stelle eine (wirklich sehr gewagte) Prognose: Wenige hundert Jahre.

Oh Schreck, wieso so schnell, werden manche jetzt rufen (oder vielleicht auch: na endlich!?). Man kann, was diese Abklingdauer angeht bereits auf eine Erfahrung mit einem anderen Trieb zurückgreifen, welcher bereits ausführlich besprochen wurde und dessen Geschichte sehr gut dokumentiert ist. Zudem ist er ähnlich aufgebaut wie der Sexualtrieb. Ein Undertrückungstrieb im bewussten Bereich mit einem darunterliegenden eigentlichen Trieb: Der Tötungstrieb.

Der Aufbau dieses – nennen wir es nun Triebstranges – ist exakt der gleiche wie beim Sexualtrieb:

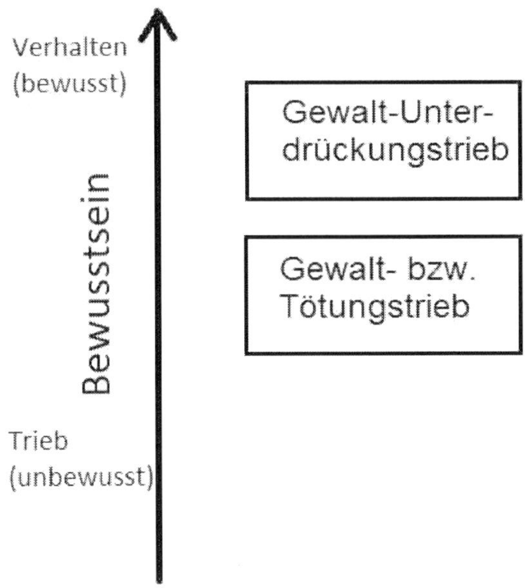

Bild 18: ein dem Sexualtrieb analoges Modell: Der eigentliche Tötungstrieb im unbewussten Bereich und ein im bewussten Bereich liegender Unterdrückungstrieb

Im triebhaften, unbewussten Bereich haben wir den eigentlichen Tötungstrieb, welcher durch einen Unterdrückungstrieb quasi in Schach gehalten wird. Da dieser Unterdrückungstrieb im bewussten Bereich agiert, kann er bei Bedarf bewusst aufgehoben werden, der Tötungstrieb kommt zum Vorschein.

Nun glaube ich das dieses Bild nicht mehr den heutigen Verhältnissen entspricht. Vieles spricht dafür, dass sagen wir zur Zeit Alexanders des Großen sich viele Männer (es geht immer noch größtenteils um Männer) genau so benahmen. Die meisten waren irgendwann im Laufe Ihres Lebens Soldaten, wurden aufs Schlachtfeld geschickt um eben „bei Bedarf" ihrem Tötungstrieb freien Lauf zu lassen. „Bei Bedarf" heißt genauer gesagt auf Befehl des Feldherren.

Es ist recht schwer zu ermessen wie sich dieses Muster im Laufe der letzten Jahrhunderte bzw. Jahrtausende genau entwickelt hat, denn kriegerische Auseinandersetzungen gab es in Europa bis 1945 zu fast jeder Zeit. Es gab stets Armeen und Soldaten, welche auf Befehl töteten. Nun wurden aber neue Waffen erfunden und die Arbeit des Soldaten bestand nicht nur aus einem Töten im Nahkampf, so wie er es seit vermutlich Millionen von Jahren tat. Er hatte Waffen zu bedienen, z.B. Kanonen, Gewehre usw. und das Töten im Nahkampf mag da schon ein wenig in den Hintergrund getreten sein. Fest steht jedoch ohne Zweifel, dass der Tötungstrieb heute, im Jahre 2016 zum allergrößten Teil erloschen ist. Die Mordrate in Deutschland hat sich laut Wikipedia in den letzten 20 Jahren (1994 – 2014) fast halbiert. Sicher gibt es Ausnahmen, sicher gibt es Situationen in denen Männer diesen Trieb bzw. die Ausläufer davon ausleben, wie beim Schauen von Action-Filmen oder Videospielen. Wie jedoch in einem früheren Kapitel bereits ausgeführt könnte der Unterschied dieses Verhaltens (zwischen sagen wir zur Zeit Trojas bis heute) nicht größer sein. Ein offensichtlich uralter evolutionsbiologischer Trieb, der binnen weniger Jahrtausende zum Erlöschen kommt! Da ja der Tötungstrieb-Strang die gleiche Struktur aufweist wie der Sexualtrieb-Strang und wir dort gezeigt haben, dass eine noch so kleine Abänderung ihn zum Erlöschen bringt kann das schnelle Ableben des Tötungstriebs nicht wundern. Die selbe Zeitspanne könnte man ja für das kommende Ableben des Sexualtriebes ansetzen, also dreitausend Jahre. Allerdings bin ich mir nicht sicher wie genau sich dieser Trieb mit den politischen Umständen in Europa verhielt, sprich was eine Folge wovon war. Nach 1945 gab es in Europa mit Ausnahme des Bürgerkrieges in Jugoslavien keinen Krieg mehr und unser Tötungstrieb scheint wirklich größtenteils verschwunden zu sein. Also könnte man, wenn man verwegen ist, auch z.B. 70 Jahre ansetzen. Jedenfalls wird sich die Zahl irgendwo zwischen 3000 und 70 bewegen, daher lag meine obige Prognose bei etwa 300 Jahren.

Ein Unterschied liegt aber in der Tatsache, dass wir das Töten definitiv nicht mehr wollen, während man argumentieren könnte, dass Sexualität ja niemanden umbringt. Vielleicht ist dem so, aber die Struktur der beiden Triebe ist wie gesagt gleich, daher wird die Abklingzeit sicherlich ähnlich sein.

Eine Bemerkung sei noch erlaubt zur Variabilität des Sexualtriebs beim Mann (z.B. in Hinblick auf sog. Triebtäter). Es ist durch nichts gezeigt und folgt auch nicht aus unserem Modell, jedoch ist es sehr wahrscheinlich, dass so ein alter Trieb wie der Sexualtrieb sich zwischen den Individuen nicht übermäßig unterscheidet. Es ist zumindest nach meinem Gefühl viel wahrscheinlicher, dass neuere Triebe bzw. Verhaltensmuster stark variieren. Das bedeutet für unseren Sexualtriebs-Strang, dass der eigentliche Sexualtrieb bei allen Männern mehr oder weniger gleich stark ist während der Unterdrückungs-Trieb eher unterschiedlich ausgebildet sein kann. Das ist zu vergleichen mit einem tropfenden Wasserhahn: Die Berliner Wasserwerke garantieren einen Wasserdruck von etwa 5bar. Wenn bei mir zu Hause der Wasserhahn tropft, so würde niemand auf die Idee kommen zu behaupten, dass die Wasserwerke den Wasserdruck für meinen Haushalt erhöht haben. Eher würde ein jeder behaupten, dass der Wasserhahn undicht ist. Es ist also naheliegend, dass der Unterdrückungstrieb (noch?) zu schwach oder zu schlecht ausgebildet ist, also noch gar keinen Anteil im unbewussten Bereich hat. Was daraus folgt ist schwer zu sagen, aber für mein Dafürhalten können Triebtäter nicht behaupten, dass ihr Trieb nun einmal stärker sei als bei anderen, denn das wird sicher nicht der Fall sein. Eher ist der Unterdrückungstrieb zu schwach, aber ob das tatsächlich in der Verantwortung des Individuums liegt ist ebenfalls schwer zu sagen. Fest steht, dass ein sogenannter Triebtäter mehr „Mühe“, also mehr Bewusstsein aufbringen muss um seinen Trieb in Schach zu halten. Jedenfalls verschiebt unser Modell die Schuldfrage bei einem Sexualdelikt stets in den bewussten Bereich. Überhaupt sagt unser Modell ja aus, dass jeder Trieb durch bewusste Handlungen übertrumpft werden kann. Eine Ausrede á la „mein Trieb ist leider so stark, dafür kann ich nichts“ kann man demnach streng genommen nicht gelten lassen (es würde zumindest unser Modell pervertieren). Klar ist allerdings auch, dass je unbewusster ein Trieb bereits geworden ist, desto schwerer wird es für das Bewusstsein diesen zu übertrumpfen.

Sexualtrieb der Frau. Die folgenden Überlegungen gelten dem Sexualtrieb der Frau. Bevor wir jedoch darauf eingehen, erlauben wir uns einem Ausflug zu Darwins „Descent of man and Selection in Relation to Sex“.

Es wurde bereits erwähnt, dass Darwin in jenem Buch eine bis zur einschläfernden Langeweile ausgeführte Darstellung des Paarungsverhaltens von diversen Lebewesen zum Besten gab. Da war von Fischen die Rede, von Käfern, Vögeln und vor allem von (wie er es stets nannte) höheren Säugetieren. Auf schier endlosen Seiten schilderte Darwin den Umstand bzw. die Beobachtung, dass (meist) das Weibchen sich den Sexualpartner, also das Männchen bewusst aussuchte bzw. immer noch aussucht. Die Motivation Darwins dieses aufzuzeigen war jedoch eine ganz andere als die, welche uns jetzt hier interessiert, jedoch macht dies keinen Unterschied. Halten wir einfach fest, dass dem so ist, nämlich, dass sich das Weibchen ihren Sexualpartner bewusst aussucht. Wohlgemerkt gilt dies nicht für das Männchen. Jeder Käfer, so Darwin, der nicht das erst beste Weibchen begattet, hat gute Chancen der letzte Käfer seiner Ahnenlinie zu werden. Das Männchen, egal welcher Art angehörend, darf also nicht wählerisch sein was seinen Sexualpartner angeht, ob bewusst oder unbewusst. Das Weibchen jedoch ist, so Darwin, zumindest für die ganze Saison (bei höheren Säugetieren noch länger) blockiert, daher ist Vorsicht geboten: Es prüfe wer sich für eine Saison bindet, und genau das tun fast alle Weibchen, ob Vogel, Fisch, Insekt, oder Mensch. Über die „Motivation“ dies zu tun besteht kein Zweifel und wir können froh sein, dass Darwin diese mühselige Kleinarbeit vollbracht hat, welche genau dies zeigt.

Nach welchen Kriterien das Weibchen die Männchen aussucht ist hier eher zweitrangig. Sicherlich wird dies oft eine gewisse Stärke sein, interessanterweise oft auch die bloße Schönheit des Männchens, oder ob es vielleicht schön singen kann oder zirpen oder was auch immer. Beim Menschen mag dies alles davon sein, hinzu kommt jedoch ein weiteres Kriterium, nämlich der soziale Status. Allerdings lassen sich vermutlich alle Kriterien vereinen in das Kriterium „Wohlergehen der Nachkommen“, ohne dies genauer zu spezifizieren. Bevor wir jedoch darauf eingehen möchte ich eine nicht ganz unwichtige Nebenbemerkung loswerden: Diese „Auswahl“ des Männchens stellt nicht nur eine gewisse (sexuelle) Selektion dar, sondern sie verhindert zum allergrößten Teil die Entstehung von Nachkommen. Zumindest von ungewollten Nachkommen oder genauer gesagt von Nachkommen mit ungewollten Geschlechtspartnern. So merkwürdig das klingt, so wahr ist es auch: Wenn ein Weibchen diverse Männchen abweist um sich dann eines auszusuchen (Darwin fokussierte sich interessanterweise auf das Aussuchen eines Männchens, nicht so sehr auf das Abweisen der anderen), so ist es die meiste Zeit über mit der Verhinderung von Nachkommen beschäftigt. Anders lässt sich dies kaum interpretieren, aber es macht schließlich Sinn. Wenn für ein Nachkommen keine Zukunft gesehen wird, so sollte es auch nicht zustande kommen. Löwinnen können sich z.B. unfruchtbar stellen, wenn sie denn z.B. „der Meinung sind“, dass der Löwe, welcher das Rudel aktuelle anführt nicht stark genug ist. Bekannterweise ist es so, dass der nachfolgende Löwe, der den ersteren vertreibt, die Kinder seines Vorgängers frisst. Daher macht das „Verhalten“ der Löwinnen durchaus Sinn.

Aber auch schon Pflanzen haben Mechanismen entwickelt, mit denen sie z.B.

Selbstbestäubung verhindern, da diesen Nachkommen bekannterweise keine (buchstäblich) prosperierende Zukunft bevorsteht. Überhaupt kann man der Meinung sein, dass ab einer bestimmten Phase der Evolution, vor allem bei höheren Säugetieren die Verhinderung von Nachkommen eine deutlich größere Rolle spielt als das Zeugen von Nachkommen. Wie lachhaft ist vor diesem Bild die Ablehnung der Verhütung durch die katholischen Kirche! Zur Ehrenrettung der Kirche möchte ich jedoch sagen, dass man meiner Meinung nach nicht die Meinung einer Institution mit der die Institution bildenden Einzelpersonen verwechseln darf. Ich bin mir relativ sicher, dass der heutige Papst selbst weiß, wie dumm das ist, nur er ist eben auch in seiner Rolle gefangen. Der damalige Papst Urban XIII zu Zeiten Galileos pflegte ein eher freundschaftliches Verhältnis zu Galileo Galilei und wenn es mich nicht täuscht, dann war es der Papst selbst, der Galileos Kerkerhaft Kraft seines Amtes in Hausarrest umwandelte. Die Kirche war (und ist es vielleicht immer noch) eine große Institution mit vielen Strömungen und vor allem Interessen. Kommen wir jedoch zurück zur Verhütung.

Diese „Verhinderung von Nachkommen“, die sich vermutlich hauptsächlich im Abweisen des Männchens manifestiert, spielt bei uns Menschen vor allem in der heutigen Zeit eine überragende Rolle. Wenn man sich die Rollenverteilung zwischen Mann und Frau in unserer heutigen (westlichen) Gesellschaft anschaut, so fällt die Wahrnehmung dieser Aufgabe immer noch eindeutig der Frau zu. Ob das fair ist oder nicht sei dahingestellt, fest steht jedoch, dass diese Aufgabe von der „Frau“ schon seit vielen hundert Millionen Jahren wahrgenommen wird. Heute gibt es die Pille und das Kondom und viele andere Methoden, aber wenn man die letzten Jahrzehnte ausblendet dann blieb der Frau eigentlich immer nur die grundsätzliche Abweisung des Mannes, falls dieses denn möglich war. Alternativ wäre noch vorstellbar, dass die Frau versucht noch beim eigentlichen Sexualakt die Zeugung von Nachkommen zu verhindern. Das Selektieren und Abweisen des Mannes wird aber vermutlich der dominierende Fall sein.

Wenn eine Frau den möglichen Sexualpartner dahingehend prüft, ob sie sich für ihre mit ihm gezeugten Nachkommen eine Zukunft vorstellen kann, so muss diese Prüfung ohne Zweifel im unserem bereits viel besprochenen bewussten Bereich geschehen (das hatte Darwin ja bereits gezeigt, nur hatte er ein anderes Ziel dabei verfolgt). Es ist schlecht vorstellbar, dass dieses unbewusst passieren kann, zumindest in heutiger Zeit, wo der soziale Status des „Männchens“ geprüft werden muss und diverse andere Überlegungen angestellt werden müssen („wer sind seine Eltern“, was ist er von Beruf usw.). Es ist ja durchaus vorstellbar, dass es Zeiten gab, wo diese Prüfung unbewusst stattfand, wenn es einfach nur um die physische Stärke des Männchens ging oder um seine Schönheit, oder wenn es darum ging wer am schönsten singen kann oder dergleichen. Aber die oben angesprochene heutige Prüfung muss bewusst geschehen. Daher gelangen wir für so einen Fall zu folgendem Modell des Sexualtriebs der Frau und bilden sogleich das Modell des Mannes zum Vergleich daneben ab:

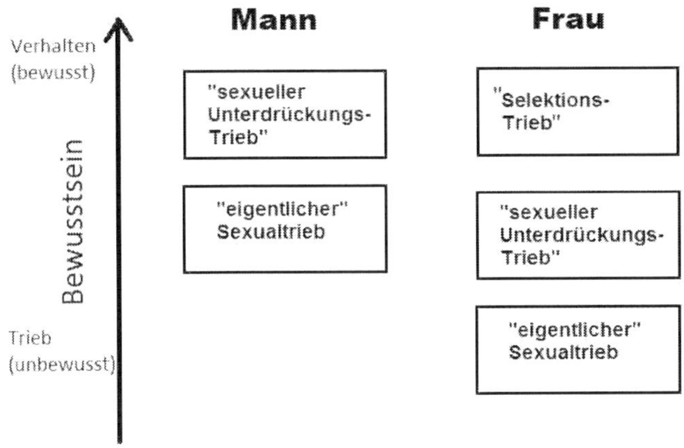

Bild 19: ein einfaches Modell des weiblichen Sexualtriebes: der eigentliche Sexualtrieb im unbewussten Bereich und zwei Unterdrückungstrieb im bewussten Bereich; links im Vergleich der männliche Triebstrang

Der Unterschied dieser beiden Trieb-Stränge ist augenscheinlich: Bei der Frau drängt sich im bewussten Bereich noch ein weiterer Unterdrückungs-Trieb hinein, nennen wir ihn den Auswahl- oder Selektions-Trieb. Diesen sehen wir beim Mann nicht und falls er dort auch existieren sollte, dann wird sicherlich jeder einsehen, dass er nur in einer kümmerlichen Form vorliegen kann, denn Männer sind unzweifelhaft deutlich unwählerischer was den Sexualpartner angeht, Hauptsache es ergibt sich überhaupt Gelegenheit. Diesen Auswahl-Trieb, der ja auch ein Unterdrückungs-Trieb ist, können wir beim Mann also zum größten Teil vernachlässigen.

Was bedeutet dieses unterschiedliche Bild denn nun? Die Interpretation ist ganz einfach: Die Frauen, die sich ihren Sexualpartner sorgsam aussuchen, werden, wenn es denn schließlich dann zum Sexualakt kommt, einen schwächeren eigentlichen Sexualtrieb an den Tag legen als vergleichsweise der Mann. Denn hier ist genau das passiert, was wir oben bereits besprachen: Eine Abänderung des Triebstranges erfolgte durch hinzufügen des neuen Auswahltriebes im bewussten Bereich und folglich muss der Sexualtrieb geschwächt werden, denn der Unterdrückungstrieb rutscht in den unbewussten Bereich. Es mutet zwar trivial an, wenn man sagt, dass Frauen, die „nicht mit jedem ins Bett gehen“ einen schwächeren Sexualtrieb haben, aber so ist das hier nicht gemeint. Man hätte ja auch der Meinung sein können, dass wenn sich eine Frau nach eingehender bewusster Prüfung erst einmal entschieden hat mit einem Mann Verkehr zu haben, dass der sich dann offenbarende eigentliche Sexualtrieb genauso groß sein kann wie sagen wir der typische Sexualtrieb des Mannes. Aber das kann nicht sein, denn in unserem Modell rutscht eben ein Unterdrückungs-Trieb ins Unbewusste, es geht gar nicht anders.

Was macht unser Bewusstsein beim Sex? Nun, es ist beschäftigt, und zwar damit die Unterdrückungstriebe zu unterdrücken, so merkwürdig das klingt. Deren gibt es ja bei der Frau zwei während es beim Mann nur einer ist. Anders formuliert lautet der letzte Abschnitt: Frauen müssen sich einfach mehr konzentrieren, um den eigentlichen Sexualtrieb zum Vorschein kommen zu lassen. Daher ist es z.B. nicht verwunderlich, dass geschlechtsspezifische Unterschiede z.B. bei der Präferenz der Lichtverhältnisse herrschen: Bei gedämmten Licht oder gar Dunkelheit kann Frau sich einfach besser konzentrieren, so nüchtern das auch klingen mag.

Bei all diesen Betrachtungen haben wir, vielleicht hat das der ein oder andere Leser gemerkt, zwei Dinge implizit unterstellt: Erstens die schon erwähnte Vermutung, dass der bewusste Bereich begrenzt ist, das heißt, dass neue Verhaltensmuster den bewussten Bereich nicht aufblähen können, sondern dass unweigerlich ein darunter liegendes Verhaltensmuster zum unbewussten Verhalten wird. Weiterhin unterstellten wir, dass dieser bewusste Bereich bei allen Menschen mehr oder weniger gleich groß ist. Aber so scheint es tatsächlich zu sein, denn wir können damit schließlich erklären warum der Sexualtrieb der Frau schwächer ist als der des Mannes – beim Mann braucht es lediglich Gelegenheit, bei der Frau Gelegenheit und den richtigen Partner. Unterstellt man weiterhin (und das ist keine sehr starke Behauptung), dass die Ontogenese bei der Frau genauso lange dauert wie beim Mann so folgt daraus, dass die Frau früher den eigentlichen Sexualtrieb entwickelt, denn bei ihr setzen sich noch zwei Triebe oben drauf, beim Mann nur einer. Wenn man nun auch noch annimmt, dass die körperliche Ausbildung der Geschlechtsreife zeitlich an den Sexualtrieb gekoppelt ist (was Sinn macht aber hier keinesfalls belegt werden kann), dann würde folgen, dass Mädchen früher geschlechtsreif sind als Jungen, was angeblich auch der Fall sein soll. Aber das verdient eine Sonderbetrachtung, die hier nicht stattfinden soll.

Warum Witze machen eine Männer-Domäne ist

Warum war der Klassen-Clown immer männlich? Noch nie habe ich gehört, dass diese Rolle jemals weiblich besetzt wurde. Aber nicht nur in der Schule, auch im späteren Leben sind es fast immer die Männer, die Quatsch machen. Für das eigene Kind sorgt die Mama für das allgemeine Wohlbefinden und emotionalen Halt während Papa oft zum Quatschmachen aufgefordert wird (und dies dann auch bereitwillig tut). An geselligen Abenden sind es fast ausnahmslos die Männer, welche Witze reißen. Frauen lachen erfahrungsgemäß genauso gerne wie Männer, nur werden die Witze kaum von Ihnen gemacht. Schaut man sich Listen von deutschen Berufs-Komikern an, so liegt der Frauenanteil irgendwo im 5%-Bereich.

Wieso ist dem so? Können wir dieses Verhalten anhand des uns vorliegenden Wissens erklären? Wir wissen ja nun, was Humor ist und was Verhalten und Triebe angeht, so haben wir uns bereits mit zwei Trieben bzw. Triebsträngen beschäftigt, welche sich bei Mann und Frau vermutlich von allen Trieben am deutlichsten unterscheiden: Den Tötungs- und den Sexualtrieb. Reichen diese Informationen für eine Erklärung aus? Nun ja, wir können es zumindest versuchen, denn jeder weiß, dass doch die meisten Witze sexuellen Inhalt haben. Wir hatten bereits eine Erklärung angedeutet: Wir sagten, dass ein Bezug zum Sexuellen in jedem Fall einen Rückfall in alte Verhaltensmuster darstellt und erklärten damit die überaus große Anzahl an Witzen mit sexuellem Inhalt. Dass diese Witze vorrangig von Männern gemacht werden, das folgte in dem Kapitel noch nicht, denn wir hatten ja die Sexualtriebe von Mann und Frau ja noch nicht unterschieden. Ob sich dieser Unterschied für eine Erklärung qualifiziert wollen wir uns im Folgenden anschauen. Es soll jedoch nicht nur um Witze sexuellen Inhalts gehen, sondern um Witze allgemein. Schauen wir uns also an welche Unterschiede wir bezüglich Trieben und Verhalten zwischen Männern und Frauen festgestellt haben:

Sexualtrieb:

Männer: Ein Triebstrang, welcher in einer groben Einteilung aus zwei Elementen besteht. Ein Unterdrückungstrieb im bewussten Bereich und einen darunterliegenden eigentlichen Sexualtrieb. Beim bewussten Ausschalten des Unterdrückungstriebes fällt der Mann unvermittelt in den eigentlichen (vermutlich uralten) Sexualtrieb zurück.

Frauen: Ein Triebstrang, welcher im Wesentlichen aus drei Elementen besteht: Ein Auswahl-Trieb im bewussten Bereich, einen darunterliegenden Unterdrückungstrieb (vermutl. derselbe wie beim Mann), welcher sich schon im eher halb-bewussten Bereich befindet und einen wiederum darunter liegenden eigentlichen Sexualtrieb (im eher unbewussten Bereich).

Tötungstrieb:

Männer: Aufbau wie beim Sexualtrieb: Ein Unterdrückungstrieb im bewussten Bereich und einen darunterliegenden eigentlichen Tötungstrieb. Der Unterdrückungstrieb liegt heute (bei den meisten Männern, leider noch nicht bei allen) schon sehr im unbewussten Bereich.

Frauen: Ob ein Tötungstrieb wirklich vorhanden ist lässt sich schwer einschätzen; zumindest kann aber gesagt werden, dass dieser Triebstrang vermutlich nicht die Struktur des männlichen Analogons hat.

Es ist sicher hilfreich sich noch einmal den Charakter des Humors klarzumachen: Es sind unbemerkte Rückfälle in ältere Verhaltensmuster und unser Lachen ist der Hinweis eines Außenstehenden darauf. Wir sagten auch, dass es gewisse Fallstricke gibt, die zu solchen Rückfällen quasi einladen: Ein Wort mit zwei Bedeutungen, ein gleicher Beginn von zwei Handlungen usw.

Diejenigen, welche Witze machen sind ja diejenigen, die diese Fallstricke sehen bzw. früher erkennen als andere (das ist ja die Aussage des Witze-Machers: seht her, ich bin so intelligent, ich sehe alle Fallstricke, noch bevor Ihr sie seht). Aber wieso sehen manche diese Fallstricke tatsächlich besser oder früher als andere? Nun, ich vermute stark, dass es so ist, wie es meistens im Leben ist: Talent ist schön, Übung ist besser. Wie kann man das Üben? Üben hieße ja, dass man sich hin und wieder sozusagen in die Situation eines Rückfalls in alte Verhaltensmuster versetzt: Man(n) vergleicht also zwei Sichtweisen einer gegebenen Situation, jeweils von verschiedenen Positionen innerhalb eines Triebstranges. Man(n) stellt sich also hin und wieder vor, wie er eine heutige Situation aus sozusagen triebhafterer Vergangenheit beurteilen würde.

Tut er das wirklich? Ich meine ja, denn schauen wir uns die beiden Triebstränge des Sexual- und des Tötungstriebs an, so stellt man fest, dass dort gewissermaßen Rückfälle einprogrammiert sind, nämlich genau dann, wenn der Unterdrückungstrieb bewusst deaktiviert wird, also der eigentliche Sexual- oder Tötungstrieb zum Vorschein kommt. Da es gewollt (also nicht unbemerkt) passiert, ist dies nicht komisch. Es wäre nebenbei bemerkt wirklich komisch, wenn es unbemerkt passieren würde, auch beim Tötungstrieb – siehe z.B. den Monty-Python-Film (ich glaube „Ritter der Kokosnuss“), in welchem eine Burg überfallen und viele Menschen getötet werden, es sich jedoch im Kampf herausstellt, dass es die falsche Burg war. Wie dem auch sei, die Frage bleibt, wieso der Mann diesen Rückfall in den eigentlichen Tötungs- bzw. Sexualtrieb übt. Die Antwort ist ganz einfach: Es ist Bestandteil des jeweiligen bewussten Unterdrückungstriebes. Dieser Unterdrückungstrieb hat ja nicht nur zur Aufgabe den Sexual- oder Tötungstrieb zu unterdrücken, sondern im Gegenteil auch festzustellen, ob denn Gelegenheit sei dem eigentlichen Trieb freien Lauf zu lassen. Um diese Gelegenheit auszuloten bedarf es natürlich einiger Überlegungen, wobei die meisten dieser Überlegungen sozusagen “was-wäre-wenn”-Überlegungen wären: Man spielt also die Möglichkeit durch, was denn passieren würde, wenn Mann sich in einer gegebenen Situation in seine “unteren” Triebe zurückfallen lässt. Falls Ergebnis positiv, dann Rückfall. Zugegebenermaßen passiert das heute eher selten. Oder es wird „simuliert“ beim Schauen entsprechender Filme fürs männliche Publikum.

Diese Prüfung, dieses theoretische Durchspielen eines Rückfalls passiert jedoch nicht von anderen unbemerkt. Jeder kennt die Situation, in welcher eine Frau einen Raum mit Männern betritt. Wir wissen alle was passiert: Die Frau wird von den Männeraugen gemustert, wobei natürlich nicht die Schuhgröße geprüft wird. Nach wenigen Sekunden ist es vorbei und jeder kümmert sich wieder um das seine. An diesen “visuellen Teil” der Prüfung haben wir uns ja eigentlich so stark gewöhnt, dass wir es nicht mehr wahrnehmen, bei anderen nicht und teilweise bei uns selbst auch nicht (mehr), was dafür spricht, dass sie schon teilweise im unbewussten Bereich liegt. Aber diese Prüfung findet definitiv immer statt und in ihr wird ein Rückfall in alte

Verhaltensmuster simuliert.

Natürlich tun wir dies nicht vollständig bewusst, auch wenn wir immer sagen, dass der Unterdrückungstrieb im bewussten Bereich liegt. Er liegt vielleicht zum großen Teil im bewussten Bereich, so dass er noch bequem gesteuert werden kann. Konzentriert man sich nicht darauf, dann fährt dieser Trieb wie oben bereits erwähnt in dem Falle dann vollständig unbewusst sein "Standard-Programm" ab: Wir (Männer) starren kurz aber merklich auf die bekannten Körperteile der Frau. Ich habe mich schon sehr oft gefragt, wieso wir Männer das eigentlich tun. Interpretiert man es wie oben gesagt – und das wird sicher niemand bestreiten – als "Vorprüfung" zum Sexualakt dann ist dies in heutiger Zeit eine nahezu völlig sinnfreie Prozedur. Dass es nach dieser kurzen Musterung in unseren heutigen Breiten (und vermutlich auch im Rest der Welt) tatsächlich zum Sexualakt kommt ist nahezu auszuschließen. Ein evolutionsbiologischer Vorteil ist also extrem schwer auszumachen und dass es ein Relikt aus alten Zeiten ist wird auch niemand bestreiten. Wieso ist dieser Reflex des "Frauen-auf-den-Hintern-gucken" immer noch da? Die Antwort haben wir bereits erbracht: Er kann gar nicht verschwinden solange wir uns sexuell vermehren, und wenn das Verschwinden dieses Verhaltens zehn mal ein evolutionsbiologischer Vorteil wäre! Die Wirkung der natürliche Selektion ist hier also völlig ausgehebelt. Es hat mich schon immer gewundert wieso die Anhänger der Theorie, dass alle Evolution per Mutation und natürlicher Selektion geregelt wird sich nicht fragen, warum es so eine ewig lange Liste von Verhaltensweisen im sexuellen Bereich gibt, welche nichts aber auch gar nichts mit Fortpflanzung zu tun haben und uns dennoch nicht wenige Ressourcen kosten. Vermutlich glauben sie, dass man irgendwann noch den "biologischen Sinn" herausfindet. Wir können jedoch an dieser Stelle ohne Zweifel festhalten, dass solche Dinge biologisch komplett sinnlos sind, die Evolution diese Dinge jedoch nicht loswerden *kann*, nämlich Dinge wie Vergewaltigung, Prostitution, Missbrauch, Selbstbefriedigung, Voyeurismus und zehntausend andere Dinge, die wir hier nicht aufzählen wollen. Wir haben nicht untersucht welche anderen Verhaltensweisen jenseits der Sexualität sich noch dafür qualifizieren, nämlich Verhaltensweisen die biologisch vollständig sinnlos sind, welche wir dennoch fortwährend mit uns durch die Evolution tragen, weil die Evolution nicht imstande ist diese loszuwerden. Man kann jedoch ohne zu Zögern sagen, dass dies grundsätzlich alle Triebe bzw. Verhalten betrifft, welche so aufgebaut sind, dass sich ein jeweiliger Unterdrückungstrieb im bewussten Bereich befindet, der ein ganzes Sammelsurium von völlig veralteten Verhaltensweisen sozusagen deckelt. Der Sexualtrieb wird demnach genau so wie er derzeit ist bestehen bleiben oder wird in seiner vollen Schönheit und Gänze komplett untergehen — mehr Möglichkeiten gibt es nicht.

Beim Tötungstrieb kann es eigentlich nicht anders sein, nur wissen wir ja, dass er heute deutlich tiefer im Unbewussten liegt als der Sexualtrieb. Man kann sich sehr gut vorstellen wie es vor einigen Tausend Jahren war, wenn wir obige Szene nehmen, nur die Frau durch einen Mann ersetzen, sprich ein Mann einen Raum betrat in welchem sich bereits andere Männer befanden (und den Neuankömmling evtl. noch nicht kannten): Der Mann wurde eingehend gemustert: Wie ist seine Statur, sein Gesichtsausdruck, wie dick ist sein Bizeps, wie stark seine Beine, trägt er Waffen, hat er Gefolgschaft usw. usw. Schließlich wird geistig der Ernstfall durchgespielt, es kommt zum Kampf auf Leben und Tod. Meist kam es sicherlich nicht dazu, zumindest ab der Epoche der Menschheit wo sich der Unterdrückungstrieb des Tötens eben herausbildete. Und zur Hauptaufgabe dieses Unterdrückungstriebes gehört das hypothetische Durchspielen des Ernstfalles, welches immer ein hypothetischen Rückfall in alte Verhaltensmuster enthält.

Wir können also festhalten: Rückfälle in alte Verhaltensmuster werden und wurden von Männern fortwährend geübt. Das gehört zu ihrem Wesen. Es ist kein unbemerkter Rückfall in alte Verhaltensmuster, darum wird nicht gelacht, er ist gewollt. Nur schärft diese permanente Übung eben die Sinne, falls man hier von Sinnen sprechen kann. Fallstricke, die uns in ältere Verhaltensmuster hineinfallen lassen werden also viel schneller erkannt. Wenn wir "viel schneller" sagen, so meinen wir natürlich "viel schneller als Frauen dies erkennen".

Damit wären wir bei einem wichtigen Punkt: Warum üben Frauen diesen Rückfall nicht, oder nicht so unentwegt wie Männer? Meine Antwort wäre: Doch, sie üben es, zumindest beim Sexualtrieb, nur sie fallen nicht so tief. Schauen wir uns den Sexual-Triebstrang der Frau noch einmal an. Am oberen (bewussten) Ende dieses Stranges steht ja auch ein Unterdrückungstrieb, jedoch einer anderen Art, sozusagen ein Selektionstrieb: Seine Aufgabe ist es zu prüfen, ob mit einem gegebenen Partner eine Zukunft denkbar ist. Falls ja, dann kommt eben nicht gleich der eigentliche, steinalte Sexualtrieb sondern ein zweiter Unterdrückungstrieb, der jedoch deutlich mehr unterdrückt als bewusst prüft, denn im Vergleich zum Mann sitzt er ja tiefer im unbewussten Bereich. Es kommt also viel seltener vor, dass eine Frau einen Rückfall bis hin zum eigentlichen Sexualtrieb, also einem wirklich anderen Verhaltensmuster durchspielt. Bei einem schwach ausgebildeten Selektionstrieb kann dies jedoch durchaus vorkommen, dann liegen die Verhältnisse vielleicht ähnlich wie bei den Männern.

Was den Tötungstrieb angeht, so kann man seine Relevanz für Frauen zum größten Teil vernachlässigen, allerdings bleibt eine Art passiver Teil: Wenn es zu ernsthaften Handgreiflichkeiten kommt dann könnte "Frau" ja auch Schaden nehmen, allerdings vermutlich nicht so schwerwiegend wie beim Mann. Es ist also durchaus vorstellbar, dass vor allem in früheren Epochen auch Frauen sozusagen den Rückfall übten, allerdings nicht den eigenen, sondern den eines anwesenden Mannes. Die Fragestellungen "was passiert, wenn es hier zum Kampf kommt, was passiert, wenn es mich auch betrifft, wo sind die Fluchtwege usw." werden oder wurden von der Frau sicherlich auch geprüft, nur ist dies eben nicht mit einem eigenen Rückfall verbunden. Man merkt dies noch heute, wenn in einem sagen wir mittelmäßig-freundlichen Gespräch an der Supermarktkasse plötzlich ein unfreundlicher oder gar ruppiger Ton auftritt: Man sieht, dass sich die beteiligten Personen "von oben bis unten mustern", d.h. der Blick fällt für kurze Zeit auf die Füße. Auch Frauen tun dies.

Mehr muss man dazu nicht sagen, außer dass der Tötungstrieb bei Männern wie schon oft erwähnt vom Aussterben bedroht ist, d.h. Männer und Frauen gleichen sich diesbezüglich an. Daraus würde folgen, dass vor einigen Tausend Jahren Männer noch deutlich mehr Witze machten als heute, denn sie waren ja permanent nur am Durchspielen von Rückfällen. Dass diese Witze umso derber waren kann man sich auch vorstellen.

Zusammenfassend können wir also sagen, dass es durchaus erklärbar ist, dass es in unserer Gesellschaft gerade die Männer sind, die die Witze machen. In früheren Zeiten war dies vermutlich noch stärker der Fall und wird sich in Zukunft, bei einem angenommenen Aussterben des Sexualtriebes angleichen, und zwar auf das Niveau der Frau. Diese Gesellschaft, in der wir dann leben werden wird vermutlich maximal gleichberechtigt sein, harmonisch und friedvoll. Aber vorher war es lustiger.

Die Ontogenese geistiger Merkmale

Eine Grundlage dieses Buches stellt ja Haeckels biogenetische Regel dar, die wir eingeführt haben, allerdings ohne sie zu genau zu formulieren, was im Grunde daran lag, dass wir es einfach nicht besser wussten. Dass die Ontogenese eine Kurzform der Phylogenese darstellt gilt ja, wie sich gezeigt hat keineswegs für die Gesamterscheinung eines heranwachsenden Lebewesens. Um jedoch eine Arbeitshypothese zur Verfügung zu haben postulierten wir die Gültigkeit von Haeckels Regel pro (geistigem) Merkmal. Was ein Merkmal genau ist, haben wir nicht definiert und wieso das Gesamtbild eines Lebewesens nicht wirklich die Phylogenese abbildet haben wir auch nicht näher ergründet. Hilfreich wäre es natürlich die genaue Funktion angeben zu können, die unsere geistigen Merkmale der Evolution auf die Ontogenese abbildet. Dies soll in diesem Kapitel – zumindest versuchsweise – geschehen. Dabei beschränken wir uns wie gehabt auf geistige Merkmale, also Triebe bzw. Verhaltensmuster.

Dass Haeckels Regel pro geistigem Merkmal streng gilt scheint sich zu bewahrheiten, haben wir doch bislang kein Gegenbeispiel gefunden. Aber wie sieht es mit dem Zusammenspiel der Merkmale innerhalb der Ontogenese aus? Gibt es da einen Zusammenhang? Oder entwickeln sich die Merkmale voneinander unabhängig? Wir wollen versuchen es herauszufinden, jedoch werden wir mit Sicherheit keine erschöpfende Antwort finden, denn die Menge der Unklarheiten, welche wir so quasi nebenbei mit uns herumtragen ist schon erschreckend groß. Eine Unklarheit betrifft z.B. die bereits erwähnte Definition eines Merkmals und davon ausgehend die Frage was denn nun ein körperliches und was ein geistiges Merkmal sein soll, denn hier gibt es ja, wie bereits bemerkt, viele Übergangsformen.

Um überhaupt eine Chance auf weiterführende Erkenntnisse zu haben werden wir all diese Zweifel und Unklarheiten beiseite schieben und schauen uns einige Eckpunkte der Ontogenese der geistigen Merkmale des Menschen an. Mit „geistigen" Merkmalen meinen wir im weitesten Sinne keine Körperteile sondern Körperfunktionen wie Herzschlag, Atmung usw. (um die dazugehörigen körperlichen Voraussetzungen kümmern wir uns nicht). Für diese hatten wir ja schon einiges herausgefunden wobei wir, wie oben bereits bemerkt auch einiges unausgesprochen verwendeten.

Kommen wir zunächst zur Frage nach dem zeitlichen Gesamtbild der Ontogenese, welcher man logischerweise ein Zeitintervall von der Befruchtung bis zum „fertigen" Menschen zuordnen würde (nächste Unklarheit – was heißt denn genau „fertig"?).

Nehmen wir nun ein paar bereits erwähnte Merkmale und zeichnen sie in der empirisch bekannten zeitlichen Reihenfolge in unser bekanntes Diagramm:

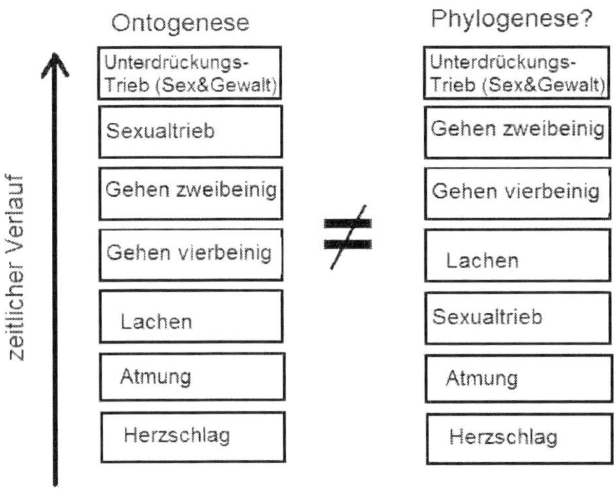

Bild 20: Vergleich der zeitlichen Abläufe von einigen Trieben in der Ontogenese mit der mutmaßlichen Phylogenese: die Reihenfolgen weichen ab

Dabei haben wir einige Dinge unterstellt, die teilweise trivial anmuten, deren Ausformulierung an dieser Stelle lohnend scheint, denn die klassischen Denkfehler bestehen in den meisten Fällen nicht darin, dass man Dinge nicht beachtet hat, sondern dass man unbewusst Dinge unterstellt, welche tatsächlich nicht vorliegen. Im folgenden also eine Aufzählung unserer implizit unterstellten Annahmen:

1. die Dauer der Ontogenese variiert bei einer Population nur wenig

2. Die Rekapitulation eines Merkmals der Phylogenese dauert eine bestimmte Zeit

3. Die Zunahme der bewussten Steuerbarkeit innerhalb eines Triebstranges (also Merkmals) ist in der Phylogenese und Ontogenese eine streng monotone Funktion der Zeit

4. Die Menge an Bewusstsein ist beschränkt

Aussagen 1 und 2 wird sicher niemand widersprechen, Aussage 3 ist ja zum großen Teil in diesem Buch erarbeitet worden bis auf die Teilaussage über die zeitliche Monotonie, welche gesondert angenommen werden muss. Aussage 4 ist die stärkste Aussage.

Wie sieht es also aus mit dem Gesamtbild, welches sich in der Ontogenese ergibt und wie ist das Verhältnis zur Phylogenese? Wäre die zeitliche Abfolge der Entwicklung der Merkmale in der Ontogenese genau die selbe wie in der Phylogenese, so würde Haeckels biogenetische Grundregel tatsächlich streng gelten, aber wie wir am Beispiel der Menschwerdung sehen können, ist dies bei Weitem nicht so. Dass sich der

Herzschlag sowohl in der Ontogenese als auch in der Phylogenese sehr früh entwickelt scheint noch übereinzustimmen. Auch bei der Lungenatmung können wir nichts eigentümliches entdecken, scheint die zeitliche Einordnung in beiden Fällen (Ontogenese und Phylogenese) einigermaßen zu passen. Allerdings stellen wir fest, dass die Ausbildung des Sexualtriebes erst am Schluss der Ontogenese stattfindet, so wie wir es bereits darstellten. Niemand würde ernsthaft behaupten, dass der Sexualtrieb erst spät in der Menschheitsentwicklung auftrat. Er müsste ja z.B. erst nach dem aufrechten Gang in die Welt gekommen sein was auszuschließen ist. Und dass der Sexualtrieb sehr alt sein muss hatten wir ja bereits diskutiert.

Wie ist die Reihenfolge dann zu erklären bzw. zu verstehen? Ein Ansatzpunkt um ein wenig Licht in diese Dunkelheit zu bringen wäre der bereits schon viel diskutierte Sexualtrieb. Schauen wir uns diesen Triebstrang bezüglich des zeitlichen Ablaufs in der Ontogenese noch einmal an: Bis zur Pubertät besteht nahezu kein Sexualtrieb, dann entwickelt sich der (eigentliche) Sexualtrieb, danach gibt es (beim Mann) den Trieb oder das Verhaltensmuster, welches wir als Unterdrückungstrieb bezeichneten. Danach ist „Schluss“, danach scheint der Mensch voll entwickelt zu sein. Wir haben diesen Aufbau damit erklärt, dass der Unterdrückungstrieb im bewussten Bereich liegen muss, denn wir wissen ja, dass der Sexualtrieb bewusst ein- bzw. ausgeschaltet werden kann bzw. können muss. Dabei haben wir unsere lang erarbeitete Erkenntnis benutzt, dass am „oberen Ende“ dieses Triebstranges der bewusste Bereich liegt während am anderen Ende der unbewusste Bereich liegt. Allerdings haben wir dabei keine Annahmen über die zeitliche Charakteristik in der Ontogenese gemacht. Diese Beobachtung sagt uns jedoch, dass die Entwicklung des sexuellen Unterdrückungstriebs nicht nur am Schluss des eigenen Triebstranges steht, sondern tatsächlich am Ende der Ontogenese, also mit Abschluss der Pubertät. Der sexuelle Unterdrückungstrieb muss also deshalb am Ende der Ontogenese stehen, weil er noch von einem starken Eingriff des Bewusstseins "lebt". Für andere Körperfunktionen gilt dies zwar auch, z.B. für die Atmung, den Lidschlag, den aufrechten Gang. Alle können noch per Bewusstsein ein- oder ausgeschaltet werden. Jedoch wird jeder zugeben, dass diese Funktionen (Gehen, Lidschlag usw.) vollständig unbewusst ablaufen können. Und wie sieht es mit dem eigentlichen Sexualtrieb aus? Dieser wird ja selbst noch mit einiger Unterstützung des Bewusstseins vollführt. Man muss sich klar darüber werden, was es denn bedeuten würde, dass der Sexualakt genauso unbewusst abläuft wie z.B. der Lidschlag: Man(n) könnte mit einer Frau schlafen ohne es zu merken. Das ist sicherlich nicht der Fall.

Wie wir es bereits oft formulierten: diese Beobachtung beweist zwar nicht folgende Aussage, legt sie aber doch sehr nahe: Die Zunahme des Bewusstseins innerhalb eines Triebstrangs ist nicht nur implizit eine Funktion der zeitlichen Entwicklung des betrachteten Triebstrangs, sie ist vielmehr eine explizite Funktion des zeitlichen Ablaufs der gesamten Ontogenese (!).

Das ist für mein Dafürhalten schon sehr viel Erkenntnis. Es bedeutet also, dass je früher (zeitlich gesehen) sich ein Trieb in der Ontogenese ausbildet, desto unbewusster ist dieser Trieb, sonst gäbe es keinen Grund für die ja fast künstlich anmutende späte Entwicklung des Sexualtriebes.

Schauen wir doch einmal ob diese Aussage einfachen Nachprüfungen standhält. Körperfunktionen, welche nicht mehr bewusst gesteuert werden können, also Herzschlag, Gefäßregulierung usw. müssen in der Ontogenese früh auftauchen, was sie auch tun. Die Klasse der Triebe, die ohne unser Bewusstsein zurechtkommen, aber dennoch bei Bedarf einen Eingriff erlauben wie aufrechter Gang oder Steuerung der Atmung finden sich etwa in der Mitte (also etwa kurz nach der Geburt). Die Unterdrückungs-Triebe für Sexualität und für das Töten müssen zum Schluss kommen, was sie denn auch irgendwie tun. Soweit scheint diese Theorie einer einfachen Prüfung stand zu halten. Ein Trieb darf also nur in der Ontogenese an den Anfang rutschen wenn für seine Ausübung keine oder sehr wenig bewusste Entscheidungen notwendig sind. Oft sind das Triebe die auch früh in der Phylogenese entstanden sind, jedoch wie wir gesehen haben nicht zwingend. Nehmen wir als Beispiel den aufrechten Gang. Es hat sich gezeigt, dass zu seiner Ausführung ein Bewusster Eingriff nur noch sehr selten notwendig war, also konnte der aufrechte Gang immer unbewusster werden, was zur Folge hatte, dass Kinder heute schon ab etwa einem Jahr laufen lernen. Das war folglich nicht immer so. Daraus ergibt sich die hochinteressante Folgerung, dass eigentlich jede neue Verhaltensweise, die später zu einem Trieb wird erst mit bzw. nach dem Abschluss der Ontogenese ins Leben kommt (ich habe mich schon immer gefragt warum so viele Revolutionen von Studenten ausgehen – jetzt könnte man fast der Meinung sein den Grund zu kennen). Zu der Zeit also, als die Menschheit aufrecht zu laufen begann ging dieses also primär von den Individuen aus, die gerade eben ihre Entwicklung abgeschlossen haben (sozusagen den „Studenten" – ich will gar nicht wissen was die Älteren dazu gesagt haben so sie denn schon hätten sprechen können, aber es wird sicher nichts anderes gewesen sein als heute: Sie verstehen Jugend nicht mehr – Verfall der Sitten – Untergang des Abendlandes). Dieses Alter, in dem der aufrechte Gang erlernt wurde, wurde im Laufe der Jahrmillionen immer kleiner, denn es wurde immer unbewusster, sodass wir es heute schon kurz nach der Geburt erlernen. Stellen wir uns vor, dass es immer wieder notwendig wäre bewusste Eingriffe in den Vorgang des aufrechten Gehens zu haben, z.B. weil die Wege es erforderten oder aus anderen Gründen; dann würde heute der aufrechte Gang vielleicht erst mit 5 Jahren erlernt. Es kann also zwei Gründe geben warum ein Verhalten erst spät in der Ontogenese erlernt wird: Erstens, dieses Verhalten kann prinzipiell ins Unbewusste rutschen, ist aber evolutionsbiologisch noch zu jung und zweitens, es kann nicht ins Unbewusste rutschen, weil es (aus evtl. praktischen Gründen) immer noch bewusste Eingriffe erfordert. Man könnte im Grunde die Frage nach dem Zeitpunkt des Auftretens eines Triebes oder Verhaltens in der Ontogenese so beantworten: so früh es eben geht. Es scheint also das Ziel der Natur zu sein das Bewusstsein möglichst schnell von körperlichen Aufgaben zu befreien(!). Schauen wir mal auf den Kletter-Trieb. Niemand wird bezweifeln, dass dieser in der Phylogenese vor dem aufrechten Gang ins Leben kam. Der Trieb klettern zu wollen kommt bei unseren Kindern jedoch auffälliger Weise nach dem aufrechten Gang. Kinder zwischen dem zweiten und sechsten Lebensjahr lassen keinen Spielplatz und keinen Baum aus, auf den man klettern könnte. Nach unserer Theorie bedeutet dies nichts weiter, als dass unsere Vorfahren den Trieb nicht so lange praktizierten, als dass er vollständig unbewusst werden konnte, sie waren sozusagen noch in der Lernphase als sie ihn wieder ablegten. Daher entwickelt sich dieser Kletter-Trieb recht spät in der Ontogenese. Allerdings passt dies wiederum nicht in die Regel, dass bezüglich eines Merkmals die Verhaltensweisen stets der Reihe nach entwickeln, also ein einmal entwickelter Klettertrieb im Merkmalsstrang nicht nach oben oder unten springen kann. Und geklettert sind wir ja in der Stammesgeschichte eindeutig vor dem aufrechten Gang, wie kann also der Klettertrieb in der Kindesentwicklung nach dem aufrechten Gang kommen? Man darf hier keinesfalls der Versuchung erliegen zu meinen, dass man endlich ein Gegenbeispiel gefunden hat und sich nun etwas anderem zuwenden kann, da die ganze Theorie nicht mehr stimmen sollte. Das tun wir natürlich nicht, sondern gehen im Folgenden gesondert auf die Triebfolge „Fortbewegung" ein.

Phylogenese der Fortbewegungstriebe: Landgang oder Baumgang?

Wir haben nun relativ strenge Gesetzmäßigkeiten angegeben wie sich Verhalten und Triebe innerhalb der Evolution entwickeln. Neue Verhaltensweisen bilden sich am Ende der Ontogenese aus (sozusagen im Studentenalter), diese übertrumpfen die Triebe, die das selbe Merkmal betreffen. Beim Fortschreiten der Evolution werden die neuen Verhaltensweisen wiederum zu Trieben (siehe Bild 15).

Es wäre sträflich sich nicht anzuschauen, was dieses Modell mit der wohl komplexesten oder sagen wir inhaltsreichsten Triebfolge macht, die wir kennen, nämlich der der Fortbewegungs-Triebe. Wenn wir es als gegeben ansehen, dass wir in grauer Vorzeit im Wasser schwammen, dann an Land gingen, dann auf die Bäume stiegen, dann wieder herabstiegen, auf vier und schließlich auf zwei Beinen liefen müsste sich diese Abfolge genau in der Ontogenese widerspiegeln und zwar in genau dieser Reihen folge, denn die Reihenfolge der Triebe eines Merkmals (in diesem Falle das Merkmal „Fortbewegung"), so sagten wir, wird in der Ontogenese nicht geändert. Wie sieht es also aus in unserer Kindesentwicklung bezüglich Trieben oder Reflexen die Fortbewegung betreffend?
Dass Neugeborene einen Schwimmreflex haben ist bekannt (wir lassen die körperliche Entwicklung hier beiseite, denn es ist zumindest klar, dass diese zur geistigen Entwicklung nicht so recht passt, zumindest nicht auf Anhieb erkennbar), genauso wie ein halbes Dutzend anderer Reflexe wie Greif- oder Steig-Reflexe (die nach ein paar Lebensmonaten auftreten). Sowohl die Handflächen als auch die Fußsohlen versuchen einen dargereichten Finger zu greifen (so es der Fuß noch kann), wobei man nicht viel Phantasie braucht um den Finger durch einen Ast zu ersetzen. Zu nennen wäre noch der sogenannte Steigreflex, bei dem der Fußrücken des Babys gegen die Unterseite einer Tischkante gehalten wird und der Säugling daraufhin den Fuß zurückzieht um ihn anschließend auf den Tisch zu setzen. Mehr Reflexe die Fortbewegung betreffend sind für mein Dafürhalten nicht auszumachen. Die in der Kindesentwicklung folgenden Ausprägungen des Fortbewegungstriebes sind unstrittig der "Gang" auf allen Vieren (also Robben oder Krabbeln) und schließlich der aufrechte Gang. Kann ein Kind bereits aufrecht gehen beobachten wir ebenso einen starken Wunsch zu klettern, was die Existenz unserer Spielplätze begründet. Scheint hier die Reihenfolge nicht doch irgendwie pervertiert zu sein? Dass die Greif- und Steig-Reflexe beim Säugling einem Klettertrieb zuzuordnen sind scheint außer Frage zu stehen, aber wieso denn später noch einmal? Und überhaupt, wie ist denn die wahre Reihenfolge in der Phylogenese?

Typischerweise sieht man Darstellungen des Landganges, bei dem ein fischartiges Wesen an einer Küste oder einem Strand ans Land läuft. Dann müsste aber beim Säugling vor dem Auftreten der Greif- und Steig-Reflexe noch ein Krabbelreflex oder Ähnliches kommen. Zu erkennen ist aber vorher rein gar nichts, der Krabbelreflex kommt erst danach. Entweder es stimmt also nicht, dass die Haeckelsche Regel pro Merkmal (hier Fortbewegungstrieb) streng gilt, dann haben wir ein Problem, oder wir behaupten schlicht sie gelte nach wie vor streng, dann folgt daraus, dass unsere Vorfahren nicht an Land "gingen", sondern an Land "kletterten". Wäre das so schlimm? Es ist vermutlich so wie beim Kitzeln: Dass es aus heutiger Sicht nicht leicht ist darauf zu kommen, dass das Lachen früher dazu diente, dass wir beim Schwingen durch die Bäume ein akustisches Signal zur Crashvermeidung brauchten ist vermutlich dem Umstand geschuldet, dass wir unsere heutige Vegetation zugrunde legen, wo die Baumkronen nicht so dicht sind und die Bäume auch nicht dicht stehen. Zwar wissen wir, dass es früher doch anders aussah, aber diese Vorstellung haben die meisten Menschen bei der Überlegung, wie sich denn unsere Vorfahren durch die Bäume schwangen irgendwie nicht parat. Und so meine ich verhält es sich womöglich beim Landgang. Wir stellen uns heute einen Ozean vor, der durch eine Küste oder Strand vom Land getrennt ist. Wenn man jedoch in einer Internet-Bildersuche die Worte Trias oder Kreidezeit eingibt, so sieht die dort dargestellte Landschaft doch anders aus: Dicht bewachsen und vor allem extrem sumpfig. Ob dem wirklich so war wird kaum zu beweisen sein, allerdings fällt es vor diesem Hintergrund eher leicht sich vorzustellen, dass unsere Vorfahren aus dem Wasser so ziemlich direkt auf einen Baum kletterten. Ein Gehen an den Strand scheint vor so einem Bild eher unwahrscheinlich. Zudem viel gefährlicher, denn hat es erst einmal ein fischartiges Lebewesen ans Ufer geschafft ist die Wahrscheinlichkeit sehr groß, dass es ihm ergehen könnte wie heute einem gestrandeten Wal (mit dem Unterschied, dass damals kein Greenpeace kam). Viel einfacher vorzustellen ist doch so ein Greifreflex (Entschuldigung, ich meine eine bewusste Greif-Handlung), mit dem man Äste oder ähnliches greifen kann oder sich daran festhalten kann. Dies kann man auch im Wasser üben, falls der Ast oder Stamm oder was auch immer im Wasser wächst oder ins Wasser ragt. Das Klettern an der Luft wäre dann kein großer Schritt mehr und falls alles scheitert, lässt man sich wieder fallen und landet im Wasser. All diese Bequemlichkeiten sind beim Landgang nicht gegeben. Kein Landgang also, sondern ein "Baumgang". Interessanterweise findet man bei fast allen Darstellungen von den ersten Lebewesen, die an Land gingen, die also ihre Flossen (oder wie man das sonst in diesem Fall nennt) bereits zum Gehen nutzten, Finger eingezeichnet! Ich habe nicht nachgeprüft ob sich das direkt aus den fossilen Funden ergibt, aber wie dem auch sei, Finger sind doch zum Greifen da! Wieso um alles in der Welt sollte ein fischartiges Wesen, welches Flossen zur Fortbewegung besitzt für das Gehen an Land Finger besitzen? Auch unsere Embryos entwickeln aus ihren Paddelhändchen unmittelbar Finger. Streift man die Literatur zu diesem Thema stell man eigentlich fest, dass der Landgang als Übergang vom Schwimmen zum Gehen stets implizit unterstellt wird, nie sauber begründet oder hinterfragt. Vielleicht haben andere Tiere das so vollzogen (obwohl die meisten Amphibien Finger haben bzw. Krallen oder Saugnäpfe o.ä), für den Menschen würde ich das jedoch ausschließen.

Eigentlich gibt es an dieser Stelle kaum einen Grund anzuzweifeln, dass die biogenetische Regel für das geistige Einzelmerkmal „Fortbewegung" streng gilt. Wie sieht es jedoch aus mit dem sehr spät auftretenden Klettertrieb? Dieser würde dann doch eine andere Reihenfolge der Triebbildung in der Ontogenese darstellen. Aber auch hier meine ich, dass man etwas genauer hinschauen sollte. Wir sagten ja, dass bereits der Säugling eine Klettertrieb zu haben scheint, der sich im Greif- und Steigreflex manifestiert. Das macht auch Sinn, denn so stellt man sich gemeinhin das Klettern auf Bäumen vor, man umklammert die Äste mit der Hand oder eben dem Fuß sobald man einen zu fassen bekommt. Ein Kind auf einem Spielplatz-Klettergerüst tut dies aber nicht in dieser gleichen Art, auch nicht auf einem Kletterbaum. Das Ergebnis ist das gleiche, ja, aber der Trieb ist doch ein völlig anderer. Auf dem Spielplatzgerüst geht alles viel langsamer von statten, es gibt keinen Greifreflex mehr, sowohl mit der Fußsohle als auch mit den Händen; dass alles bewusster stattfindet ist klar. Es ist nicht wegzudiskutieren, dass dieser Klettertrieb ein vollständig anderer ist, nämlich einer, der auf eine andere Anatomie und evtl. auch andere sonstige Umweltbedingungen Rücksicht nimmt. Es ist also ein Trieb im Merkmalsstrang "Fortbewegung", jedoch waren wir im Sinne Wittgensteins einfach zu sorglos bei der Namensgebung.

Phantasielos, aber strukturiert wäre es gewesen den Klettertrieb in der Säuglingsphase mit sagen wir Klettertrieb1 und den in der späteren Kindesphase mit Klettertrieb2 zu bezeichnen. Wenn man sich denn die beiden Szenarien ausmalt, in denen diese Triebe zur Geltung kommen so könnten diese eigentlich auch nicht unterschiedlicher sein. Beim ersten Szenario stelle ich mir eine Art salamanderartiges Wesen vor, welches von eher geringer Größe ist und blitzschnell auf Bäume steigt, welche aus dem Wasser ragen. Im zweiten Falle ein Wesen, welches uns schon sehr ähnlich sieht, auch deutlich schwerer ist, auf anderen Bäumen bzw. auch nur zeitweise in den Bäumen unterwegs ist und vielleicht die meiste Zeit sogar auf dem Boden unterwegs ist, erst auf allen Vieren, dann aufrecht. Der Klettertrieb ist also schon deshalb ein neuer Trieb, weil er sich das Merkmal "Fortbewegung" mit dem Gehen irgendwie teilen muss. Hieß der alte Trieb also noch "Klettern" heißt der neue Trieb "Klettern und Gehen".

Das gleiche gilt für das Schwimmen. Neugeborene besitzen wie gesagt einen Schwimmreflex, was man sich durch viele Videos bestätigen lassen kann. Allerdings sieht das kaum aus wie die Schwimmbewegung eines älteren Kindes oder Erwachsenen. Beides heißt „Schwimmen", es ist jedoch jedes mal schlicht ein anderes Verhalten. Es dient zwar dem selben Zweck, erfüllt ihn aber anders, was sich sicherlich auf Anatomische Gründe zurückführen lässt.

Es ergibt sich also nach all dem Gesagten so ungefähr folgende Triebabfolge unserer Fortbewegung:

1. Schwimmen1

2. Klettern1

3. Krabbeln+Klettern2

4. Gehen+Klettern3+Schwimmen2

5. Gehen+Schwimmen2

Und siehe da: Diese Abfolge unserer Fortbewegungstriebe ist in der Ontogenese und Phylogenese nun gleich! Man muss sich also nur etwas Mühe geben und genauer hinschauen. Es ist ohne Frage jedoch klar, dass wir uns mit dieser Erklärung wieder einen ganzen Sack voll Unklarheiten eingefangen haben. Existiert neben dem Klettern2 vielleicht noch ein Schwimmen2? Oder müsste es eher heißen Klettern2+Schwimmen1? Geht das überhaupt? Kann also ein Teil des Fortbewegungstriebes quasi fortbestehen, während sich ein anderer Teil entwickelt? Können sich solche Merkmalsstränge teilen? Ich meine nein, denn wenn das so wäre wären wir kaum in der Lage gewesen die strengen Gesetze zu finden, die wir vorgefunden haben. Vielmehr hätten wir ein Kuddelmuddel an Trieben und Verhaltensmustern vorgefunden, die sich unentwegt verzweigen und vielleicht auch wieder vereinen und es ist schwer vorstellbar aus so einer Beobachtung heraus eine Regel festzumachen. Eher liegt die Vermutung nahe, dass sich Merkmale eben nicht im Laufe der Evolution aufteilen. Dies würde aber bedeuten, dass wir z.B. das Klettern neu lernen mussten, als wir begangen aufrecht zu gehen. Dieses „neu erlernen“ muss nun jedoch nicht zwangsläufig heißen, dass das Ergebnis neu ist, also eine andere Art zu klettern herauskommt. Schlussendlich kann diese Aussage aber nicht überraschen: Wenn ich etwas nicht mehr übe und anwende, dann verlerne ich es eben und muss es neu lernen.

Unser Bewusstsein: eine konstante der Evolution?

Wir sind noch nicht auf die Annahme 4 eingegangen. Diese Aussage ist – wie wir es oft formulieren – nicht bewiesen, liegt aber sehr nahe. Denn wenn wir sagen, dass neue Verhaltensmuster eines Merkmals dafür sorgen, dass in diesem Merkmals-Strang die älteren Verhaltensmuster zu Trieben werden, also unbewusst werden, so folgt zumindest eine begrenzte „Menge“ an Bewusstsein für das betrachtete Merkmal, denn es wäre ansonsten nicht klar, wieso das so passieren sollte. Jegliches Verhalten bewusst steuern zu können, wenn es denn ginge, wäre sicherlich viel vorteilhafter. Es scheint also, dass die Natur es einfach nicht kann.

Andererseits ist diese Erkenntnis alles andere als überraschend. Jeder weiß, dass man nicht mehrere Dinge gleichzeitig bewusst steuern kann, man sich also „auf eine Sache konzentrieren“ muss, wie man sagt. Dass sich aber diese Fähigkeit im Laufe der Evolution – also in einem sehr großen Zeitmaßstab – scheinbar nicht verbessert, oder verbessern kann, das ist vermutlich eine neue Erkenntnis.

Der Aspekt, dass wir nicht definieren können, was genau Bewusstsein ist, stört uns nicht. Viele Wissenschaftszweige versuchen heute den Begriff Bewusstsein zu fassen wie Psychologie, Philosophie, natürlich Biologie aber auch Zweige wie Neurologie, wobei man sich bei letzterem nicht ganz sicher ist wie ernst man das nehmen sollte. An vielen Stellen wird in solchen Wissenschaften versucht eine Art Definition für das zu finden, was wir unter Bewusstsein verstehen. Auch hier ist der Unterschied zur Physik recht groß, denn dort werden solche Fragestellungen grundsätzlich nicht betrachtet, zumindest nicht in solcher Art. Niemand fragt danach was denn ein genau ein Elementarteilchen sei, oder was denn genau die Sonne sei usw.. Vielmehr stellt man sich die Frage wie es sei, genauer gesagt mit welchen Gleichungen man es beschreiben kann. Dabei passiert es sicherlich, dass man sich in den Begriffen mitunter vergreift. Wenn in einer Diplomprüfung in theoretischer Physik der Prüfer fragt, was denn genau ein Elementarteilchen sei, dann meint er das natürlich nicht so. Denn die „richtige“ Antwort in dieser Prüfung wäre zu sagen, dass ein Elementarteilchen eine „unitäre Darstellung der Poincaré-Gruppe in einem Hilbert-Raum“ wäre – was natürlich eine rein mathematische Beschreibung ist und somit nicht die Frage nach dem Was sondern nach dem Wie richtigerweise beantwortet. Dabei kommt es gar nicht so sehr auf Gleichungen oder Mathematik an, vielmehr fragt man eben nach den Beschreibenden Eigenschaften. Wenn man (meist im Laufe der Jahrhunderte!) diese Eigenschaften dann immer besser kennt impliziert das womöglich das Gefühl, dass man jetzt wisse was die Sonne oder das Elektron denn sei, aber so ist es nicht. Wir können solche Dinge mittlerweile sehr gut beschreiben und berechnen, was jedoch nicht zur Beantwortung der Frage führt was diese Dinge denn wirklich sind (vermutlich ist diese Frage auch vollständig gegenstandslos). Von daher kann es nicht verwundern, dass wir eine (oder mehrere) beschreibende Eigenschaften des Bewusstseins gefunden haben, ohne genau sagen zu können, was das Bewusstsein denn genau ist. Ein für die Naturwissenschaft ganz üblicher Vorgang.

Dennoch ist es erwähnenswert, dass wir jetzt zwar eine Art Gesetzmäßigkeit für das, was wir Bewusstsein nennen angeben können, aber eben nicht nicht quantitativ erfassen. Vielleicht müssen wir auch zumindest letzteres nicht, denn wir stellen ja fest, dass die „Größe“ oder „Menge“ an Bewusstsein sich nicht zu ändern scheint, zumindest pro Lebewesen. Allerdings würde man schon gerne eine Aussage darüber haben wie viel Bewusstsein man braucht um ein Verhalten zu steuern. Um eine quantitative Erfassung dieser Größe zu erreichen würde man jedoch das machen, was man in der Physik immer macht, wenn man eine neue Größe einführt: Man definiert eine Einheit und eine Vielfachheit. Man könnte also z.B. sagen, wenn ein Bewusstsein genau ein Verhalten steuern kann, dann wäre das eine Einheit. Ein Bewusstsein wäre x-mal so groß, wenn es x Verhaltensmuster gleichzeitig steuern könnte. Auch hier glaube ich (wieder komplett ohne Beweis), dass man gar nicht so falsch liegt, wenn man pauschal die Anzahl der Verhalten, die ein Bewusstsein steuern kann auf eins setzt. Das ist zugegebenermaßen eine grobe Vereinfachung, aber so falsch können wir damit nicht liegen, denn der Volksmund kann sich doch nicht grundlegend irren wenn er sagt, dass man sich „nur auf eine Sache auf einmal“ konzentrieren kann. Gemeint ist: Eine Sache auf einmal bewusst tun. Ob man daraus ableiten kann, dass man sich vielleicht auf zwei halbe Dinge gleichzeitig konzentrieren kann, das vermag an dieser Stelle vermutlich niemand zu sagen. Aber klar ist, dass wir eben alle nicht „multitasking-fähig“ sind wie es heißt (auch Frauen nicht) und das war schon immer so und wird für die nächsten Millionen oder gar Milliarden Jahre so bleiben. Insgesamt also, so können wir vermuten, ist die Menge an Bewusstsein bei den Lebewesen in unserer Ahnenlinie konstant.

Was heißt es denn aber, dass ein Verhalten bewusst gesteuert werden kann? Heißt das, dass ich je nach Umständen, die mir durch Sinneseindrücke vermittelt werden irgendetwas tue oder auch nicht tue? Das kann es eigentlich nicht sein, denn das gilt ja auch für die eher unbewussten Verhaltensweisen, also Triebe. Wenn ich einen ausgewachsenen Löwen vor mir sehe, dann bekomme ich einen enorm hohen Puls, Herzrasen, jede Menge Angst und renne vermutlich davon. Eine Reaktion, welche durch Sinneseindrücke vermittelt wurde und die jedoch zugegebenermaßen mäßig bewusst genannt werden kann. Dass sich meine Gefäße weiten, wenn mir warm wird? Vollständig unbewusst, würde sicher jeder sagen. Bewusstsein kann also nicht etwas sein, was genau von externen Gründen abhängt. Der schon erwähnte Umstand, dass nur ich entscheide, wann ich meinen linken Arm hebe, dies könnte als rein bewusst bezeichnet werden. Es liegt also irgendwie nahe, dass der Umstand, dass ein Verhalten nach Belieben gesteuert werden kann viel mit Bewusstsein zu tun hat. Vielleicht lehnen wir uns hier etwas aus dem Fenster, aber ich würde ohne zu zögern die Definition wagen, dass ein Verhalten umso bewusster gesteuert wird, je mehr dieses Verhalten nicht durch kausale Gesetze beschrieben werden kann. Denn offensichtlich ist es ja so: Wenn es denn möglich ist ein Verhalten vollständig kausal zu steuern rutscht es ins Unbewusste: Herzschlag, Gefäßregulation, Wärmehaushalt usw.. Bei der Atmung ist es nicht ganz so: Wenn ich tauchen will, so muss ich bewusst die Luft anhalten und es gibt offensichtlich keinen Reiz der ausreichen würde diesen Trieb auch ohne bewussten Eingriff komplett zu steuern. Selbst bei der Verdauung gibt es noch einen kleinen bewussten Eingriff, der zumindest solange Bestand haben wird solange wir Toiletten aufsuchen müssen und nicht Gerätschaften mit uns tragen, welche automatisch die Reste unserer Verdauung entsorgen.

Wenn wir also sagen, dass eine bewusste Steuerung gerade eine solche ist, die nicht durch kausale Gesetze erklärt werden kann, so scheint das recht gut in unsere Erkenntnis zu passen, dass es Dinge in der Evolution gibt, welche nicht durch externe Gründe getriggert wurden, sondern eben bewusste, akausale Entscheidungen waren, wie wir es beim aufrechten Gang hergeleitet haben: Der aufrechte Gang wurde bewusst eingeführt und war keinerlei Kausalität geschuldet.

Wie oben bereits ausgeführt, kann dieses Bewusstsein stets nur ein Merkmal gleichzeitig steuern und die Menge an Bewusstsein blieb auf unserer Ahnenlinie konstant. Unsere Vorfahren hatten also genauso viel Bewusstsein wie wir, und diese wiederum genauso viel wie deren Vorfahren. Es würde folgen, dass selbst in dem Zustand, in dem wir als fischartige Wesen im Wasser lebten, wir genauso viel Bewusstsein hatten wie heute. Und wenn das der Fall ist, so wird es sicher auch schwer sein ein Argument zu finden, wieso andere Tiere, welche nicht Mitglieder unserer Ahnenlinie sind mehr oder weniger Bewusstsein hätten als wir (wenn alle Lebewesen einen gemeinsamen Vorfahren haben, so würde allerdings tatsächlich daraus folgen, dass alle Lebewesen dieses Planeten ein gleich großes Bewusstsein hätten).

Wie ist das aber zu verstehen, dass ein sagen wir Fisch genauso viel Bewusstsein hat wie wir? Nimmt er seine Umwelt also genauso aufmerksam wahr, wie wir? Interessanterweise folgt aus unserem Modell genau das umgekehrte, so wie es jeder auch erwartet. Nehmen wir also an, so ein fischartiges Wesen wäre einer unserer direkten Vorfahren. Demnach, so sagten wir, hätte er genauso viel Bewusstsein wie wir. Nur sagten wir aber auch, dass unsere heutigen Triebe seine damaligen bewussten Verhaltensweisen waren. Unsere heutigen wichtigsten Triebe hatten wir bereits oft erwähnt: Herzschlag, Verdauung, Atmung, Sexualität usw. usw.. Es folgt also, dass unser Urahn-Fisch diese oder auch andere Triebe bewusst ausübte, oder zumindest zum Teil bewusst, auf alle Fälle jedoch bewusster als wir. Das heißt wiederum, dass bei gleich großem Bewusstsein die Fähigkeit, die Umwelt wahrzunehmen deutlich reduziert sein müsste, denn er (der Fisch) muss sich ja zum größten Teil bewusst um seine Körper- bzw. Überlebens-Funktionen kümmern. Oder anders gesagt er musste sich darauf konzentrieren. Für die Wahrnehmung der Umwelt – zumindest für eine Wahrnehmung jenseits eines direkten Zusammenhangs zur Erfüllung von Körperfunktionen – bleibt da eben deutlich weniger Bewusstsein als bei uns. Und so schwer fällt es mir ehrlich gesagt nicht es mir vorzustellen: Nehmen wir z.B. den Herzschlag. Es wird sicher eine Zeit gegeben haben, wo dieser genauso bewusst oder unbewusst gesteuert werden konnte wie heute die Lungenatmung. D.h. dass das Herz schlägt, solange wir uns nicht weiter darauf konzentrieren, aber wir konnten es tatsächlich anhalten, wenn wir denn wollten – solange bis uns schwindelig wird oder ähnliches, so wie es sich heute mit dem Luftanhalten verhält. Wie sieht es aber mit dem Selbsterhaltungstrieb aus, denn was das Luftanhalten angeht, so hatte ja bereits der Herr Schoppenhauer die Frage gestellt, ob man ersticken könnte, indem man einfach beschließt die Luft anzuhalten. Offensichtlich macht unser Bewusstsein so etwas nicht – auch wenn Schoppenhauer es mit einem seinen Charakter enthüllenden Satz behauptet ("Neger sollen dies schon getan haben"). Abgesehen vom Luftanhalten soll es jedoch durchaus vorkommen, dass sich Menschen (auch Tiere?) umbringen. Der Selbsterhalt scheint also kein unumstößliches Prinzip zu sein, sondern es scheint vielmehr so, als wäre dies einfach nur ein schon sehr sehr unbewusster Trieb (unbewusster als z.B. der Herzschlag). Wir werden später darauf zurückkommen. Wenn wir noch weiter in die Vergangenheit zurückgehen, na dann mussten wir eben dauerhaft den Herzschlag bewusst stimulieren. So unvorstellbar ist das nicht. Man sagt, dass mache Menschen bei einer Art Yoga-Meditation es heute noch können. Nach unserem Modell durchaus vorstellbar, muss der Yogi „nur" innerhalb des Merkmals „Blutzirkulation" sämtliche Verhalten und Triebe, die in der Ontogenese über dem Herzschlag stehen per Bewusstsein eliminieren (um Gottes willen, wie esoterisch hört sich das denn an? Wie kann so etwas ein theoretischer Physiker schreiben?). Wenn das geht, und das scheint glaubhaft, dann sagt unser Modell, dass man fast vollständig sein Bewusstsein in diesem Moment dafür opfern muss, so etwas wird vermutlich Trance oder ähnlich genannt. Klar ist also, dass man es nicht einfach so nebenbei machen kann.

Oder nehmen wir den Wärmehaushalt. Die allermeisten „höheren“ Tiere wie Säugetiere sind gleichwarm, d.h. sie besitzen eine konstante Körpertemperatur. Fische haben das z.B. nicht, wenn die Umgebung kälter wird, werden sie es auch bei gleichzeitiger Einschränkung ihrer Aktivität. Es gibt allerdings Reptilien, die sich sagen wir so in der Mitte zwischen Fisch und Säuger befinden, welche sich zum Aufwärmen in der Sonne aufhalten – ein eindeutig Bewusstes Verhalten. Ein Säugetier muss dies nicht mehr, sein Wärmehaushalt sorgt fast automatisch für eine konstante Körpertemperatur – die Wärmeregulation wurde aus dem bewussten Verhalten entlassen.

Wenn wir denn nun annehmen, dass ein heutiger Fisch, der nicht gerade ein Ahn unserer direkten Abstammungslinie ist, sich nicht grundsätzlich anders verhält als der eben diskutierte Ur-Fisch, so folgt das gleich Prinzip auch für ihn. Das heißt, dass das vielbesungene Kälbchen, welches zur Schlachtbank geführt wird, tatsächlich bei Weitem nicht „so viel mitbekommt“ wie wir. Es ist eben mehr mit seinen direkten Körper- bzw. Überlebensfunktionen beschäftigt.

Wir können uns also ohne Probleme auf die Aussage einlassen, dass jedes Lebewesen dieses Planeten die gleiche Menge an Bewusstsein hat. Was wir jedoch unterscheiden müssen ist die Menge oder der Anteil unseres Bewusstseins, der sich nicht mit unseren eigenen Körperfunktionen beschäftigt oder beschäftigen muss. Man könnte bzw. müsste also die Unterscheidung treffen zwischen körpergebundenem und freien Bewusstsein.

Anfang und Ende der Evolution

Manche Menschen, und dazu gehöre ich auch, müssen bei jedem Spielzeug, welches sie in die Hände bekommen früher oder später ausprobieren wo denn die Grenzen der Funktionalität liegen. Wir haben nun also ein einfaches Modell der Evolution zur Hand, welches Aussagen macht über Orientierung, über Verhalten und Triebe und deren Beziehung zum (Un-)Bewussten. Wir haben bislang gesehen, dass die Aussagen, welche aus diesem Modell kommen durchweg welche sind, die in unsere Beobachtungen passen.

Wie sieht es denn also aus mit den Extremalwerten in diesem Modell? Wir hätten deren ja zwei, nämlich ein hypothetisches Lebewesen, dessen Körperfunktionen vollständig bewusst gesteuert werden und am anderen Ende ein Lebewesen, dessen Körperfunktionen so weit es geht unbewusst also nahezu kausal ablaufen.

Wenn wir zu den ganz einfachen Lebewesen gehen, zu Einzellern oder sogar Viren so scheint dieses Bild zumindest keinen Widerspruch zu generieren, wobei es allerdings sehr gewöhnungsbedürftig anmutet: Ein „Lebewesen", welches den größten Teil seines Bewusstsein dafür hergibt dafür zu sorgen, sich selbst zu erhalten und immer wieder zu replizieren. Zumindest wäre es durchaus konsistent mit allem bereits Gesagten, nämlich dass so ein Bakterium oder gar Virus, oder sagen wir noch einfacher ein selbstreplizierendes Molekül für sich genommen (also rein physikalisch) gar kein Lebewesen sein kann, denn ein totes Molekül verhält sich nach heutigem Wissensstand nach den Regeln der Quantenphysik, welche wir an der Uni bis zur x-ten Kommastelle nachprüfen durften. Das Wort Bewusstsein mag an dieser Stelle fremdartig wirken, aber wie wir bereits diskutierten, muss z.B. die DNA noch mehr sein als ein Makromolekül wie wir es in der Physik kennen. Und dieses Mehr wäre dann das von uns zwar nicht definierte aber doch schon durch seine Eigenschaften bekannte Bewusstsein. Darüber hinaus haben wir ja diskutiert, dass eine wesentliche Eigenschaft des Bewusstseins gerade darin besteht nicht-kausal zu handeln oder besser gesagt handeln zu können. Vielleicht muss man an dieser Stelle das Bild noch etwas präzisieren, denn totes ein Molekül verhält sich in der Quantenmechanik ebenfalls nicht-kausal, allerdings nach exakt berechenbaren Wahrscheinlichkeiten. Dies ist beim Bewusstsein natürlich nicht gemeint, gemeint ist eher, dass ein Ereignis durch das Bewusstsein nach Belieben erzeugt werden kann. Und dieses wird offenbar von einem Makromolekül gebraucht um das zu tun, was Makromoleküle in toten Zellen eben nicht tun: sich teilen, zu irgendwelchen Ribosomen wandern, Proteine kodieren usw. Wenn wir also unser "erstes Lebewesen" betrachten, was sich sozusagen als Extremalwert aus unserem Modell ergibt, dann sprechen wir ja von einem Lebewesen, welches noch keine Triebe hat und zu 100% bewusst "lebt". Jetzt wird es spannend. Nach unserer Deutung kann sich also dieses erste Lebewesen völlig frei entscheiden, was es denn "tun" will. Tut es das "falsche", stirbt es. Natürliche Selektion schlägt hier in voller Härte zu. Verfällt es jedoch auf die Idee sich selbst zu erhalten indem es sich repliziert oder was auch immer dafür tut, dann könnte Folgendes passieren: Wenn es auch die Nachkommen dieses Lebewesens für eine gewisse Zeit so betreiben, also nichts weiter tun als sich bewusst für die Selbsterhaltung zu entscheiden, dann rückt dieses Verhalten nach unseren Regeln langsam ins Unbewusste. Man würde also zu dem Schluss kommen, dass der Selbsterhaltungstrieb, so wir ihm denn keine Sonderrolle zuschreiben möchten, unser ältester und damit unbewusstester Trieb ist.

Rückt dieser Trieb dann bei unseren ersten Lebewesen also ins Unbewusste so bleibt wieder ein wenig freies Bewusstsein übrig. Dieses wird nach unserem bereits bekannten Muster dazu benutzt auf neue Ideen zu verfallen. Das Prinzip der natürlichen Selektion scheint bei den einfachen Lebewesen also tatsächlich dominierend zu sein, daher kann es nicht wundern dass sämtliche Evolutions-Experimente, welche mit Bakterien oder ähnlichem durchgeführt wurden das Prinzip der Mutation und natürlichen Selektion untermauern. Jedoch, wie bereits in der Einleitung andiskutiert: Wenn dieses das einzige Prinzip sein sollte, dann gäbe es nicht den geringsten Grund wieso die Evolution über solche primitiven Lebewesen hinausgehen sollte, denn Bakterien würden ohne Probleme alles Überleben: Einen Meteoriteneinschlag, Klimakatastrophen und sogar einen atomaren Weltkrieg. Wieso gibt es den Affen, den Schmetterling, den Schabrackentapir oder uns? Die Antwort scheint nun klar: Der Anteil des Bewusstseins, welcher das Überleben von Bakterien bestreitet liegt eben nicht bei genau 100%, sondern vermutlich ein wenig darunter, denn einige Verhaltensweisen wie der Selbsterhaltungstrieb sind bereits ein wenig ins Unbewusste gerutscht. Und dieses Wenige an freiem Bewusstsein reicht wieder dazu aus, dass ein Bakterium anfangen kann "etwas herumzuspinnen" und anders werden kann als es ist. Und dieses "Anders-sein-wollen" hatte keinen überlebenstechnischen Grund, es war der reine freie Wille.

Und noch etwas folgt aus unserem Modell: Da wir ja gesagt haben, dass jedes noch so primitive Lebewesen, jedes Bakterium in Summe genauso viel Bewusstsein hat wie wir folgt daraus, dass der Übergang aus der toten Materie unstetig ist. Es gibt ja durchaus Vorstellungen, nach denen sich (tote) Materie nur irgendwie geeignet zusammenfinden müsste damit das erste selbstreplizierende Molekül, also das Leben entsteht. Unser Modell schließt dies jedoch aus, da wir ja mühevoll abgeleitet haben, dass das Bewusstsein nicht vom primitivsten Lebewesen aus gesehen in unsere Richtung graduell zunimmt, sondern konstant ist, jedenfalls in Summe (das freie Bewusstsein, welches sich nicht ums Überleben kümmern muss nimmt tatsächlich graduell zu). Das allererste Lebewesen hatte genauso viel Bewusstsein wie wir Menschen.

Man könnte auf den Gedanke verfallen — und das ist nun reine Spinnerei — dass dieses "erste Lebewesen", welches keine Triebe hat sondern lediglich aus reinem Bewusstsein besteht, welches mal auf diese, mal auf jene Idee verfällt überall und zuhauf im Universum vorhanden ist, jedoch immer sofort stirbt in Ermangelung der "Überlebens-Idee", welche es nicht verfolgt. Und nur in diesem einem, extrem unwahrscheinlichen Fall, dass eines dieser reinen Bewusstseins-Lebewesen auf jenen Gedanken verfällt sich selbst zu erhalten und es auch seine Nachkommen eine ganze Weile so weitertreiben, sodass der Selbsterhaltungstrieb ins Unbewusste rutscht, nur dann konnte Leben wie wir es heute kennen entstehen.

Man kann erkennen, dass unser Modell in diesem Extremalbereich abgesehen von ein paar Spinnereien keine großen Erklärungen liefert jedoch auch zu keinen Widersprüchen führt.

Wie sieht es denn mit dem anderen Extrem aus, also ein Lebewesen, dessen Körper- und (Über-)Lebensfunktionen nahezu vollständig unbewusst vollzogen werden und dessen Bewusstsein demnach zum größten Teil frei ist? Vielleicht ist es hier sinnvoll nicht gleich so extrem zu werden, sondern eine Lebensform zu nehmen, die sich vielleicht so "in der Mitte" befindet: uns.

Was unterscheidet uns denn von den "niederen" Lebewesen, wie einem Virus, einer Milbe, Mücke, Ameise, ja sogar einem höheren Säugetier wie dem Hund? "Die Intelligenz" würden vermutlich die allermeisten Leser spontan denken bzw. ähnliche Ausdrücke nennen wie "Denkvermögen" oder vielleicht auch "mehr Bewusstsein" oder ähnliches. So oder so ähnlich ist es auch und unser Modell würde zu dieser Frage folgende Antwort ausspucken: "Der Unterschied zwischen den Menschen und den Tieren ist der größere Anteil an freiem, also nicht körperfunktions-gebundenem Bewusstsein". Und da wir mehr freies Bewusstsein haben benutzen wir es um über Sterne und Atomkerne nachzudenken und sogar über uns selbst. Freies Bewusstsein und Intelligenz scheinen also irgendwie verwandt zu sein und ich glaube es war Descartes, der sinngemäß äußerte, dass "alle Menschen gleich intelligent seien" und sie lediglich "verschiedene Interessenslagen haben". Wenn man also Intelligenz mit "freiem Bewusstsein" gleichsetzt, dann müsste man Descartes Äußerung deutlich verallgemeinern: Jedes Lebewesen dieses Planeten ist gleich intelligent, jedoch müssen die meisten und vor allem die "niederen" Lebewesen den größten Teil ihrer Intelligenz für ihre direkten Körperfunktionen verwenden. Das müssen wir Menschen nicht mehr, zumindest nicht in solch einem Maße und ich glaube tatsächlich, dass ein jeder genau dies meint wenn er "intelligent" sagt. "Nicht-körperlich-gebundenes" oder "freies" Bewusstsein klingt doch jedoch für für meine Ohren verständlicher, denn es impliziert, dass es noch ein anderes Bewusstsein gibt, nämlich das körperfunktions-gebundene und es ist nachvollziehbar, dass die Summe bei jedem Lebewesen gleich groß ist. Beim Begriff "Intelligenz" scheint es per se keine Gesetzmäßigkeit zu geben: manche haben mehr, manche weniger.

Was die „aktuelle" Bewusstseinsforschung angeht, so muss ich zugeben, dass ich darin kein Experte bin und es vielleicht auch nicht sein will. Allerdings ist festzustellen, dass alle Versuche Definitionen oder Gesetzmäßigkeiten des Bewusstseins zu finden sich ausschließlich mit dem hier besprochenen freien Bewusstsein beschäftigen. Ein Bewusstsein, welches sich um Körperfunktionen kümmert, wird von anderen Wissenschaften scheinbar nicht wahrgenommen, was aber auch verständlich ist – niemand würde dies Bewusstsein nennen. Dennoch hat es eine große Relevanz, denn wie wir gezeigt haben scheint es das Wesen der Evolution zu sein das Bewusstsein von körperlichen Aufgaben zu befreien. Hin und wieder liest man den Ausdruck „höheres Bewusstsein" und man geht sicher nicht falsch in der Annahme, dass dies niemand mit genauen Begriffen erklärt hat. Rein gefühlsmäßig betrachtet liegt dieser Begriff unserem Begriff („freies Bewusstsein") sehr nahe.

Man wäre nun versucht zu sagen, dass genau dieses die globale Richtung der Evolution beschreibt, nämlich zu mehr freiem Bewusstsein. Aber wir sollten hier vorsichtig sein, denn falls es überhaupt so sein sollte, dann wird dieses Ziel keineswegs auf geradem Wege erreicht. Schauen wir uns als Beispiel unseren mittlerweile alten Bekannten, den aufrechten Gang an: Dieser muss das Gegenteil bewirkt haben, denn diese neue Fortbewegungsart wird doch einiges an Bewusstsein gebunden haben, denn sonst wäre der Humor nicht in dieser Epoche entstanden: Der Rückfall zum vierbeinigen Laufen muss noch oft und über einen sehr langen Zeitraum passiert sein, man musste sich also sehr konzentrieren um aufrecht zu laufen. Falls wir ab heute beschließen sollten auf den Händen zu laufen so käme das ja fast dem Zusammenbruch unserer Zivilisation gleich, denn diese neue Fortbewegungsart würde nahezu unser gesamtes Bewusstsein in Anspruch nehmen. Der aufrechte Gang hat also eher Bewusstsein gebunden als befreit. Mittlerweile, so wissen wir ja, bindet er nahezu gar kein Bewusstsein mehr, gefühlt nicht mehr, und auch tritt er sehr früh (1-2 Jahre nach der Geburt) in der Ontogenese auf, was ja einem sehr unbewussten Trieb gleich kommt. Wenn man sich mit diesem Wissen noch einmal gefühlsmäßig in jene Zeit versetzt, dann kann man quasi feststellen, dass es unseren Vorfahren in jener Zeit also schon „sehr gut“ gehen musste. Wenn deren Bewusstsein vollständig von körperlichen Belangen ergriffen wäre, dann wäre der aufrechte Gang ja nicht möglich gewesen. Das wiederum spricht für eine Stufe der Zivilisation, welche sich ja schon deutlich von den Stufen abhebt, die wir bei anderen heutigen Tieren sehen. Und dass wir uns überhaupt auf Rückfälle gegenseitig hinweisen scheint uns ebenfalls deutlich von den heutigen Tieren abzuheben. Man könnte sagen, dass die menschliche Zivilisation in ihren Grundzügen schon sehr sehr alt ist.

Was die hypothetische evolutionsbiologische Entwicklung zu „mehr freiem Bewusstsein“ betrifft, so kommt die Tatsache hinzu (vergleiche hierzu das einzige Bild in Darwins “Entstehung der Arten”), dass sich ja nicht alle Arten wirklich permanent entwickeln. Wenn wir Menschen denn ursprünglich aus irgendeiner Ursuppe, aus irgendeinem Bakterium, Virus, Molekül oder was auch immer entstanden sind, warum haben sich alle diese Ur-Lebewesen nicht genauso entwickelt, wenn wir näher am Ziel der Evolution sein sollten? Wieso gibt es immer noch einzellige Lebewesen? Wie es scheint haben ja nicht alle Lebewesen den Landgang mitgemacht, oder meinetwegen den „Baumgang“, oder den Abstieg, oder auch den aufrechten Gang. Wieso gibt es denn noch Fische, Lurche, Affen usw.? Müssten die nicht auch in Richtung Endziel der Evolution streben? Offensichtlich nicht. Oder noch nicht? Ich weiß es nicht.

Es wäre aber zumindest ein Kandidat für ein hypothetisches Endziel der Evolution. Wie würde das denn nach all dem Gesagten Aussehen? Es wäre also ein (oder mehrere) Lebewesen, welches ein maximal freies Bewusstsein hätte und damit einen Körper, welcher (nahezu?) vollständig unbewusst funktionieren kann – quasi die Loslösung des Geistes vom Körper, so spirituell und „unwissenschaftlich“ das auch klingen mag. Die “Intelligenz” dieses Lebewesens wäre vermutlich immens, es wäre ja philosophisch gesprochen der “reine Geist”, nicht abgelenkt durch körperliche Belange wie Ernährung, Verdauung, Wärmehaushalt, Sexualität, Gewalt etc. etc., diese würden vollständig ohne bewusste Steuerung auskommen. Dieses Lebewesen, dieser Geist würde das Universum vollständig durchdringen, vielleicht sogar kontrollieren, quasi Gott sein (wenn man denn religiös gepolt ist) oder meinetwegen so etwas wie ein Laplacescher Dämon (wenn man denn Atheist ist).

Aber vielleicht lohnt es sich auch unsere nächsten kleinen Schritte zu betrachten. Wie wir bereits ausführlich diskutierten, sind wir in den letzten dreitausend Jahren einen Großteil unseres Tötungstriebes losgeworden, der viel Bewusstsein gebunden hat, da er ja, wie wir ja sagten zusammen mit seinem Unterdrückungstrieb im eher bewussten Bereich liegen muss(te). Und um wie viel freier, gebildeter, wissender und kultivierter leben wir als noch vor dreitausend Jahren (wie es vor sechstausend Jahren war ist nicht dokumentiert – aber gut vorstellbar). Ich will damit nicht sagen, dass der Tötungstrieb bzw. der dazugehörige Unterdrückungstrieb der einzige ist, der in dieser Zeit ins Unbewusste gerutscht ist, allerdings glaube ich, dass es der wichtigste bzw. schwerwiegendste ist. Zudem fällt auf, dass in vielen Ländern, die von uns aus als rückständig angesehen werden viel Gewalt herrscht. An diesen Zusammenhang haben wir uns ja längst gewöhnt aber ich bin mir nicht sicher ob er sich von selbst erklärt.

Der andere Trieb bzw. Triebstrang, der dem Tötungstrieb ja baugleich ist, ist der bereits viel besprochene Sexualtrieb. Wenn dem tatsächlich so ist, dass dieser innerhalb der nächsten Jahrhunderte aussterben wird, so wird das ähnlich viel

Bewusstsein befreien wie der Tötungstrieb. Vielleicht werden den Sexualtrieb einige vermissen aber ich kann mir gut vorstellen, dass sich viele Menschen tatsächlich ein wenig befreit fühlen werden. Aber auch hier sehen wir, dass die Botschaft an sich banal ist, denn der noch vorhandene Sexualtrieb beschäftigt uns bzw. unser Bewusstsein. Entweder leben wir ihn aus, das kostet viel Bewusstseins-Resourcen, oder wir können ihn nicht ausleben, wollen es jedoch, dann leiden wir, was uns vermutlich noch mehr beschäftigt bzw. Bewusstsein kostet.

Vielleicht wird es aber auch hier so sein, wie bei jedem Evolutionsschritt, dass eben nicht alle diesem Schritt folgen und sich die Gesellschaft quasi aufteilt. Diejenigen, welche ihre Nachkommen nicht im Labor zeugen, werden als primitiv oder rückständig gelten. Und sie werden es im Vergleich auch sein, denn deren Bewusstsein, welches ja insgesamt genauso groß ist, wird noch zum Teil am Sexualtrieb gebunden sein, d.h. diese Menschen werden schlicht weniger freies Bewusstsein besitzen. Die anderen werden vielleicht noch einen Akt an der Schlafzimmerwand zu hängen haben womit den Ausläufern des Sexualtriebes dann schon Genüge getan sein wird. Und noch viel später wird man den Zusammenhang mit dem Sexualtrieb aus den Augen verlieren, ähnlich dem Schauen oder Lesen eines Krimis heute, wo man auch schon vergisst, dass dies ein Ausläufer des Tötungstriebes ist oder dem Lesen eines Gedichtes, dessen Verse und Reime vermutlich auch nur Andeutungen an Zeiten sind, in der die Menschheit die Sprache erlernte. Tatsächlich wird unsere Gesellschaft um einiges fortgeschrittener sein, denn man muss bedenken, dass mit dem Sexualtrieb all die oben erwähnten Dinge ebenfalls untergehen werden wie Prostitution, Missbrauch usw. usw.

Ich glaube, dass es viel mehr als ein Werbeslogan ist wenn man sagt, dass man sich heute z.B. „bewusster ernährt“. Ja, man tut dies wirklich. Wir können plötzlich darauf achten, was wir essen, das konnten wir vorher nicht: Unser Bewusstsein war zu sehr mit der reinen Essensbeschaffung beschäftigt. Mein Vater konnte mir noch von Hungersnöten im Krieg berichten und ich glaube, dass wir uns erst seit dem Ende des 2. Weltkrieges in Europa wirklich sicher sein konnten, dass „morgen“ noch genug zu Essen da ist.

Wir scheinen also über Umwegen irgendwie in Richtung "mehr freiem Bewusstsein" zu streben, allerdings nicht in jedem einzelnen unserer Evolutionsschritte, welche sich eher nach unserem Willen richten, der nicht immer einer externen Notwendigkeit unterliegt.

Man könnte es, sozusagen als Schlusswort folgendermaßen zusammenfassen:

Die Evolution führt von einem vollständig körperlich gebunden Geist zu einem maximal freien Geist – allerdings auf Umwegen.

Und diese Umwege sind durch nichts zu erklären, außer durch den Willen eben dieses Geistes.

Schlusswort: das schönste Lachen der Welt

Liebe Katharina,
Du hast das schönste Lachen der Welt; ohne Dich wäre keine Zeile dieses Buches entstanden. Möge es Dir Dein ganzes Leben erhalten bleiben – nichts wünsche ich mir mehr.

Anmerkungen

[←1]

Robert Joseph Flaherty, BBC interview, 1945

Impressum

English Summary

This summary omits all introductory statements of the book (history of humor theories, history of theories of bipedalism etc.) It is a pure and naked summary of all essential statements.

At the beginning of our consideration we analyzed Linnés prinziple of gradualism, which states, that evolution "does not make jumps" (natura non facit saltus). We tried to formulate this principle in a more mathematical manner, resulting in the assumption (or rather proposal) that this principle is also valid for the first derivative of our path through the evolution. This means, that nature does not even make jumps concerning the velocity of our voyage through the space of evolution. Mathematically, it follows that we can define an orientation for our path through evolution. In other words: there is always a "forward" and "backward" direction. In yet other words: When we consider two properties (expressions) of one trait, that somehow evolved throughout our lineage then the orientation principle allows us to sort any two expressions in a mathematical sense: One expression is always older than the other.

After some other considerations, it followed that older expressions of a trait cannot get entirely lost, which means that we still carry properties of our ancestors with us. It is not possible to state whether we carry all properties of our ancestors with us but as a working assumption we postulate that we do (still carry all properties of our ancestors with us).

Assuming this, it follows that a property/expression of a trait cannot simply change on its way through evolution. Since no properties get lost it seems more appropriate to say that new expressions of a trait show up while the older expressions in this trait must "somehow be sent into some kind of archive". For now, we are not able to say in which way new properties come into being and how the mechanism works, that pushes the older ones into some archive. But it seems clear, that new properties somehow must suppress or repress all former expressions concerning the same category (i.e. trait).

Next, we introduced Haeckel's rule, which says, that evolution "somehow" recapitulates in childhood ("Ontogenesis recapitulates Phylogenesis"). It is important to point out the word "somehow", since it is known that this rule does not represent a strict law. Haeckel himself admitted, that this "recapitulation" is incomplete or imperfect. As a working hypothesis we assumed two restrictions: First, we said that this recapitulation of our evolution takes place per trait, not for the organism as a whole. Second, we made a restriction to mental traits (typically called instincts, drives or behavior patterns). We thus postulate, that our evolution (=phylogenesis) recapitulates in our childhood (=ontogenesis) **per mental trait**.

Given that we assume an orientation for expressions of a mental trait (in other words behavior patterns) one could rise the question whether we always "use" (or "live in" or "stick to"..) the newest expression that evolved in this trait, or whether it could be possible that we sometimes "use" older ones and sometimes the latest one. After some considerations we assumed it as possible to "use" not only the latest expression of a mental trait, i.e. the latest behavior pattern, that developed through evolution, but also "fall back" to former ones.

Concerning laughing, we divided all laughing patterns into two distinct groups. The first group is characterized by a purely physical trigger (tickling, acceleration of the body etc.) while the second group comprises all laughing patterns, that are triggered by a pure mental act like watching a funny situation or listening to a joke. The last group could be considered as humor in its more specific sense.

Focusing on the latter group, we stated the following pattern, that matches to it, namely that:

To laugh means to make someone aware of an unnoticed fall-back to former behavior patterns.

Next, we spend some time to show that this principle is hidden in almost every kind of funny situation (jokes, puns, children's jokes, dirty jokes etc.), but also other situations where people laugh, that are not typically considered as jokes (tongue twisters, feeling of superiority, laughing out of reliev, victory laugh etc.). Exceptions from this are the laughing-situations of the first group (triggered by a physical act) and -- unfortunately -- the "funny" situation where someone trips and falls. This last situation, that we could not explain for that moment, we put aside and focused on the first group of laughing patterns (those triggered by a physical act).

In order to analyze the first group, we divided it up in two sub-groups: children and adults. Children laugh when: being tickled (whole body), acceleration of the body, running/moving fast. Adults laugh when: being tickled (predisposed places like armpits or sole of the feet), acceleration of the body (not laughing when running/moving fast). Next, we assumed Haeckel's rule for this mental trait ("in which situations do I laugh"). It was possible to map the behavior of children to the behavior of our ancestors when living on the trees and to map the behavior of adults to the behavior of our ancestors when walking on the ground. All physical laughing-trigger occurrences are present when moving through trees: Acceleration of the body, moving fast, tickling (by passing leaves). Assuming strong/dense tree crowns it seems reasonable to assume, that our laughing served as a signal to avoid crashes. Taking the assumption that this signal was not used/needed anymore when walking on the ground we were able to precisely predict all patterns of laughter triggered by physical reasons with adults: Laughing when being tickled only at specific places (not touched by passing leaves when walking on the ground like armpits and feet etc.), laughing when the body is being accelerated, no laughing when moving fast/running. Furthermore, the patterns of our ticklish skin-regions showed evidence for a quadrupedal motion on the ground.

We could thus show that our ticklish body parts are an evidence for our descent from the trees and we can conclude the following important statement:

Our ancestors laughed when moving through trees and did not laugh any more when walking on the ground.

Then we followed Dawkin's assumption that bipedalism showed up as a pure fashion (a "gimmick") and asked which consequences this would have had. We concluded that if this behavior did not arise from some necessity of life, but simply as a fashion, then it might have happened that individuals did not perform it from time to time without noticing. How would the group make that individual aware of it? They would have told him that he almost behaves like still living on the trees. How would they do this without being able to speak? They would simply make the noise, that they did once when moving through trees: "hahaha". From another point of view we simply concluded that quadrupedal walk was a "former behaviour pattern" and this is why others laughed. Furthermore, we also derived it from the fact that we laugh today when someone trips and falls and replaced "falling/tripping" by "unnoticed beginning of quadrupedal walk" which shows exactly the same kinematics as "tripping/falling".

Comparing this situation with a typical funny situation today we concluded (besides other considerations) that the upcoming of bipedal walk had no survival value.

Summary of first part: Humor was born in the epoch, where our ancestors learnt upright walking. Laughing was an acoustical signal to make others aware of an unnoticed quadrupedal walk.

End of first part.

Starting from our last conclusion, that laughter was formally used as a acoustic hint to "walk upright" we first concluded that bipedal walk was a deliberate behavior, otherwise unnoticed quadrupedal walk would not have been possible. Furthermore we decided to use more appropriate words for the terms "deliberate" and "unnoticed" namely "conscious" and "unconscious". Taking the fact into account that bipedal walk today is not acquired by education but is an innate instinct (i.e. unconscious) it follows that:

Deliberate behavior of the past is an inborn instinct today.

In other words: conscious behavior becomes unconscious behavior on its way through evolution. Since we have said that new expressions of a mental trait must suppress the former ones we come to the conclusion that conscious behavior suppresses unconscious behavior. In yet other words:

Conscious mind suppresses unconscious mind.

So we finally derived Freud's model of the mind from purely biological assumptions. What Freud called "psychological repression" reflects simply the fact that newer behavior patterns dominate over older ones and push these into the unconscious mind.

We thus arrived at a model that shows us how evolution works: a new behavior is born via a deliberate act and transforms former behavior patterns of the same trait into an instinct. This model is different from the model of mutation and natural selection (which compared to ours could be considered as a quite fatalistic one). Our model rather says: We become what we want to become or in more poetic words: The future lies in our hand.

Next, we considered other known "phase transitions" of man kind like the epoch where our fish-like ancestors left the ocean and learnt to live ashore or our landing on the moon. We are far from being able to prove it, but it feels not wrong to assume that these transitions underlay the same principles that we found for the upcoming of bipedalism: it had no (external) reason. The argument, that today we fly deliberately and consciously to the moon while our ancestors were simply instinct-driven is not valid anymore, since we have learnt that bipedal walk came up the same way, as a conscious act. So, if someone asks "why do we walk upright?" then we can say: "for the same reason why we fly to the moon".

We are not able to state whether every evolutionary change in our behavior is reasonless and came into being as an conscious act. We can say that for sure many new behavior patterns learnt throughout evolution were needed for survival, but we also can say that many others were not. It is also not proven, but seems plausible, that all new behavior patterns came into being as a conscious act.

With this model in mind we analyzed our most prominent behavior pattern namely sexuality. We were able to show that many things follow from our model: that the male sexual drive is stronger than the female one, that the majority of details of all behavior patterns that we possess concerning sexuality are not needed anymore but evolution is simply not able to eliminate them. Finally, we concluded that the sexual drive will soon cease to exist (maybe even less than a thousand years).

We were also able to show why men are joking more than woman.

We had strong reasons to assume that the "amount of consciousness", without being able to give a quantitative definition, is a constant for all beings on our planet. We divided consciousness into two subgroups: the one, that serves to fulfill tasks needed for survival and the other group, that we called "free consciousness". The difference between us and "lower" animals is the higher amount of free consciousness.

In the end, it could be assumed (though far from being proven) that the final goal of evolution is to free our consciousness (from tasks that are needed for our survival, since these tasks should be fulfilled by our unconscious mind).

End of part two.

Printed in Poland
by Amazon Fulfillment
Poland Sp. z o.o., Wrocław

70129181R00108